全国高职高专院校药学类专业核心教材

有机化学

（供药学类、中医药类、药品与医疗器械类专业用）

主　编　刘俊宁　石宝珏

副主编　王　静　马瑞菊　李伟娜

编　者　（以姓氏笔画为序）

马瑞菊（红河卫生职业学院）

王　静（山东药品食品职业学院）

石宝珏（济南护理职业学院）

叶　斌（广东食品药品职业学院）

叶群丽（雅安职业技术学院）

刘俊宁（山东医学高等专科学校）

李伟娜（长春医学高等专科学校）

肖立军（济南护理职业学院）

张　洁（楚雄医药高等专科学校）

张景正（江苏卫生健康职业学院）

陈小兵（赣南卫生健康职业学院）

周水清（山东医学高等专科学校）

焦晓林（北京城市学院）

谢永芳（昆明卫生职业学院）

中国健康传媒集团

中国医药科技出版社

内 容 提 要

本教材是"全国高职高专院校药学类专业核心教材"之一，系根据高等职业教育教学标准的要求，以高等职业学校药学类专业人才培养目标为依据编写而成。内容上涵盖烷烃、烯烃、二烯烃和炔烃等链烃；环烃、卤代烃、醇、酚、醚、醛、酮、醌、羧酸、取代羧酸、羧酸衍生物、对映异构、有机含氮化合物、杂环化合物与生物碱；生命物质糖类、氨基酸、蛋白质、核酸、萜类和甾体化合物等的理论内容以及实训内容，包括基本知识、熔点、沸点和旋光度的测定、萃取与洗涤、茶叶中咖啡因的提取、乙酸乙酯和乙酰苯胺的制备及典型化合物的典型反应及鉴别等实训。本教材具有基础理论知识简单、语言精练、具备可读性和趣味性、体现课程思政内容、与时俱进和配备丰富的数字资源内容等特点。

本教材为书网融合教材，即纸质教材有机融合电子教材、教学配套资源（PPT、微课、视频、图片等）、题库系统、数字化教学服务（在线教学、在线作业、在线考试），使教学资源更加多样化、立体化。

本教材供全国高职高专院校药学类、中医药类、药品与医疗器械类专业使用。

图书在版编目（CIP）数据

有机化学/刘俊宁，石宝珏主编．—北京：中国医药科技出版社，2021. 12

全国高职高专院校药学类专业核心教材

ISBN 978 - 7 - 5214 - 2936 - 7

Ⅰ. ①有…　Ⅱ. ①刘…　②石…　Ⅲ. ①有机化学 - 高等职业教育 - 教材　Ⅳ. ①O62

中国版本图书馆 CIP 数据核字（2021）第 253572 号

美术编辑　陈君杞

版式设计　友全图文

出版　**中国健康传媒集团** | 中国医药科技出版社

地址　北京市海淀区文慧园北路甲 22 号

邮编　100082

电话　发行：010 - 62227427　邮购：010 - 62236938

网址　www. cmstp. com

规格　889mm × 1194mm $\frac{1}{16}$

印张　15

字数　429 千字

版次　2021 年 12 月第 1 版

印次　2022 年 12 月第 2 次印刷

印刷　北京市密东印刷有限公司

经销　全国各地新华书店

书号　ISBN 978 - 7 - 5214 - 2936 - 7

定价　42. 00 元

获取新书信息、投稿、为图书纠错，请扫码联系我们。

为了贯彻党的十九大精神，落实国务院《国家职业教育改革实施方案》文件精神，将"落实立德树人根本任务，发展素质教育"的战略部署要求贯穿教材编写全过程，充分体现教材育人功能，深入推动教学教材改革，中国医药科技出版社在院校调研的基础上，于2020年启动"全国高职高专院校护理类、药学类专业核心教材"的编写工作。在教育部、国家药品监督管理局的领导和指导下，在本套教材建设指导委员会和评审委员会等专家的指导和顶层设计下，根据教育部《职业教育专业目录（2021年）》要求，中国医药科技出版社组织全国高职高专院校及其附属机构历时1年精心编撰，现该套教材即将付梓出版。

本套教材包括护理类专业教材共计32门，主要供全国高职高专院校护理、助产专业教学使用；药学类专业教材33门，主要供药学类、中药学类、药品与医疗器械类专业师生教学使用。其中，为适应教学改革需要，部分教材建设为活页式教材。本套教材定位清晰、特色鲜明，主要体现在以下几个方面。

1.体现职业核心能力培养，落实立德树人

教材应将价值塑造、知识传授和能力培养三者融为一体，融入思想道德教育、文化知识教育、社会实践教育，落实思想政治工作贯穿教育教学全过程。通过优化模块，精选内容，着力培养学生职业核心能力，同时融入企业忠诚度、责任心、执行力、积极适应、主动学习、创新能力、沟通交流、团队合作能力等方面的理念，培养具有职业核心能力的高素质技能型人才。

2.体现高职教育核心特点，明确教材定位

坚持"以就业为导向，以全面素质为基础，以能力为本位"的现代职业教育教学改革方向，体现高职教育的核心特点，根据《高等职业学校专业教学标准》要求，培养满足岗位需求、教学需求和社会需求的高素质技术技能型人才，同时做到有序衔接中职、高职、高职本科，对接产业体系，服务产业基础高级化、产业链现代化。

3.体现核心课程核心内容，突出必需够用

教材编写应能促进职业教育教学的科学化、标准化、规范化，以满足经济社会发展、产业升级对职业人才培养的需求，做到科学规划教材标准体系、准确定位教材核心内容，精炼基础理论知识，内容适度；突出技术应用能力，体现岗位需求；紧密结合各类职业资格认证要求。

4. 体现数字资源核心价值，丰富教学资源

提倡校企"双元"合作开发教材，积极吸纳企业、行业人员加入编写团队，引入一些岗位微课或者视频，实现岗位情景再现；提升知识性内容数字资源的含金量，激发学生学习兴趣。免费配套的"医药大学堂"数字平台，可展现数字教材、教学课件、视频、动画及习题库等丰富多样、立体化的教学资源，帮助老师提升教学手段，促进师生互动，满足教学管理需要，为提高教育教学水平和质量提供支撑。

编写出版本套高质量教材，得到了全国知名专家的精心指导和各有关院校领导与编者的大力支持，在此一并表示衷心感谢。出版发行本套教材，希望得到广大师生的欢迎，对促进我国高等职业教育护理类和药学类相关专业教学改革和人才培养做出积极贡献。希望广大师生在教学中积极使用本套教材并提出宝贵意见，以便修订完善，共同打造精品教材。

全国高职高专院校药学类专业核心教材

建设指导委员会

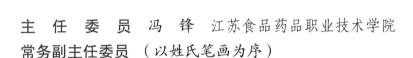

姚腊初　益阳医学高等专科学校
贾　强　山东药品食品职业学院
高璀乡　江苏医药职业学院
葛淑兰　山东医学高等专科学校
韩忠培　浙江药科职业大学
覃晓龙　遵义医药高等专科学校
程一波　广西卫生职业技术学院

委　　　　员（以姓氏笔画为序）

王庭之　江苏医药职业学院
兰作平　重庆医药高等专科学校
司　毅　山东医学高等专科学校
刘　亮　遵义医药高等专科学校
刘林凤　山西药科职业学院
李　明　济南护理职业学院
李　媛　江苏食品药品职业技术学院
李小山　重庆三峡医药高等专科学校
何　雄　浙江药科职业大学
何文胜　福建生物工程职业技术学院
沈　伟　山东中医药高等专科学校
沈必成　楚雄医药高等专科学校
张　虹　长春医学高等专科学校
张奎升　山东药品食品职业学院
张钱友　长沙卫生职业学院
张雷红　广东食品药品职业学院
陈　亚　邢台医学高等专科学校
陈　刚　赣南卫生健康职业学院
罗　翀　湖南食品药品职业学院
郝晶晶　北京卫生职业学院
胡莉娟　杨凌职业技术学院
徐贤淑　辽宁医药职业学院
高立霞　山东医药技师学院
黄欣碧　广西卫生职业技术学院
康　伟　天津生物工程职业技术学院
傅学红　益阳医学高等专科学校

全国高职高专院校药学类专业核心教材

评审委员会

主任委员　姚文兵　中国药科大学
副主任委员　（以姓氏笔画为序）
　　　　　　龙敏南　福建生物工程职业技术学院
　　　　　　孙　莹　长春医学高等专科学校
　　　　　　张　晖　山东药品食品职业学院
　　　　　　昝雪峰　楚雄医药高等专科学校
委　　　员　（以姓氏笔画为序）
　　　　　　邓利群　福建生物工程职业技术学院
　　　　　　沈必成　楚雄医药高等专科学校
　　　　　　张　虹　长春医学高等专科学校
　　　　　　张奎升　山东药品食品职业学院

数字化教材编委会

主　编　刘俊宁　石宝珏

副主编　王　静　马瑞菊　李伟娜　肖立军
　　　　周水清　焦晓林

编　者　（以姓氏笔画为序）
　　　　马瑞菊（红河卫生职业学院）
　　　　王　静（山东药品食品职业学院）
　　　　石宝珏（济南护理职业学院）
　　　　叶　斌（广东食品药品职业学院）
　　　　叶群丽（雅安职业技术学院）
　　　　刘俊宁（山东医学高等专科学校）
　　　　李伟娜（长春医学高等专科学校）
　　　　肖立军（济南护理职业学院）
　　　　张　洁（楚雄医药高等专科学校）
　　　　张景正（江苏卫生健康职业学院）
　　　　陈小兵（赣南卫生健康职业学院）
　　　　周水清（山东医学高等专科学校）
　　　　焦晓林（北京城市学院）
　　　　谢永芳（昆明卫生职业学院）

前　言

本教材是"全国高职高专院校药学类专业核心教材"之一，系根据高等职业教育教学标准的要求，紧密结合《职业教育专业目录（2021年）》人才培养一体化要求，以高等职业学校药学类专业人才培养目标为依据编写而成。本教材的编写突出体现课程的核心内容，更贴近高职高专层次学生的认知规律。

有机化学课程是高职高专院校药学类专业重要的基础课程，在高中化学课程的基础上，为药学类专业后续课程生物化学、药物化学、天然药物化学及药物分析等打下坚实的基础。

本教材的编写以"必需、够用、适度"为原则，精练基础知识、基础理论，体现核心内容，有机融入思政元素，渗透立德树人育人目标。本教材按照官能团体系阐述各类有机化合物的定义、分类、性质及其与医药有关的重要化合物，尽量以与药学或日常生活联系密切的化合物或现象为实例，强化各类有机化合物的结构特征以及结构与性质的关系；设置"导学情景""看一看""药爱生命"等模块，以增强内容的趣味性、可读性；15个典型实训项目，突出高职高专学生必需掌握的有机化学实验基本技能。本教材力求做到语言精练、概念准确、术语规范，增加了与有机化学相关的新研究、新进展，以激发学生的求知欲和学习兴趣。本教材为书网融合教材，即纸质教材有机融合电子教材、教学配套资源（PPT、微课、视频、图片等）、题库系统、数字化教学服务（在线教学、在线作业、在线考试），使教学资源更加多样化、立体化。

本教材由刘俊宁、石宝珏担任主编，全书共16章，具体编写分工如下：刘俊宁编写第一章、第四章和第七章，实训一、实训四和实训七；焦晓林编写第二章和实训二；叶斌编写第三章和实训三；周水清编写第四章、第六章和实训六；李伟娜编写第五章和实训五；王静编写第七章和第十六章；马瑞菊编写第八章和实训八；张洁编写第九章和实训九；叶群丽编写第十章和实训十；张景正编写第十一章和实训十二；肖立军编写第十二章和实训十三；石宝珏编写第十三章和实训十四；谢永芳编写第十四章和实训十五；陈小兵编写第十五章和实训十一。

本教材可供全国高职高专院校药学类、中医药类、药品与医疗器械类专业使用。

编写过程中，编者参考了一些文献、书籍，在此对原作者表示衷心感谢！限于编者水平，内容疏漏之处在所难免，敬请各位读者批评指正！

编　者
2021年10月

目 录

第一章 绪 论

<table>
<tr><td rowspan="1">学习目标</td><td>

知识目标：

1. 掌握 有机化合物和有机化学的概念；有机化合物的特性；碳原子的成键特性；官能团的概念。

2. 熟悉 共价键的键参数；有机化合物的分类；共价键的断裂方式及有机反应类型。

3. 了解 有机化学与医药学的关系。

技能目标：

能熟练地将结构式、结构简式和键线式进行相互改写。

素质目标：

体会医药学和有机化学的关系，提高学习兴趣，树立为民族振兴、社会进步而学习的理想与抱负。
</td></tr>
</table>

📖 导学情景

情景描述： 某医药院校教学楼前的广场上，人声鼎沸，药学系学生正在进行药品展示会。高年级的学生给低年级学生讲解各类药物的剂型、主要成分和药理作用。

情景分析： 同学们展示的药品种类繁多，剂型多样，有中药，也有西药。这些药品都是有疗效的化学物质。通过老生的介绍，新生发现绝大多数药物的主要成分都是有机化合物。

讨论： 有机化合物、有机化学与药学以及我们的生活有怎样的关系？

学前导语： 有机化学是化学的重要分支，有机化学的研究对象是有机化合物（简称有机物）。有机化合物数目众多、分布广泛，与工农业生产及我们的生活息息相关。糖类、油脂、蛋白质、天然气、石油等都是天然有机化合物，塑料、合成纤维、合成橡胶等是重要的人工合成有机化合物，预防和治疗疾病的药物90%以上都是有机化合物。有机化学是对人类社会发展具有重要意义的一门基础学科。

一、有机化合物和有机化学

人们对有机化合物的认识，经历了漫长的历史过程。18世纪早期，人们简单地把来源于金属、矿石、盐类等的物质称为无机物；把从生物体中获得的物质称为有机物，有机物被认为是"有生命机能的物质"，只能从生命体中获得，不能人工合成，这种"生命力"学说阻碍了有机化学的发展。

1828年，德国化学家维勒首次利用无机物氰酸铵人工合成了有机物尿素。维勒的实验对"生命力"学说产生了强烈的冲击。随后，1845年人工合成了醋酸，1854年人工合成了脂肪，人们陆陆续续合成了许多有机物，打破了有机物只能从生物体中获得的禁锢，促进了有机化学的发展，开辟了人工合成有机物的新时期。

随着化学分析手段的发展和进步，人们发现，有机物虽然种类繁多，但其元素组成却比较简单。有机物都含碳元素，绝大多数还含有氢元素，有的还含有氧、氮、卤素、硫、磷等元素。因多数有机物除了含碳之外，还含有氢元素，所以把只含有碳、氢两种元素的化合物称为碳氢化合物，其他有机物可以看作碳氢化合物中的氢原子被其他原子或原子团取代以后的化合物，称为碳氢化合物的衍生物。因此，有机化合物可以看作碳氢化合物及其衍生物。有机化学就是研究有机化合物的组成、结构、性质、合成及其应用的一门科学。

需要注意的是，有机化合物虽然都是一些含碳化合物，但比如一氧化碳（CO）、二氧化碳（CO_2）、碳酸盐（Na_2CO_3、$CaCO_3$等）、碳化钙（CaC_2）、氢氰酸（HCN）等化合物，都具有典型无机化合物的结构和性质，因此属于无机化合物。

👁 看一看

我国有机化学发展成果

据我国《周记》记载，当时已经设立专司管理染色、制酒、制醋工作；周王时代已知用胶；汉朝发明了造纸术，公元 200 年出版的世界上最早的一部药典《神农本草经》收载了几百种重要的药物。1949 年以后，有机化学得到了迅速发展，1965 年，我国科研人员在世界上首次合成了具有生物活性的蛋白质——结晶牛胰岛素，开辟了人工合成蛋白质的时代，为多肽合成制药工业打下了牢固的基础。直至今日，胰岛素一直作为治疗糖尿病的特效药而被广泛应用。1981 年又人工合成了酵母丙氨酸转移核糖核酸，是世界上最早用人工方法合成的具有与天然分子相同化学结构和完整生物活性的核糖核酸。

二、有机化合物的特性

由于有机化合物的主体元素是碳，碳原子的电子排布式是 $1s^2 2s^2 2p^2$，最外层有四个电子，不易得失电子，因此主要以共价键与其他原子成键，这决定了有机化合物和无机化合物之间有不同的特性。

1. 易燃烧 有机化合物一般都含有碳和氢两种元素，容易燃烧生成二氧化碳和水，同时放出大量热量，如汽油、酒精、甲烷等。大多数无机化合物不易燃烧，如酸、碱、盐等。

2. 熔点、沸点较低 固态有机化合物多为分子晶体，分子之间的相互作用力是相对较弱的范德华力，故多数有机化合物的熔点一般低于400℃。而无机化合物分子中多为离子键，破坏离子晶体所需能量较高，因此无机物熔点、沸点较高。

3. 难溶于水、易溶于有机溶剂 有机化合物分子多为非极性或弱极性，根据"相似相溶"原理，有机化合物一般难溶于极性强的水，而易溶于四氯化碳、乙醚等非极性或弱极性的有机溶剂。

4. 反应速度较慢 多数有机反应是分子之间的反应，反应过程包括旧键的断裂和新键的形成，所以有机反应速度慢，通常采取加热、加压、振摇、搅拌以及使用催化剂等方法来加快有机反应速度。无机反应大多为离子反应，反应速度快，一般能瞬间完成。

5. 反应产物复杂，副反应多 有机化合物分子结构比较复杂，在有机反应中，反应中心往往可以在分子的多个部位，得到多种产物。因此，有机反应除了生成主要产物以外，还常常有副产物生成，故书写有机反应式时常用"——→"，并且一般可以只写出主要产物，不配平。

6. 结构复杂，种类繁多 由有限的几种元素组成的有机化合物数目巨大，一方面是由于有机化合物分子中含碳原子的数目不同；另一方面是因为有机化合物分子中碳原子的结合方式很多，使得很多有机化合物虽然分子组成相同，但却有不同的分子结构，例如，分子式 C_2H_6O 有乙醇和甲醚两种结构和性质不同的化合物：

$$CH_3CH_2OH \qquad CH_3OCH_3$$

乙醇 甲醚

分子式相同、结构不同的现象称作同分异构现象，具有同分异构现象的化合物互称作同分异构体。

无机化合物一般一种组成对应一种结构，即一种化合物。因此，组成有机化合物的元素种类虽然比无机化合物少得多，但有机化合物的数目却比无机化合物多得多。

需要注意，以上特性是绝大多数有机化合物的共性，但不是绝对的，也有少数有机化合物存在例外情况，如乙醇易溶于水；四氯化碳不但不燃烧，还可用作灭火剂；TNT 是一种烈性炸药，一定条件下，可以瞬间发生反应而爆炸。

三、碳原子的成键特性

1. 碳原子的化合价 碳是有机化合物的重要组成元素，碳原子核外有 6 个电子，最外层 4 个电子的排布式是 $2s^2 2p^2$，既不容易得电子也不容易失去电子，通常通过 4 对共用电子对与其他原子结合，所以碳原子表现为四价，主要以 4 个共价键与其他原子结合。例如：

$$H - \overset{\displaystyle H}{\underset{\displaystyle H}{C}} - H$$

2. 碳原子之间的连接方式 碳原子之间可以通过共价键以单键（C—C）、双键（C＝C）或叁键（C≡C）连接，既可以结合成链状，也可以结合成环状，所形成的碳架是有机化合物结构的基本骨架。例如：

3. 共价键的类型 根据成键时原子轨道重叠方式不同，共价键分为 σ 键和 π 键两种类型。

（1）σ 键 是原子轨道沿键轴方向以"头碰头"方式重叠形成的共价键，例如 $s\text{-}s$、$s\text{-}p$、$p\text{-}p$ 等原子轨道之间可形成 σ 键，σ 键电子云沿键轴呈圆柱形对称分布，如图 1－1 所示。

（2）π 键 是两条平行的原子轨道侧面以"肩并肩"的方式重叠形成的共价键，与键轴互相垂直，例如 $p_y\text{-}p_y$、$p_z\text{-}p_z$ 等原子轨道之间可形成 π 键，π 键电子云分布在键轴的上方和下方，如图 1－2 所示。这种重叠程度较 σ 键的小，所以 π 键不太稳定。

图 1－1　σ 键的形成　　　　　　　图 1－2　π 键的形成

σ 键和 π 键由于成键方式不同而有较大差异。σ 键原子轨道间重叠程度较大，键能大，比较稳定，而 π 键原子轨道间重叠程度较小，键能小，不稳定，易断裂；σ 键电子云由于沿键轴呈圆柱形对称分布，故可以绕键轴旋转，π 键则不能绕键轴旋转；此外，σ 键既可以独立存在，也可以和 π 键共存于双键或叁键中，而 π 键只能与 σ 键共存于双键或叁键中。

4. 共价键的键参数 键参数是表征共价键性质的物理量，主要有键长、键能、键角和键的极性等。

（1）键长 是指成键两原子核之间的距离。某一共价键键长基本是固定的，只是在不同化合物中，由于原子间相互影响不同，共价键键长略有差异。可以利用物理方法测得共价键键长，一些常见共价键键长见表 1－1。

表1-1 常见共价键的键长和键能

共价键	键长（pm）	键能（kJ/mol）	共价键	键长（pm）	键能（kJ/mol）
C—C	154	347	C—F	141	486
C＝C	134	611	C—Cl	177	339
C≡C	120	837	C—Br	191	285
C—H	109	414	C—I	212	218
N—H	103	389	C＝O	122	737（醛）
O—H	97	464	C≡N	116	891

同类型共价键的键长越短，键越牢固；键长越长，越容易受到外界电场的影响，越不稳定。所以共价键的键长可用于估计共价键的稳定性。

（2）键能 是指共价键断裂所需的能量，或者是两原子之间形成共价键时向外释放的能量，其单位为 kJ/mol。对于双原子分子，共价键的键能就是该键的离解能；而多原子分子中，即使是相同共价键的离解能也不相同，其键能是分子中相同类型共价键离解能的平均值。

键能是衡量共价键强度的重要参数，键能越大，键越牢固，一些常见共价键键能见表1-1。

（3）键角 是指分子内同一原子形成的两个共价键之间的夹角。键角是反映分子空间结构的重要参数。例如：

（4）共价键的极性 两个相同原子形成共价键时，由于成键两原子电负性相同，共用电子对均匀地分布在两个原子核之间，这种共价键为非极性共价键，如 H—H、Cl—Cl 等。两个不同原子形成共价键时，由于成键两原子电负性不同，共用电子对偏向于电负性大的原子，这种共价键为极性共价键。电负性大的原子带部分负电荷，用 δ^- 表示；电负性小的原子带部分正电荷，用 δ^+ 表示。例如 $\overset{\delta^+}{C}H_3—\overset{\delta^-}{Cl}$。

共价键极性大小取决于成键两原子电负性差值，电负性差值越大，键的极性越强。共价键极性大小用偶极矩来衡量（μ），偶极矩是正电荷中心或负电荷中心所带电荷 q 与正负电荷中心之间距离 d 的乘积（$\mu = q \cdot d$），单位为德拜（D）。

偶极矩是矢量，用 ⟶ 表示，箭头指向负电荷一端。双原子分子的偶极矩就是共价键的偶极矩；多原子分子的偶极矩是分子中各个共价键的偶极矩矢量之和。如甲烷的偶极矩为 0，一氯甲烷的偶极矩不等于 0。

$\mu=0$　　　　$\mu\neq0$

四、有机化合物结构的表示方法

由于有机化合物普遍存在同分异构现象，一个分子式可能同时具有多种不同的分子结构，所以有机化合物一般不用分子式表示，可用结构式、结构简式和键线式表示，例如：

	结构式	结构简式	键线式
正丁烷		$CH_3-CH_2-CH_2-CH_3$ 或 $CH_3CH_2CH_2CH_3$	
异戊烷			
2－丁烯		$CH_3-CH=CH-CH_3$ 或 $CH_3CH=CHCH_3$	
正丁醇		$CH_3-CH_2-CH_2-CH_2-OH$ 或 $CH_3CH_2CH_2CH_2OH$	

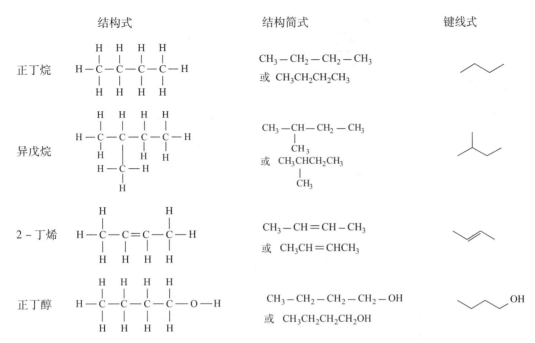

结构式中原子与原子之间的共价键用短线表示，一条短线代表一条共价键。为了书写方便，在结构式的基础上，省略部分单键的短线，并将同一个碳原子上的多个氢原子合并，称作结构简式。结构式和结构简式均能表示出分子中原子的种类、原子之间的连接顺序和方式。键线式中省略了碳原子和与碳原子相连的氢原子，共价键用短线以近似的键角相连，因此键线式中每一个拐点和端点分别代表一个碳原子。

练一练

写出下列化合物的结构简式和键线式。

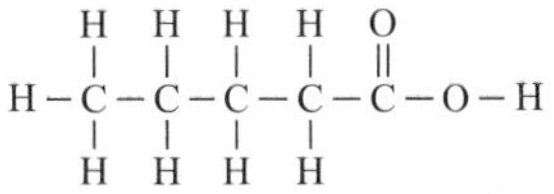

(1)

(2)

(3)

答案解析

五、共价键断裂方式和有机反应类型

有机化合物化学反应的实质是旧键的断裂和新键的形成。共价键有两种不同的断裂方式，对应两种不同的反应类型。

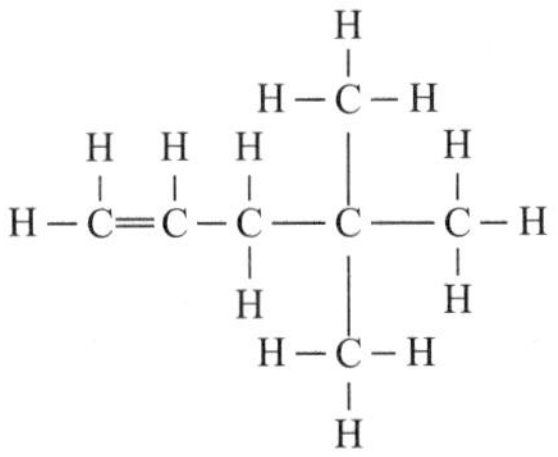

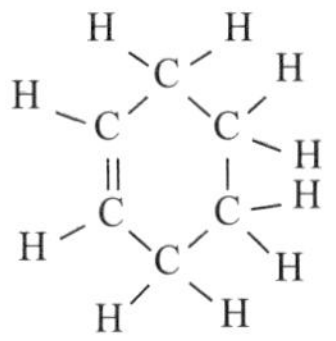

1. 均裂及自由基反应 共价键断裂时，共用电子对平均分配给两个原子或原子团，这种断裂方式称为均裂。均裂生成的带单电子的原子或原子团称为自由基或游离基，是反应过程中生成的一种非常活泼的中间体。

$$A:B \longrightarrow A\cdot + B\cdot$$

通过共价键均裂生成自由基而进行的反应称为自由基反应或游离基反应，往往需要在加热或光照等条件下进行。例如烷烃的卤代反应就属于自由基反应。

2. 异裂及离子型反应 共价键断裂时，共用电子对完全转移给其中的一个原子或原子团，这种断裂方式称为异裂。异裂生成的正、负离子是反应过程中生成的又一种活性中间体。

$$A : B \longrightarrow A^- + B^+ \text{ 或 } A : B \longrightarrow A^+ + B^-$$

通过共价键异裂生成正、负离子而进行的反应称为离子型反应，根据反应试剂不同又可分为亲电反应和亲核反应，亲电反应包括亲电取代反应和亲电加成反应，亲核反应包括亲核取代反应和亲核加成反应。有机化学反应大部分都为离子型反应。

$$\text{离子型反应} \begin{cases} \text{亲电反应} \begin{cases} \text{亲电取代反应} \\ \text{亲电加成反应} \end{cases} \\ \text{亲核反应} \begin{cases} \text{亲核取代反应} \\ \text{亲核加成反应} \end{cases} \end{cases}$$

此外，根据反应形式不同，有机化学反应又可分为取代反应、加成反应、聚合反应、消除反应、重排反应等。

❓ 想一想

有机化学中的离子型反应和无机化学中的离子反应是否相同？

答案解析

六、有机化合物的分类

有机化合物的数目非常庞大，为了方便学习和使用，必须对有机化合物进行分类。有机化合物一般按照碳架和官能团两种方法进行分类。

（一）按碳架分类

1. 链状化合物 碳原子相互连接成链状，由于最初是在油脂中发现的，所以又称为脂肪族化合物，例如：

$$CH_3CH_2CH_2CH_2CH_3 \qquad \underset{\underset{CH_3}{|}}{CH_3CHCH_2CH_3}$$

正戊烷　　　　　　　　异戊烷

2. 碳环化合物 指构成环的原子全部是碳原子的环状化合物。碳环化合物中，性质与脂肪族化合物相似的称为脂环族化合物；性质与脂肪族化合物不同、有特殊芳香性的称为芳香族化合物。

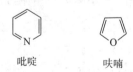

$$\text{碳环化合物} \begin{cases} \text{脂环族化合物} & \text{如：} \bigcirc \text{ 环己烷} \\ \text{芳香族化合物} & \text{如：} \bigcirc \text{ 苯} \end{cases}$$

3. 杂环化合物 指构成环的原子除了碳原子以外还有其他原子的环状化合物。例如：

吡啶　　　　　　　　呋喃

（二）按官能团分类

有机化合物中决定一类化合物主要化学性质的原子或原子团称为官能团。官能团相同的化合物化学性质基本相同，所以将有机化合物按官能团分类便于认识和学习其共性。常见官能团及化合物分类见表 1 – 2。本书后面各章均是按官能团分类对各类化合物进行讨论学习。

表 1 – 2 常见官能团及化合物分类

化合物类别	官能团	化合物类别	官能团
烯烃	双键（$>C=C<$）	酮	酮基（$>C=O$）
炔烃	叁键（$-C\equiv C-$）	羧酸	羧基（$-COOH$）
卤烃	卤素（$-X$）	酯	酯键（$-COOR$）
醇和酚	羟基（$-OH$）	腈	氰基（$-CN$）
硫醇	巯基（$-SH$）	胺	氨基（$-NH_2$）
醚	醚键（$C-O-C$）	硝基化合物	硝基（$-NO_2$）
醛	醛基（$-CHO$）	磺酸	磺酸基（$-SO_3H$）

七、有机化学与医药学的关系 📱微课

药物是用于预防、治疗和诊断疾病的化学物质的总称。一部分是天然来源的植物药、矿物药和动物组织药；一部分是微生物来源的药物，如抗生素；绝大多数是化学合成药物，即所谓的西药。现在很多天然来源的药物也可以用化学合成的方法获得，有些药物还可以以天然产物中的成分为主要原料经化学合成制得，即所谓的"半合成"药物。尽管有些药物的有效成分还不清楚，或化学结构尚未阐明，但无论如何，它们均属于化学物质，所以说"药物是特殊的化学品"。

人类应用动物、植物和矿物等天然产物预防和治疗疾病已有数千年历史，而药物和化学的最早结合则来源于古代炼丹术。19 世纪以后，随着自然科学技术的发展，化学在药物科学应用中得到了广泛发展。当时主要是利用化学的方法提取天然药物中的有效成分，涌现出许多药物，如吗啡、可卡因、奎宁、阿托品等。人们对天然药物有效成分的研究，除了临床应用，还测定了其有效成分的理化性质和化学结构，这些研究为以后用化学方法大量合成和制备化学药物奠定了基础。随着化学的发展，开始出现一些人工合成的新物质供治疗疾病使用，如乙醚和三氯甲烷等用作麻醉剂，苯酚用作消毒药物等。随着化学科学和化学工业的发展，人们可以合成一些复杂的化合物，药物的来源得到了拓展。

药物中有机化合物所占的比例很大，常见的无机药物较少，而且多半是一些结构复杂的有机化合物，对它们的认识离不开有机化学的基本知识。例如，对中草药某种有效成分的研究，要经过提取、纯制、结构测定、人工合成等步骤，所有这些程序都需要有机化学知识。药品合成路线的选择更是离不开有机化学反应，只有熟悉了有机化学反应的特点，经过相互比较，才能选择出合理的合成路线。此外，药物的鉴定、保存、剂型加工等，都必须通晓药物的理化性质，这都要求我们掌握好有机化学相关知识。

💗药爱生命

2015 年，我国药学家屠呦呦因创造性地研制、提取出抗疟新药青蒿素而获得诺贝尔生理学或医学奖，被誉为"拯救两亿人口的发现"。屠呦呦受古籍《肘后备急方》启发，利用乙醚作为提取物，成功分离得到了抗疟有效成分青蒿素。后又经构效关系研究，创造性地合成了效果比天然青蒿素强得多的双氢青蒿素。从青蒿素的提取、结构的测定，到合成双氢青蒿素，都离不开有机化学知识。

青蒿素   双氢青蒿素

屠呦呦说："青蒿素是人类征服疟疾进程中的一小步，是中国传统医药献给世界的一份礼物""中国医药学是一个伟大宝库，青蒿素正是从这一宝库中发掘出来的"。屠呦呦及其团队钟情科学，向医而行，几十年如一日为科学奉献的伟大精神，也激励着新一代年轻人。

目标检测

答案解析

一、单项选择题

1. 有机化合物中的化学键主要是（　　）

    A. 离子键   B. 共价键   C. 金属键   D. 氢键

2. 以下不属于有机化合物特性的是（　　）

    A. 易燃烧   B. 难溶于水   C. 熔点高   D. 同分异构现象普遍存在

3. 以下不属于 σ 键特点的是（　　）

    A. 原子轨道重叠程度大   B. 键能较小

    C. 较稳定   D. 能绕键轴旋转

4. 有机化合物分子内，共价键发生均裂可产生（　　）

    A. 正离子   B. 负离子   C. 原子   D. 自由基

5. 以下不属于共价键键参数的是（　　）

    A. 键长   B. 键能   C. 键角   D. 电负性

6. 下列共价键极性最大的是（　　）

    A. C—F   B. C—Br   C. C—Cl   D. C—I

7. 有机物是指（　　）

    A. 来自动植物的化合物   B. 来自自然界的化合物

    C. 含碳的化合物   D. 碳氢化合物及其衍生物

8. 下列与 $CH_3CH_2CH_2CH_3$ 互为同分异构体的是（　　）

    A. $CH_3C \equiv CCH_3$ B. $CH_3CH_2C \equiv CH$

    C. $CH_2 = CHCH_2CH_3$ D. $CH_3CH(CH_3)_2$

9. 下列结构简式书写错误的是（　　）

    A. $(CH_3)_2CHCH_3$ B. $(CH_3)_3C$

    C. $CH_3(CH_2)_4CH_3$ D. $CH_2 = CHCH_3$

10. 下列化合物偶极矩为 0 的是（　　）

    A. HI   B. CH_3CHO C. CH_3NH_2 D. I_2

二、名词解释题

1. 有机化合物   2. 均裂   3. 自由基反应   4. 官能团   5. 亲电取代

三、写出结构简式，并指出其官能团及其所属化合物的名称

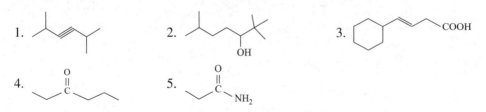

四、简答题

1. 将共价键 C—H、O—H、F—H、N—H 按极性由大到小的顺序排列。

2. CH_3OCH_3 分子中，C—O—C 之间的键角为 111.7°，请判断该分子的极性。

（刘俊宁）

书网融合……

 重点回顾

 微课

 习题

第二章 烷 烃

学习目标

知识目标：

1. 掌握 烷烃的定义、通式、命名及主要化学性质；同系列和同系物的定义。

2. 熟悉 烷烃的物理性质；烷烃的构象及其表示方式。

3. 了解 与医药相关的烷烃。

技能目标：

能熟练地对烷烃进行命名，并能根据名称书写其结构式；能写出烷烃典型反应的反应式。

素质目标：

体会烷烃在生产、生活以及医药上的重要作用。

导学情景

情景描述： 孙某，男，60 岁，独居，某日突发右侧肢体活动不利伴言语不利，摔倒于家中洗手间，数日后经家属发现送医。患者右侧肢体多处可见大面积皮肤破溃，诊断为脑梗死合并压疮。收住院后，除了实施药物治疗改善脑血循环外，同时对患者压疮位置切开引流，联合朱红膏薄涂外用，治疗后患者压疮明显好转。

情景分析： 朱红膏是由朱砂、红粉组成的以凡士林为基质的外用软膏剂，具有活血化瘀，化腐生肌的功效。除朱砂、红粉两种药物成分以外，所含的凡士林基质对压疮的治疗与预防也有一定效果。

讨论： 凡士林的主要成分是什么？属于哪类有机化合物？这类化合物在医药领域还有哪些用途？

学前导语： 凡士林又称软石蜡，是液体烃类与固体烃类的混合物，属于长链烷烃类化合物。本章将介绍烷烃的结构、理化性质及其在医药领域中的广泛应用。

　　仅由碳、氢两种元素组成的有机化合物称为碳氢化合物，简称为烃。烃类广泛存在于自然界中，特别是石油、天然气以及动植物体内。这类化合物还可视为多种有机化合物的母体，如氢原子被卤素取代后得到卤代烃，被羟基取代后得到醇等，掌握了这类化合物的结构与理化性质等知识，能为其他有机化合物的学习更好地奠定基础。

第一节　烷烃的结构和异构现象 📱微课1

PPT

一、烷烃的定义、通式和同系列

（一）烷烃的定义

　　在烃类中，碳原子与碳原子之间、碳原子与氢原子之间均以单键相连的分子称为烷烃。烷烃分子中氢原子个数达到最多时，属于饱和烃。

（二）烷烃的通式

最简单的烷烃为甲烷，分子式为 CH_4。表 2-1 列出了甲烷、乙烷、丙烷、正丁烷、正戊烷这 5 种常见的简单烷烃，它们的构造式可用结构式或结构简式表示。

表 2-1　5 种简单烷烃的分子式及构造式

烷烃名称	分子式	结构式	结构简式
甲烷	CH_4	$H-\overset{\overset{H}{\vert}}{\underset{\underset{H}{\vert}}{C}}-H$	CH_4
乙烷	C_2H_6	$H-\overset{\overset{H}{\vert}}{\underset{\underset{H}{\vert}}{C}}-\overset{\overset{H}{\vert}}{\underset{\underset{H}{\vert}}{C}}-H$	CH_3CH_3
丙烷	C_3H_8	$H-C-C-C-H$	$CH_3CH_2CH_3$
正丁烷	C_4H_{10}	$H-C-C-C-C-H$	$CH_3CH_2CH_2CH_3$
正戊烷	C_5H_{12}	$H-C-C-C-C-C-H$	$CH_3CH_2CH_2CH_2CH_3$

从表 2-1 中烷烃的分子式可以分析出，烷烃分子中碳原子数与氢原子数之比为 $n:(2n+2)$，因此烷烃的通式为 C_nH_{2n+2}（$n\geqslant1$）。

（三）同系列

从表 2-1 列出的几种烷烃的分子组成可以看出，从甲烷开始，烷烃分子每增加 1 个碳原子，就相应增加 2 个氢原子。这种具有相同的分子通式，组成上仅相差 CH_2 或其整数倍的一系列化合物称为同系列，同系列中的各化合物称为同系物，CH_2 称为同系差。

同系物结构相似，化学性质相近，物理性质也呈现规律性的变化。因此掌握了同系列中代表性化合物的性质，便可推知同类化合物的一般性质。

二、烷烃的结构

现代物理研究方法表明，甲烷的分子结构为正四面体，碳原子位于正四面体的中心，4 个氢原子分别位于正四面体的 4 个顶点，4 个 C—H 键具有相同的键长和键能，所有的键角都为 109.5°（图 2-1）。

（a）楔线式　　　（b）球棍模型　　　（c）比例模型

图 2-1　甲烷分子的结构

甲烷的分子结构可用杂化轨道理论解释，该理论认为烷烃中的碳原子采用 sp^3 杂化，碳原子外层共有 4 个电子，其中 2 个分布在 2s 轨道，2 个分布在 2p 轨道。成键时，首先将 1 个 2s 轨道中的电子激发到 2p 轨道中，然后 1 个 2s 轨道和 3 个 2p 轨道重新组合形成 4 个能量相等的 sp^3 杂化轨道（图 2-2）。4 个杂化轨道在碳原子核周围对称分布，相邻 2 个轨道间的键角均为 109.5°，相当于由正四面体的中心伸向 4 个顶点（图 2-3a）。

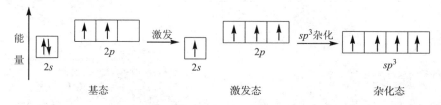

图 2-2 烷烃中碳原子的 sp^3 杂化

甲烷的分子在成键时，碳原子的 4 个 sp^3 杂化轨道分别与 4 个氢原子的 1s 轨道在对称轴方向以"头碰头"的形式交叠，形成 4 个 σ 键，因此甲烷的分子结构为正四面体形（图 2-3）。

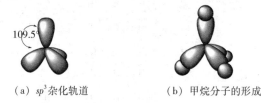

（a）sp^3 杂化轨道   （b）甲烷分子的形成

图 2-3 碳原子 sp^3 杂化轨道及甲烷分子的形成

其他烷烃化合物的碳原子同样都以 sp^3 杂化轨道与其他原子形成 σ 键，键角都接近于 109.5°。因此，除乙烷以外，烷烃分子中的碳链并不排布在一条直线上，而是曲折排布，分子结构多呈锯齿形。

三、烷烃的同分异构现象

简单的烷烃如甲烷、乙烷、丙烷，分子中的碳原子只有一种连接方式，无同分异构现象。从丁烷开始出现同分异构现象，如丁烷中碳原子不仅以直链形式连接形成正丁烷，还可以连接成有分支的支链烷烃，即异丁烷。

$$H_3C—CH_2—CH_2—CH_3 \qquad\qquad H_3C—CH—CH_3$$
$$\qquad\qquad\qquad\qquad\qquad |$$
$$\qquad\qquad\qquad\qquad\qquad CH_3$$

正丁烷   异丁烷

✎ 练一练 2-1 ————————————————————

写出戊烷（C_5H_{12}）所有同分异构体的结构简式。

答案解析

上述丁烷、戊烷的同分异构体都是由碳链结构不同而产生的，这种同分异构现象称为碳链异构。烷烃分子中随着碳原子数增加，异构体的数量急剧增加，C_4H_{10} 的同分异构体有 2 个，C_5H_{12} 有 3 个，C_6H_{14} 有 5 个，C_7H_{16} 有 9 个，$C_{10}H_{22}$ 有 75 个，$C_{20}H_{42}$ 多达 366319 个。

观察不同异构体的结构式，可以看出烷烃中的碳原子分为以下 4 类。

1. 碳原子只与 1 个碳原子直接相连　称为伯碳原子，或一级碳原子，用1°表示。

2. 碳原子与 2 个碳原子直接相连　称为仲碳原子，或二级碳原子，用2°表示。

3. 碳原子与 3 个碳原子直接相连　称为叔碳原子，或三级碳原子，用3°表示。

4. 碳原子与 4 个碳原子直接相连　称为季碳原子，或四级碳原子，用4°表示。

例如：

$$\overset{1°}{H_3C} - \overset{2°}{CH_2} - \overset{2°}{CH_2} - \overset{4°}{C}\overset{\overset{1°}{CH_3}\ \overset{1°}{CH_3}}{\underset{\underset{1°}{CH_3}}{|}} \overset{|}{\underset{3°}{CH}} - \overset{1°}{CH_3}$$

与此相对应，伯、仲、叔碳原子上连接的氢原子分别称为伯（1°）氢原子、仲（2°）氢原子、叔（3°）氢原子。季碳原子不与氢原子相连。不同类型的氢原子在同一化学反应中的反应活性往往表现出一定的差别。

第二节　烷烃的命名 📱微课2

有机化合物种类繁多，结构复杂，为了区分每一种化合物，需要按照一定的原则和方法，对有机化合物进行命名。烷烃的命名是其他有机化合物命名的基础，具有重要的意义。

一、普通命名法

一般来说，结构比较简单的烷烃可以采用普通命名法进行命名，方法如下。

（1）含 10 个碳原子以内的烷烃用"天干"表示，即依次为甲、乙、丙、丁、戊、己、庚、辛、壬、癸；从含 11 个碳原子起，用小写中文数字十一、十二……表示，按烷烃所含碳原子数目命名为"某烷"。

（2）含 4 个碳原子及以上的烷烃开始出现同分异构现象，为区分异构体，用"正"表示直链烷烃；用"异"表示碳链一端第 2 位碳原子上连有 1 个甲基，且不再包含其他支链；用"新"表示碳链一端第 2 位碳原子上连有 2 个甲基，且不再包含其他支链。例如：

$$H_3C - CH_2 - CH_2 - CH_2 - CH_3 \qquad H_3C - \underset{\underset{CH_3}{|}}{CH} - CH_2 - CH_3 \qquad H_3C - \overset{\overset{CH_3}{|}}{\underset{\underset{CH_3}{|}}{C}} - CH_3$$

正戊烷　　　　　　　　　　　　异戊烷　　　　　　　　　　　　新戊烷

普通命名法的应用范围有限，对于含碳原子较多、结构比较复杂的烷烃，需采用系统命名法。

二、系统命名法

有机化合物的中文系统命名法是中国化学会采用国际纯粹和应用化学联合会（International Union of Pure and Applied Chemistry，IUPAC）的命名原则，结合我国文字特点制定的命名方法。对烷烃的命名原则如下。

1. 直链烷烃　与普通命名法基本类似，去掉"正某烷"的"正"字，命名为"某烷"。例如：

$$H_3C - CH_2 - CH_2 - CH_3 \qquad H_3C - CH_2 - CH_2 - CH_2 - CH_3 \qquad CH_3(CH_2)_{18}CH_3$$

丁烷　　　　　　　　　　　　戊烷　　　　　　　　　　　　二十烷

2. 支链烷烃 可看作直链烷烃的烷基取代衍生物，命名时将支链作为取代基。整个名称中包括母体和取代基两部分，烷基取代基名称在前，母体名称在后。

烷烃分子中去掉一个氢原子后所剩下的原子团称为烷基，常用 R— 表示，可由相应的烷烃命名为"某基"。例如：

甲烷	CH_4	去掉一个氢原子	甲基	$—CH_3$
乙烷	CH_3CH_3	去掉一个氢原子	乙基	$—CH_2CH_3$
丙烷	$CH_3CH_2CH_3$	去掉一个伯氢原子	正丙基	$—CH_2CH_2CH_3$
		去掉一个仲氢原子	异丙基	$CH_3\overset{\mid}{C}HCH_3$
正丁烷	$CH_3CH_2CH_2CH_3$	去掉一个伯氢原子	正丁基	$—CH_2CH_2CH_2CH_3$
		去掉一个仲氢原子	仲丁基	$CH_3\overset{\mid}{C}HCH_2CH_3$
异丁烷	$CH_3\underset{\underset{CH_3}{\mid}}{C}HCH_3$	去掉一个伯氢原子	异丁基	$—CH_2\underset{\underset{CH_3}{\mid}}{C}HCH_3$
		去掉一个叔氢原子	叔丁基	$CH_3\underset{\underset{CH_3}{\mid}}{\overset{\mid}{C}}CH_3$

支链烷烃命名的规则如下。

（1）**选择主链** 选择最长的、连续的碳链作为主链，即母体，根据主链碳原子数将母体命名为"某烷"。当有两个以上的等长碳链可供选择时，选择支链最多的碳链为主链。为方便记忆，可将本规则总结为"最长碳链"。例如：

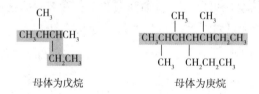

（2）**主链编号** 从靠近取代基一端开始，用阿拉伯数字对主链碳原子依次编号，使取代基编号最小。如有两种以上的最小编号方式时，应使小的取代基编号最小。按照"次序规则"（见第三章），常见烷基的大小次序为异丙基＞正丙基＞乙基＞甲基。可将本规则总结为"最小定位"。例如：

（3）**书写名称** 将支链（取代基）的位置、数目、名称依次写在母体名称的前面。位置编号用阿拉伯数字表示，阿拉伯数字与汉字之间用短横线隔开，如：2-甲基。

如烷烃主链上连接多个相同取代基，需合并写出，用多个阿拉伯数字标出各个取代基的位置，阿拉伯数字之间用逗号"，"分开；用"二、三……"中文数字标出该取代基的数目。可将本规则总结为"同基合并"。例如：

2,3-二甲基戊烷

如烷烃主链上连接多个不同取代基，按"次序规则"优先列出小基团，再依次列出较大的取代基。

可将本规则总结为"由简到繁"。例如：

$$\underset{1}{CH_3}\underset{2}{CH}\underset{3}{CH}\underset{4}{CH}\underset{5}{CH}\underset{6}{CH_2}\underset{7}{CH_3}$$

2,3,5-三甲基-4-丙基庚烷

因此，烷烃的系统命名规则可归纳如下：最长碳链，最小定位，同基合并，由简到繁。

对于支链上还有取代基的复杂结构，可对复杂的取代基进行编号，从与主链相连的碳原子开始编起，并把支链的名称放在括号中，或用带撇号的数字来标明支链中的碳原子位置。

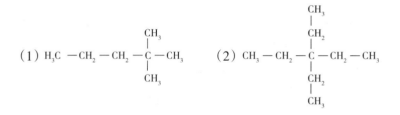

2-甲基-5-(1,2-二甲基丙基)壬烷或

2-甲基-5-1′,2′-二甲基丙基壬烷

✎ **练一练2-2**

用系统命名法对下列烷烃命名。

答案解析

(1) $H_3C-CH_2-CH_2-\overset{\displaystyle CH_3}{\underset{\displaystyle CH_3}{\overset{|}{\underset{|}{C}}}}-CH_3$ (2) $CH_3-CH_2-\overset{\displaystyle CH_3}{\overset{\displaystyle |}{\overset{\displaystyle CH_2}{\overset{\displaystyle |}{C}}}}-CH_2-CH_3$

第三节 烷烃的物理性质

PPT

有机化合物的物理性质一般包括物态、熔点、沸点、相对密度、溶解度、旋光度等。烷烃是无色物质，具有一定的气味。直链烷烃的物理性质，例如熔点、沸点、相对密度等，随着分子中碳原子数目的增加而呈规律性的变化。

常温常压下，含 1~4 个碳原子的烷烃为气态，含 5~16 个碳原子的烷烃为液态，含 17 个碳原子以上的烷烃为固态。直链烷烃的沸点随着碳原子数的增加而升高，含碳原子数目相同时，直链烷烃的沸点高于支链烷烃，且支链越多，沸点越低。

烷烃分子间引力弱，排列疏松，密度较低，故相对密度都小于 1，随着碳原子数的增加，烷烃的相对密度有所增大，最后接近于 0.78。

烷烃是非极性或弱极性化合物，几乎不溶于水，易溶于苯、四氯化碳等有机溶剂。

烷烃沸点与结构的关系

烷烃沸点的高低与色散力等分子间作用力有关，分子间的作用力越大，分子越不容易脱离液面，沸点就越高。

直链烷烃中，碳原子数目越多，分子间的作用力就越大，所以沸点越高。

同分异构体中，支链烷烃的取代基多于直链烷烃，烷烃分子之间不能紧密地靠在一起，接触面积减小，分子间作用力减弱，导致沸点降低。支链越多，分子间的接触面积就越小，分子间作用力越弱，沸点越低。例如，戊烷3种同分异构体的沸点分别为正戊烷36.1℃，异戊烷27.9℃，新戊烷9.5℃。

第四节　烷烃的化学性质 微课3

PPT

烷烃分子中的C—C键、C—H键都是原子轨道"头碰头"形成的σ键，电子云重叠程度大，键能较高，不易断裂，因此化学性质不活泼，通常与强酸、强碱、强氧化剂、强还原剂不易发生反应。但在适当条件下，如高温、高压和催化剂的作用下，C—C键、C—H键也可断裂，发生以下化学反应。

一、燃烧反应

烷烃为天然气、汽油、柴油、沼气、液化石油气等燃料的主要成分，燃烧时可放出大量的热量。在氧气充足的条件下，烷烃可以充分燃烧生成二氧化碳和水，称为烷烃的完全燃烧。反应方程式为：

$$C_nH_{2n+2} + (1.5n+0.5)O_2 \longrightarrow n\,CO_2 + (n+1)H_2O + Q$$

若氧气的量不充足，烷烃燃烧可产生有毒气体一氧化碳，甚至碳黑，造成环境污染。

二、裂解反应

在高温及无氧条件下，烷烃分子中的C—C键与C—H键断裂，生成分子量较小的烷烃与烯烃，称为烷烃的裂解反应。

$$H_3C-CH_2-CH_3 \left\{ \begin{array}{l} CH_2=CH_2 + CH_4 \\ H_3C-CH=CH_2 + H_2 \end{array} \right.$$

在催化剂作用下发生的裂解反应称为催化裂化，工业上应用该化学反应将开采出的原油加工为汽油、柴油等燃料。

三、取代反应

烷烃分子中氢原子被其他原子（或原子团）所取代的反应称为取代反应。若被卤素原子取代则称为卤代反应。

卤素的反应活性为$F_2 > Cl_2 > Br_2 > I_2$。氟代反应大量放热，反应非常剧烈，产物结构易被破坏，反应不易控制，不常应用；碘代反应非常缓慢以致不易发生；故烷烃的卤代反应通常指氯代和溴代。

反应条件一般为光照或加热。在紫外光照射或加热到250~400℃时，甲烷和氯气剧烈反应，生成一氯甲烷和氯化氢。一氯甲烷可继续被氯原子取代，生成二氯甲烷、三氯甲烷（氯仿）、四氯化碳（四氯甲烷）。

$$CH_4 \quad + \quad Cl_2 \quad \xrightarrow[\text{或}\Delta]{hv} \quad CH_3Cl \quad + \quad HCl$$

$$CH_3Cl \quad + \quad Cl_2 \quad \xrightarrow[\text{或}\Delta]{hv} \quad CH_2Cl_2 \quad + \quad HCl$$

$$CH_2Cl_2 \quad + \quad Cl_2 \quad \xrightarrow[\text{或}\Delta]{hv} \quad CHCl_3 \quad + \quad HCl$$

$$CHCl_3 \quad + \quad Cl_2 \quad \xrightarrow[\text{或}\Delta]{hv} \quad CCl_4 \quad + \quad HCl$$

甲烷氯代的产物均为常用的有机溶剂，另外，三氯甲烷还是一种麻醉剂，四氯化碳还可用于灭火，故甲烷的氯代反应具有应用意义。

其他烷烃的氯代反应与甲烷相似，产物更为复杂。烷烃不同氢原子被氯取代的难易程度不同，不同氢原子的反应活性顺序为 $3°H > 2°H > 1°H$，原因是不同氢原子与碳原子形成 C—H 键的键能大小为 $3°H < 2°H < 1°H$，发生取代反应时键能小的 C—H 键更容易断裂，更容易被卤素取代，故 $3°H$ 反应活性最强，$2°H$ 反应活性居中，$1°H$ 反应活性最弱。

👁 **看一看**

烷烃的卤代反应机理

大量实验研究证明，甲烷以及其他烷烃在加热或光照条件下的卤代反应属于自由基反应，其反应机理可表示如下：

1. 链的引发 $Cl_2 \xrightarrow[\text{或光照}]{\text{加热}} 2 \cdot Cl$

2. 链的增长 $\cdot Cl + CH_4 \longrightarrow \cdot CH_3 + HCl$

   $\cdot CH_3 + Cl_2 \longrightarrow CH_3Cl + \cdot Cl$

3. 链的终止 $\cdot CH_3 + \cdot CH_3 \longrightarrow CH_3CH_3$

   $\cdot CH_3 + \cdot Cl \longrightarrow CH_3Cl$

链的引发阶段，Cl—Cl 键在光照或加热条件下发生均裂，形成氯自由基。氯自由基非常活泼，进攻甲烷分子，引发链式反应。链的增长阶段，不仅仅局限于这两种形式，当一氯甲烷达到一定浓度时，氯自由基除了同甲烷作用外，也可以同一氯甲烷（或其他多氯代甲烷）作用生成 $\cdot CH_2Cl$ 自由基，它再与氯分子作用生成 CH_2Cl_2 和新的 $\cdot Cl$，反应继续下去直至生成三氯甲烷和四氯化碳。因此，烷烃的氯代产物一般是几种氯代物的混合物。甲烷与氯气的链式反应过程并非无限地继续下去，链的终止阶段，两个自由基的结合，将使链式反应中断，链式反应将因此慢慢停止。

✏ **练一练2-3**

3,3-二甲基戊烷发生氯代反应可得到的一氯化物有几种？请写出这些产物的结构简式。

答案解析

PPT

第五节 烷烃的构象 📱微课4

烷烃中的碳原子都是以 sp^3 杂化轨道与其他原子形成"头碰头"的 σ 键，σ 键可以自由旋转，围绕 σ 键旋转所产生的分子的各种不同立体形象称为构象。这种由于 σ 键旋转而产生的异构现象称为构象异构，构象异构属于一种立体异构现象。

一、乙烷的构象

乙烷分子中，C—C 键可以自由旋转，如果乙烷中的一个碳原子固定不动，另一个碳原子绕 C—C 单键自由旋转，则一个碳原子上的 3 个氢原子相对于另一个碳原子上的 3 个氢原子可以有无数的空间排列，即产生无数个构象异构体。

乙烷分子的构象可用锯架式（也称透视式）表示，将锯架式沿 C—C 键的键轴在平面上投影可画出烷烃的纽曼（Newman）投影式，以点表示位于前方的碳原子，以圆圈表示位于后方的碳原子，两个碳原子上各自伸出的三条线代表碳原子上的 C—H 键（图 2-4）。

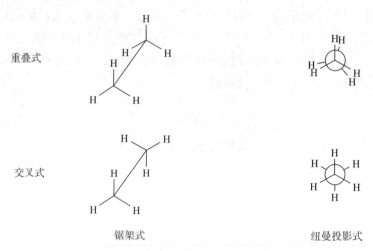

图 2-4　乙烷分子的构象

在这些构象异构体中，乙烷的优势构象（最稳定构象）是交叉式，此时乙烷两个碳原子上的氢原子距离最远，原子间的排斥力最小，分子内能最低、最稳定。内能最高的是重叠式，此时两个碳原子所连接的氢原子两两相对，距离最近，原子间的排斥力最大、最不稳定（图 2-4）。其他的构象内能介于交叉式与重叠式之间。室温时，大多数乙烷分子主要以交叉式构象存在。

二、正丁烷的构象

正丁烷分子中含有 3 个 C—C 键，以围绕 C_2—C_3 键的旋转讨论分子构象时，可将正丁烷看作乙烷分子中的两个氢原子被甲基取代，在纽曼投影式中固定正丁烷位于前方的 C_2，转动位于后方的 C_3，每次转 60°，直到旋转一圈复原，可得到 4 种典型构象：全重叠式、邻位交叉式、部分重叠式、对位交叉式（图 2-5）。

全重叠式　　　　邻位交叉式　　　　部分重叠式　　　　对位交叉式

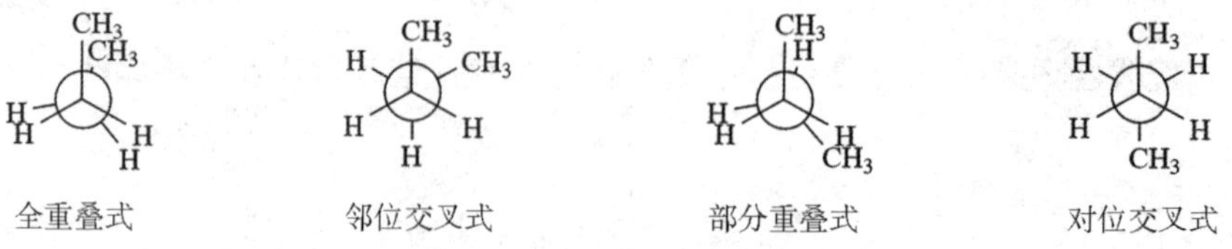

图 2-5　正丁烷分子的构象

在对位交叉式中，两个体积较大的甲基距离最远，排斥力最小，能量最低，最稳定，为正丁烷的优势构象。全重叠式中，两个体积较大的甲基距离最近，排斥力最大，能量最高，最不稳定。部分重叠式中存在甲基与氢、氢与氢的重叠，能量高于邻位交叉式。因此，正丁烷 4 种构象稳定性的次序为对位交叉式 > 邻位交叉式 > 部分重叠式 > 全重叠式。

? 想一想

答案解析

用纽曼投影式画出围绕正己烷 C_3—C_4 σ 键旋转的优势构象。

PPT

第六节　与医药有关的烷烃类化合物

1. 石油醚　俗称石油精，主要为戊烷及己烷的混合物，无色透明液体，有煤油气味。石油醚不溶于水，溶于乙醇、苯、三氯甲烷、油类等多数有机溶剂。石油醚主要用作药效成分萃取溶剂、药物色谱分析溶剂、精细化工合成助剂等，常用于脂溶性化合物的提取和溶解。

2. 石蜡　包括液体石蜡与固体石蜡，分别为各种液体烷烃与各种固体烷烃的混合物。

（1）**液体石蜡**　为无色透明油状液体，室温下无嗅无味，加热后略有石油臭。不溶于水和醇，溶于苯、乙醚、三氯甲烷等有机试剂。液体石蜡能与大多数油脂任意混合，可用作滴鼻剂、喷雾剂、软膏剂、搽剂和化妆品的基质，也可用作缓泻剂。

（2）**固体石蜡**　为无臭、无味的白色固体，含杂质时为黄色。主要作为软膏剂的组分，以调节药物的硬度和稠度。还可用作丸剂、胶囊剂、颗粒剂及片剂的包衣材料，用以调节药物的释放速度。工业上用于制造橡胶制品、蜡烛、蜡纸等。

3. 凡士林　又称软石蜡，为液体石蜡和固体石蜡的混合物，常含色素而呈黄色，称为黄凡士林；经漂白后为白色，称为白凡士林。凡士林呈软膏状半固体，不溶于水，溶于乙醚和石油醚。凡士林不易被皮肤吸收，化学性质稳定，不与药物起反应，因此常用作各种外用制剂的基质。

♥ 药爱生命

　　气雾剂是由药物细粉或中药提取物与适宜的抛射剂制成的一种药物剂型，使用时借助抛射剂的压力使内容物呈细雾状、泡沫状或其他形态喷出，可用于局部或全身治疗，如治疗咽喉炎的咽速康气雾剂、局麻止痛的利多卡因气雾剂、抗心绞痛的硝酸甘油气雾剂等。

　　气雾剂的主要辅料为抛射剂，通常采用液化气体，抛射剂既是气雾剂喷射药物的动力，也是药物的溶剂和稀释剂。早期多使用氟利昂作为气雾剂的抛射剂，但由于破坏臭氧层目前已被禁用。丙烷、丁烷和异丁烷等烷烃气体作为氟利昂的新型替代原料在气雾剂制备中具有良好的应用前景，这类抛射剂对环境友好，化学性质比较稳定，不易受环境因素的影响而变质，也不易与药物发生反应而影响药效，毒性较低，人体产生的不良反应较少。目前烷烃类气体已用于多种气雾剂的制备，例如，4%～5%的异丁烷与丙烷混合气体可用于制备泡沫气雾剂。这类剂型使用方便，起效迅速，患者更容易接受。

答案解析

一、单项选择题

1. 烷烃的分子通式为（　　）

A. C_nH_{2n-2} B. C_nH_{2n} C. C_nH_{2n+2} D. C_nH_{2n+4}

2. 下列物质中，一定不是甲烷同系物的是（   ）

     A. C_2H_6 B. C_6H_6 C. C_5H_{12} D. $C_{17}H_{36}$

3. 甲烷分子中 H—C—H 键的键角为（   ）

     A. 90°   B. 180°   C. 120°   D. 109.5°

4. 2-甲基戊烷与己烷属于（   ）

     A. 位置异构   B. 碳链异构   C. 构象异构   D. 官能团异构

5. 下列化合物中，含有叔碳原子的是（   ）

     A. 戊烷   B. 2-甲基丁烷   C. 2,2-二甲基丙烷   D. 乙烷

6. 烷烃命名时，按次序规则，下列最小的基团是（   ）

     A. 甲基   B. 乙基   C. 丙基   D. 丁基

7. 天然气、汽油、柴油的主要能源组分是（   ）

     A. 烷烃   B. 烯烃   C. 炔烃   D. 苯

8. 丙烷的一溴代物有（   ）

     A. 2 种   B. 3 种   C. 1 种   D. 4 种

9. 烷烃中的氢原子发生溴代反应时活性最大的是（   ）

     A. 伯氢   B. 仲氢   C. 叔氢   D. 甲基氢

10. $ClCH_2CH_2Br$ 最稳定的构象是（   ）

     A. 全重叠式   B. 邻位交叉式   C. 部分重叠式   D. 对位交叉式

二、命名或写出结构简式

1. $(CH_3)_2CHCH_2CH_2CH_2CH_3$ 2. $CH_3(CH_2)_{18}CH_3$ 3. 2,4-二甲基庚烷

4. 2,3,4-三甲基癸烷   5. 2,6-二甲基-4-乙基壬烷

三、简答题

1. 写出第二题中化合物 3 发生一溴代反应的可能产物，并指出反应活性最强的氢原子。

2. 写出分子量为 58 的烷烃的分子式及结构简式，并分析其中直链烷烃的优势构象。

（焦晓林）

书网融合……

重点回顾   微课 1   微课 2   微课 3   微课 4   习题

第三章 烯 烃

学习目标

知识目标：

1. 掌握 烯烃的定义、分类、命名及主要化学性质。

2. 熟悉 烯烃的物理性质。

3. 了解 与医药相关的烯烃。

技能目标：

能识别烯烃的官能团；能熟练地对烯烃以及烯烃的顺反异构体进行命名，并写出重要的烯烃的结构式；能写出烯烃典型反应的反应式；会用化学方法鉴别烯烃。

素质目标：

体会烯烃在生产、生活以及医药上的重要作用；增强环保意识、安全意识和健康意识。

📖 导学情景

情景描述： 苏轼在《格物粗谈·果品》中写道："红柿摘下未熟，每篮用木瓜三枚放入，得气即发，并无涩味。"在现代农业生产中，人们将乙烯利溶于水后，会释放出乙烯气体，外源乙烯对水果产生催熟作用，同时进一步诱导水果内源乙烯的产生，可加速水果成熟。

情景分析： 乙烯是一种植物内源激素，高等植物的叶、茎、根、花、果实、块茎、种子及幼苗在一定条件下都会产生乙烯，其生理功能主要是促进果实、细胞扩大；也可促进叶、花、果脱落，诱导花芽分化、打破休眠、促进发芽、抑制开花、器官脱落，矮化植株及促进不定根生成等作用。

讨论： 乙烯属于什么结构的化合物？日常生活中如何利用乙烯的催熟作用来加速水果的成熟？

学前导语： 乙烯属于烯烃类化合物，结构中含有不饱和键。本章将介绍烯烃的结构、理化性质及其在医药领域的广泛应用。

含有碳碳双键或者碳碳叁键的烃称为不饱和烃。烯烃是指含有碳碳双键的不饱和烃，包括链状烯烃和环状烯烃。相对于饱和的烷烃，烯烃分子结构中每增加 1 个碳碳双键则减少 2 个氢原子，因此，"烯"又有氢原子"稀"少的意思，链状烯烃的通式为 $C_nH_{2n}(n \geq 2)$，最简单的烯烃为乙烯（C_2H_4）。

第一节 烯烃的结构

PPT

乙烯为最简单的烯烃，其分子式为 C_2H_4，结构简式为 $CH_2 = CH_2$，乙烯的平面构型如下。

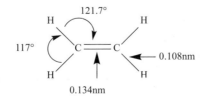

乙烯为平面构型分子，分子中所有原子均在同一个平面内。碳碳双键由 1 个C—C σ键和 1 个 C—C π 键构成，平均键长为 0.134nm，比乙烷分子中的 C—C 单键短（0.154nm）；碳碳双键的平均键能为 610.28kJ/mol，约为碳碳单键键能的 1.75 倍，分子中所有键角接近 120°。立体模型如图 3 - 1 所示。

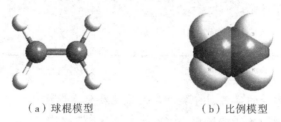

（a）球棍模型　　　　　（b）比例模型

图 3 - 1　乙烯的立体模型

碳碳双键的形成可用鲍林杂化轨道理论解释。该理论认为，在乙烯分子形成时，碳原子中的 1 个 $2s$ 轨道和 2 个 $2p$ 轨道发生杂化，形成 3 个能量完全相同的 sp^2 杂化轨道，另有 1 个 $2p$ 轨道则未参与杂化。3 个 sp^2 杂化轨道及 1 个 $2p$ 轨道中各填充 1 个电子。

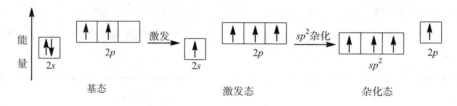

图 3 - 2　乙烯中碳原子的 sp^2 杂化

3 个 sp^2 杂化轨道处于同一平面上，各轨道对称轴间的夹角为 120°，呈平面三角形，如图 3 - 2（a）所示；未参与杂化的 $2p$ 轨道对称轴垂直于该平面，如图 3 - 2（b）所示。

（a）3个sp^2杂化轨道　　　（b）未杂化的p_z轨道与3个sp^2杂化轨道

图 3 - 3　碳原子 sp^2杂化轨道

乙烯分子中，2 个成键碳原子各以 1 个 sp^2 杂化轨道沿键轴方向"头碰头"重叠，形成 1 个 C—C σ键，每个碳原子中的其余 2 个 sp^2 杂化轨道沿键轴方向与氢原子的 $1s$ 轨道形成 2 个 C—H σ 键，由此所形成的 5 个 σ 键都在同一平面上，与此同时，每个碳原子余下的 p 轨道垂直于该平面，并从侧面"肩并肩"重叠形成 π 键，处于 π 轨道的电子称为 π 电子，π 电子由于受核束缚较小，有较大的流动性，从而表现出一定的反应活性。

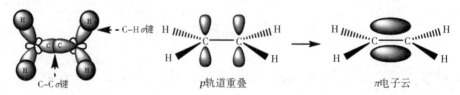

由此可见，碳碳双键不是两个单键的加和，而是由一个 σ 键和一个 π 键组成。为了书写方便，常以两根横线表示（C＝C），但必须明确两者表达的含义是不同的。

由于 π 键是由 2 个 p 轨道侧面"肩并肩"重叠形成的，故 π 键与"头碰头"重叠形成的 σ 键相比，重叠程度较小。键能较小。由于 π 键电子云离核较远，受原子核束缚力较弱，容易被外电场极化，

所以 π 键不稳定，比 σ 键容易断裂，易发生加成、氧化和聚合等反应。

    π 键的成键方式决定了它不能像 σ 键那样绕轴自由旋转，这使得碳碳双键上所连接的原子和基团具有固定的空间排列，而产生顺反异构现象。

第二节　烯烃的异构现象和命名

一、烯烃的同分异构现象

    除碳链异构以外，由于双键位置不同还具有位置异构和顺反异构，因此，烯烃的异构现象比烷烃复杂，其异构体的数目也比相同碳原子数目的烷烃多。

    1. 碳链异构　由于碳骨架的连接方式不同而引起的异构现象。4 个碳的烯烃开始出现碳链异构。例如：

$$CH_2=CH-CH_2-CH_3 \qquad\qquad CH_2=\underset{\underset{CH_3}{|}}{C}-CH_3$$

1-丁烯   2-甲基丙烯

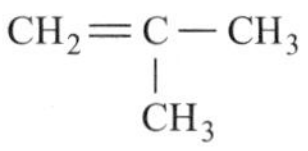

    2. 位置异构　由于双键在碳链上的位置不同而引起的异构现象。例如：

$$CH_2=CH-CH_2-CH_3 \qquad\qquad CH_3CH=CHCH_3$$

1-丁烯   2-丁烯

    3. 顺反异构　由于碳碳双键的成键方式限制了它不能像碳碳 σ 键那样绕轴自由旋转，这就使得与双键碳原子直接相连的原子或原子团在空间排列上出现不同的构型，这样形成的异构现象称为顺反异构或几何异构。例如 2-丁烯有以下两种构型：

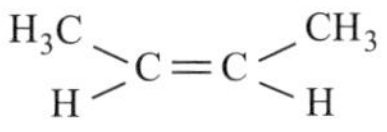

顺-2-丁烯 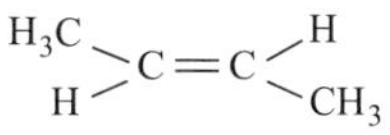   反-2-丁烯

    需要注意的是，并不是所有含碳碳双键的化合物都有顺反异构现象，只有每个双键碳上所连接的两个原子或原子团不同时，烯烃才会有顺反异构体，若在同一个双键碳原子上连接了两个相同的原子或原子团，则无顺反异构体。

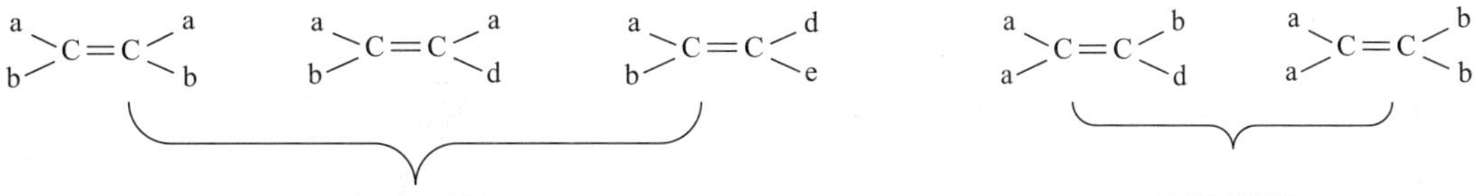

有顺反异构   无顺反异构

    顺-2-丁烯和反-2-丁烯是不同的物质，理化性质不同，在室温下不能通过化学键的旋转相互转化。顺反异构体不仅理化性质不同，有时生理活性也有差异。例如，食用油中通常包含不饱和脂肪，其中顺式脂肪对人体健康是友好的，但反式脂肪则会提高人们罹患冠状动脉心脏病的概率，因为它会使低密度脂蛋白上升，高密度脂蛋白下降；我们的肝脏也不能代谢反式脂肪，这也是高血脂、脂肪肝形成的重要原因之一。

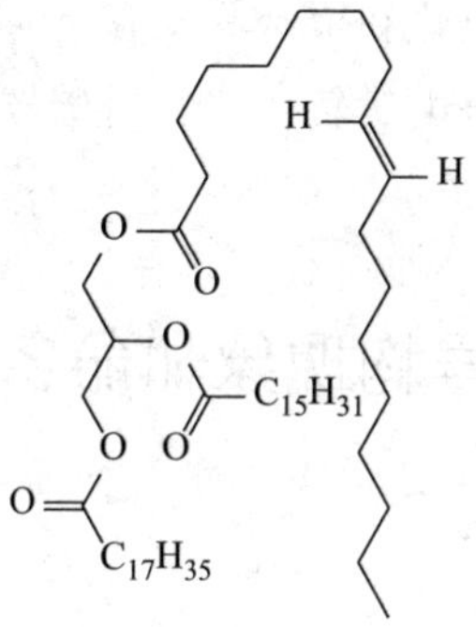

反式脂肪 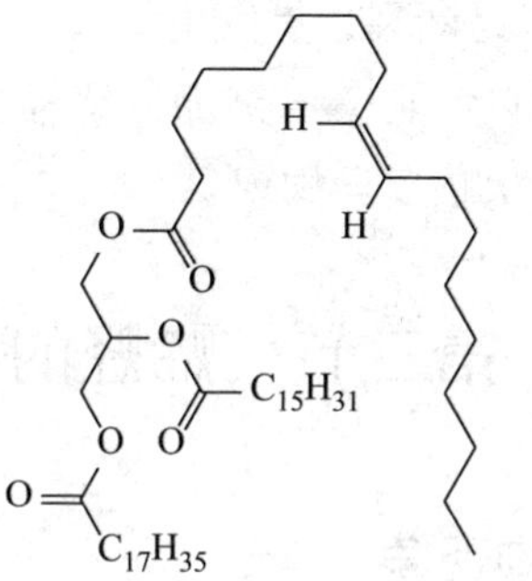   顺式脂肪

💗 **药爱生命**

反式脂肪的来源有两类：一类是天然反式脂肪，多存在于牛羊肉和牛羊奶中，含量不高；另一类是人造反式脂肪。20世纪初，人们通过氢化技术让液体的大豆油可以变成猪油或黄油的硬度，甚至是石头的硬度。给植物油中部分碳碳双键加氢，能增添食物酥脆口感，易于长期保存，这些产品还可以与其他配料调配在一起，做成种种口味迷人的食品原料，比如焙烤蛋糕时使用的起酥油，各种冲调粉末产品中大行其道的奶精，各种饼干、炸薯片中添加的稳定剂等，大多含有反式脂肪的身影。此外，在油脂的加工或烹调过程中，富含各种不饱和脂肪的液态油脂经过高温长时间加热，比如油炸、油煎等过程，都会产生反式脂肪，加热的时间越长，产生的反式脂肪就越多。

我们在生活中应远离反式脂肪，养成良好的生活饮食习惯，烹调时使用新鲜的植物油脂，避免长时间高温烹饪，远离高温煎炸食物，也不要过多食用点心、饼干、面包、蛋糕、炸薯条、甜甜圈、巧克力等加工食物。

❓ **想一想**

戊烯有几种同分异构体？这些异构体中有没有顺反异构现象？若有，请指出其顺反构型。

答案解析

二、烯烃的命名

1. 普通命名法　简单烯烃的命名可采用普通命名法。与烷烃相似，可根据烯烃分子中的碳原子数目和结构命名为"某烯"。例如：

$$CH_2{=}CH_2 \qquad CH_2{=}CHCH_3 \qquad CH_2{=}\underset{\underset{CH_3}{|}}{C}CH_3$$

乙烯　　　　　　　　　丙烯　　　　　　　　异丁烯

2. 系统命名法　复杂烯烃常用系统命名法，其基本原则如下。

（1）选择含碳碳双键的最长碳链作为主链（母体），支链看作取代基，根据主链碳原子数称为"某烯"；主链碳原子数超过10个时，称为"某碳烯"，如十二碳烯。

（2）从靠近双键的一端对主链碳原子编号，并使取代基的位次尽可能小。

（3）命名时将取代基的位次、名称写在母体名称之前，并标明双键的位次，双键的位次以两个双键碳原子中编号较小的数字来表示。例如：

$$CH_3CH_2CH = CHCH_2CHCH_3$$
$$\overset{|}{CH_3}$$

6-甲基-3-庚烯

$$CH_3CH_2CH - C = CHCH_3$$
$$\overset{|}{CH_3} \quad \overset{|}{CH_3}$$

3,4-二甲基-2-己烯

（4）在对烯烃的顺反异构体命名时，需标示其构型。标示方法有顺/反标记法及 Z/E 型标记法两种。

当两个双键碳原子上连有相同的原子或原子团时，可用词头"顺"或"反"标示其构型。两个相同的原子或原子团处于双键的同侧时，为顺式构型；处于双键的异侧时，为反式构型。例如：

$$\underset{Br}{\overset{H_3C}{>}} C = C \underset{H}{\overset{CH_3}{<}} \qquad \underset{H}{\overset{H_3C}{>}} C = C \underset{CH_2CH_3}{\overset{H}{<}}$$

顺-2-溴-2-丁烯　　　　　　　　反-2-戊烯

顺/反标记法只能用于两个双键碳原子上连有相同原子或原子团的顺反异构体，当两个双键碳原子上所连接的原子或原子团均不相同时，则需根据"次序规则"，以 Z/E 构型标记法来命名。

Z/E 构型标记法的主要步骤如下：① 按"次序规则"先确定每个双键碳原子上连接的原子或原子团的优先次序；② 若两个较优基团处于双键的同侧时，为 Z-型；处于双键的异侧时，为 E-型。

上述"次序规则"的主要内容如下：比较与双键碳原子直接相连的原子的原子序数，大者为较优基团。常见基团的优先次序为—I > —Br > —Cl > —SH > —OH > —NH$_2$ > —CH$_3$ > —D > —H。

若与双键碳原子直接相连的原子的原子序数相同，则需再比较由该原子延伸至相邻的第二个原子的原子序数，如仍相同，继续延伸，直到比较出"较优"基团为止。例如：

$$—C(CH_3)_3 > —CH(CH_3)_2 > —CH_2CH_3 > —CH_3$$
$$—CH_2—Cl > —CH_2—OH > —CH_2—NH_2 > —CH_3$$

若比较的基团中含有不饱和键时，将双键或叁键看作 2 个或 3 个相同的原子以单键相连。例如：

$$>C=O \ 看作 \ >C\underset{O}{\overset{O}{<}} \qquad —C≡N \ 看作 \ —C\underset{N}{\overset{N}{<}}N$$

现假设下式中基团的优先次序为 a > b，d > e，则它们的构型标记为：

$$\underset{b}{\overset{a}{>}} C = C \underset{e}{\overset{d}{<}} \qquad \underset{b}{\overset{a}{>}} C = C \underset{d}{\overset{e}{<}}$$

Z-型　　　　　　　　　　　E-型

例如：

（优先）$\underset{H}{\overset{H_3C}{>}} C = C \underset{CH_2CH_3}{\overset{CH_2CH_2CH_3}{<}}$（优先）　　（优先）$\underset{H}{\overset{H_3C}{>}} C = C \underset{Cl}{\overset{CH_2CH_3}{<}}$（优先）

(Z)-3-乙基-2-己烯　　　　　　　　(E)-3-氯-2-戊烯

需要注意的是，顺/反标记法和 Z/E 型标记法是两种不同的构型标记法，两者之间没有必然的关系。通常情况下，可用顺/反标记法表示的构型必然可用 Z/E 型标记法表示，但用 Z/E 型标记法表示的构型则不一定可用顺/反标记法表示。例如：

$$\underset{H}{\overset{H_3CH_2C}{>}} C = C \underset{CH_2CH_3}{\overset{CH_3}{<}} \qquad \underset{Cl}{\overset{H_3CH_2C}{>}} C = C \underset{CH_2CH_2CH_3}{\overset{CH_3}{<}}$$

反-3-甲基-3-己烯或(E)-3-甲基-3-己烯　　　　　(Z)-4-甲基-3-氯-3-庚烯

命名下列化合物，如有顺反构型，请标示出来。

(1) $\begin{matrix} H_3C \\ C_2H_5 \end{matrix} C=C \begin{matrix} C_2H_5 \\ CH_2CH(CH_3)_2 \end{matrix}$ (2) $\begin{matrix} H \\ H_3C \end{matrix} C=C \begin{matrix} CH(CH_3)_2 \\ C_2H_5 \end{matrix}$ (3) $\begin{matrix} C_2H_5 \\ H_3C \end{matrix} C=C \begin{matrix} CH_2CH_2CH_3 \\ CH_2CH_3 \end{matrix}$

答案解析

第三节　烯烃的物理性质

PPT

常温常压下，含 2～4 个碳的烯烃为气体，含 5～18 个碳的烯烃为液体，含 19 个碳以上的烯烃为固体。烯烃的极性很弱，几乎不溶于水，易溶于苯、三氯甲烷和四氯化碳等非极性有机溶剂。与烷烃相似，烯烃的熔点、沸点和相对密度随相对分子质量的增加而升高。

烯烃在含碳原子数相同的顺反异构体中，顺式体的沸点比反式体高，反式体的熔点比顺式体高。这是由于反式结构的偶极矩较小，沸点较低，同时反式结构有更高的对称性，因而有较高的熔点。

直链烯烃的沸点、熔点略高于带支链的异构体，同分异构体中，支链越多，沸点越低。相同碳架的烯烃，双键由链端移向链中间，沸点、熔点都有所升高。

第四节　烯烃的化学性质 📱微课

PPT

与烷烃相比，烯烃的化学性质非常活泼，其活泼性取决于分子中的特征官能团 C＝C。烯烃分子中的碳碳双键由一个 σ 键和一个 π 键组成，π 键键能低，不稳定，易被极化，易断裂，使得烯烃容易发生加成反应、氧化反应和聚合反应。

一、加成反应

烯烃的加成反应是烯烃分子中的 π 键发生断裂，两个双键碳原子上各加上一个原子或原子团，形成两个新的 σ 键的反应。该反应使双键变成单键。

$$\begin{matrix} \\ \end{matrix} C=C \begin{matrix} \\ \end{matrix} + A-B \longrightarrow -\overset{|}{\underset{A}{C}}-\overset{|}{\underset{B}{C}}-$$

式中，A、B 可以相同，也可以不同，常见的加成试剂有 H_2、X_2、$H-X$、$H-OSO_3H$、$H-OH$。

1. 催化加氢　在金属催化剂 Pt、Pd 或 Ni 等的催化作用下，烯烃与氢气发生加成反应得到相应的烷烃。

$$CH_3CH_2CH=CH_2 + H_2 \xrightarrow{\text{催化剂}} CH_3CH_2CH_2CH_3$$

烯烃的催化氢化可定量完成，因此可以根据反应所吸收氢的量来推断分子中碳碳双键的数目，这在化合物的结构鉴定中有十分重要的作用。

2. 亲电加成　烯烃与卤素、卤化氢、硫酸、水等亲电试剂均可发生亲电加成反应。

（1）加卤素　烯烃与氟、氯、溴、碘等卤素加成，生成邻二卤代产物。可利用烯烃与卤素反应的颜色变化，对烯烃进行定性和定量分析，例如，溴水或者溴的四氯化碳溶液均为红棕色，烯烃在室温条件下即可与之发生加成反应，红棕色立即褪去。因此，可用溴水或溴的四氯化碳溶液来鉴别烯烃。

卤素与烯烃的反应活性顺序为氟 > 氯 > 溴 > 碘。氟与烯烃反应非常剧烈，难以控制；碘活泼性太低，与烯烃一般难以直接进行加成反应。

$$CH_3CH_2CH=CH_2 \ + \ Br_2 \ \xrightarrow{\ CCl_4\ } \ CH_3CH_2\underset{\underset{Br}{|}}{CH}-\underset{\underset{Br}{|}}{CH_2}$$

1,2-二溴丁烷

👁 **看一看**

烯烃的亲电加成反应机理

在 NaCl 介质中，乙烯与溴发生加成反应，可得到两种产物，分别为 1,2-二溴乙烷和 1-氯-2-溴乙烷。此实验现象表明，烯烃与卤素发生加成反应的过程中，分两步进行，其反应机理是共价键异裂的离子型亲电加成反应。

第一步，由于受到乙烯双键结构中 π 电子的影响，亲电试剂 Br_2 与烯烃不断靠近时会发生极化，形成 $Br^{\delta+}-Br^{\delta-}$，极化后带部分正电荷的一端与 π 电子结合，形成带正电荷的三元环溴鎓离子活性中间体。该步骤是反应速率较慢的一步，但是整个反应速率的决定步骤。

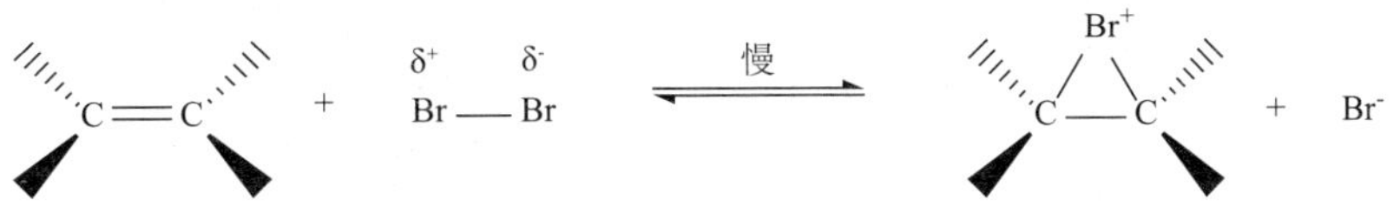

第二步，是两个带相反电荷的离子相互结合的反应，反应速率较快。在第一步中所得到的溴鎓离子稳定性较差，与溴发生反应时，溴负离子快速从背面进攻，得到反式邻二溴代物。

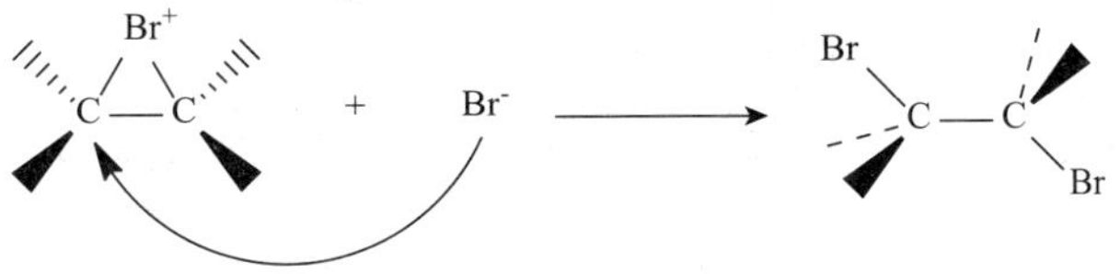

烯烃与溴、氯的加成一般生成反式产物，例如环己烯与溴的加成，只得到一种立体异构体（反-1,2-二溴环己烷），说明环烯烃的亲电加成反应也是分步进行的。烯烃与卤化氢、硫酸、水的加成反应也是按亲电加成反应机理进行的。

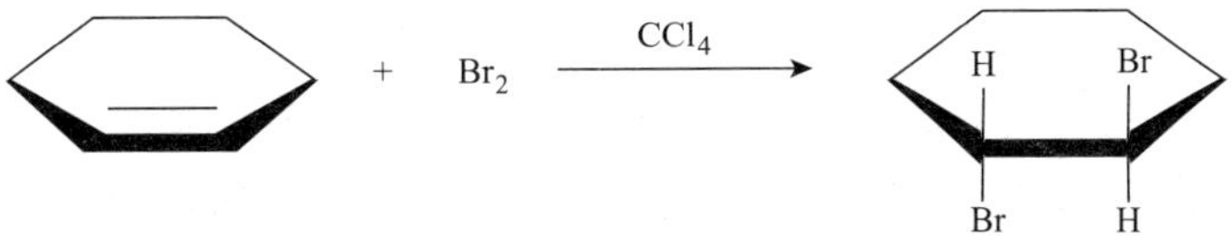

（2）加卤化氢　烯烃与卤化氢发生加成反应，生成一卤代烷。卤化氢的加成反应的活性大小顺序为 HI > HBr > HCl。HF 与烯烃发生加成反应的同时还会使烯烃发生聚合反应。

$$CH_2=CH_2 \ + \ HBr \ \xrightarrow{\ AlCl_3\ } \ \underset{\underset{H}{|}}{CH_2}-\underset{\underset{Br}{|}}{CH_2}$$

溴乙烷

乙烯是对称分子，与卤化氢加成只得到一种产物。不对称烯烃的加成反应生成的产物可能有两种。例如，丙烯与卤化氢的加成反应。

$$CH_2 \!=\! CHCH_3 \ + \ HBr \ \longrightarrow \ \underset{\substack{| \\ H}}{CH_2} \!-\! \underset{\substack{| \\ Br}}{CHCH_3} \ + \ \underset{\substack{| \\ Br}}{CH_2} \!-\! \underset{\substack{| \\ H}}{CHCH_3}$$

2-溴丙烷　　　　1-溴丙烷
（主要产物）

实验结果表明，丙烯与溴化氢加成的主要产物是 2-溴丙烷，这一反应现象为区域选择性反应的结果。俄国化学家马尔柯夫尼柯夫基于大量化学实验数据总结出一条经验规则：当不对称烯烃与不对称极性试剂（如 HX、H_2SO_4、H_2O 等）发生加成反应时，不对称试剂中带正电荷的部分总是加到含氢较多的双键碳原子上，而带负电荷部分则加到含氢较少或不含氢的双键碳原子上，这一规则简称为马氏规则。因此，可根据马氏规则预测反应的主要产物。

当反应中有少量过氧化物存在时，丙烯与溴化氢加成反应的主要产物为 1-溴丙烷，为反马氏规则的产物。例如：

$$CH_2 \!=\! CHCH_3 \ + \ HBr \ \xrightarrow{\text{过氧化物}} \ \underset{\substack{| \\ Br}}{CH_2} \!-\! \underset{\substack{| \\ H}}{CHCH_3}$$

（3）加硫酸　烯烃与浓硫酸发生加成反应，生成硫酸氢酯，该反应为亲电加成反应，遵循马氏规则。该反应的现象为烯烃溶于硫酸中，烷烃不与硫酸反应，可利用此反应分离除去烷烃中的少量烯烃。

$$RCH \!=\! CH_2 \ + \ HOSO_2OH \ \longrightarrow \ \underset{\substack{| \\ OSO_2OH}}{RCHCH_3}$$

生成的硫酸氢酯在加热条件下水解生成醇。工业上利用此反应合成醇，称为醇的烯烃间接水合法。例如：

$$\underset{\substack{| \\ OSO_2OH}}{RCHCH_3} \ + \ H_2O \ \longrightarrow \ \underset{\substack{| \\ OH}}{RCHCH_3} \ + \ H_2SO_4$$

（4）加水　烯烃在硫酸、磷酸等的催化下，可直接与水发生加成反应制得醇，称为醇的烯烃直接水合法。例如：

$$RCH \!=\! CH_2 \ + \ H_2O \ \xrightarrow[\text{300℃，7MPa}]{H_3PO_4} \ \underset{\substack{| \\ OH}}{RCHCH_3}$$

二、氧化反应

1. 高锰酸钾氧化　在氧化剂存在的条件下，烯烃分子中碳碳双键易断裂而发生氧化反应。在中性或碱性条件下，烯烃与冷、稀的高锰酸钾溶液发生氧化反应，双键中的 π 键断开，双键碳上各引入一个羟基，生成邻二醇。

$$RCH \!=\! CH_2 \ \xrightarrow[OH^-]{KMnO_4} \ \underset{\substack{| \\ OH}}{RCH} \!-\! \underset{\substack{| \\ OH}}{CH_2}$$

该反应速率较快，$KMnO_4$ 的紫红色很快褪去，生成二氧化锰棕色沉淀，现象明显，因此该反应可作为烯烃的鉴别反应。

在酸性条件下，高锰酸钾具有很强的氧化性，不仅可使烯烃双键中的 π 键断裂，σ 键也发生断裂，而且与双键相连的碳氢键发生氧化。依据双键碳上取代情况的不同，氧化反应得到的产物也不相同。反应现象是高锰酸钾溶液褪色。例如：

$$RCH{=}CH_2 \xrightarrow[\text{H}^+]{\text{KMnO}_4} RCOOH + CO_2\uparrow$$

$$\underset{\overset{|}{\text{R}'}}{R-C}{=}CHCH_3 \xrightarrow[\text{H}^+]{\text{KMnO}_4} R-\overset{\overset{\text{O}}{\|}}{C}-R' + CH_3COOH$$

2. 臭氧化反应　将烯烃溶于惰性溶剂中，在 $-80℃$ 条件下通入含 62% 臭氧的氧气，即可定量且迅速地生成黏糊状的臭氧化物，该反应称为臭氧化反应。生成的臭氧化物在游离状态下不稳定，容易发生爆炸，通常在反应液中连续进行下一步反应，如在锌粉作还原剂的条件下进行水解反应，可生成醛、酮或二者的混合物。例如：

$$CH_3CH{=}CHCH_3 \xrightarrow{\text{O}_3}{}_{\text{H}_2\text{O/Zn}} 2CH_3\overset{\overset{\text{O}}{\|}}{C}-H$$

$$(CH_3)_2C{=}CH_2 \xrightarrow{\text{O}_3}{}_{\text{H}_2\text{O/Zn}} CH_3\overset{\overset{\text{O}}{\|}}{C}CH_3 + H-\overset{\overset{\text{O}}{\|}}{C}-H$$

可利用该反应推测原来烯烃的结构，也可用来制备醛、酮。

三、聚合反应

在催化剂的作用下，烯烃的 π 键断裂发生分子间加成反应而相互聚合，形成高分子聚合物。这种由低分子结合生成高分子化合物的反应称为聚合反应。

$$n\,CH_2{=}CH_2 \xrightarrow{\text{催化剂}} \mathbf{+}CH_2-CH_2\mathbf{+}_n$$

✎ 练一练3-2

（1）鉴别丙烷和丙烯。

（2）某化合物分子式为 C_5H_{10}，经酸性高锰酸钾氧化后，生成一分子酮和一分子羧酸，试写出该化合物的结构式。

答案解析

第五节　诱导效应

PPT

一、诱导效应的产生

在有机化合物分子中，不同的原子形成共价键时，成键电子云会偏向电负性较大的一方，使共价键产生极性，一个共价键的极性会沿着碳链对分子中的其他部分产生影响，从而使整个分子的电子云密度分布发生一定程度的偏移。这种由于成键原子间电负性差异而产生极性，并通过静电引力沿着碳链向某一方向传递，使分子中电子云密度分布发生偏移的现象称为诱导效应。例如：氢原子被氯原子取代之后，氯原子有较强的电负性，分子中的电子云密度分布发生偏移。

$$\overset{\delta\delta\delta^+}{\underset{3}{C}}{\longrightarrow}\overset{\delta\delta^+}{\underset{2}{C}}{\longrightarrow}\overset{\delta^+}{\underset{1}{C}}{\longrightarrow}\overset{\delta^-}{Cl}$$

C—Cl 键首先产生极性，使得电子云向电负性较大的氯原子偏移，此时，C_1 原子带上部分正电荷，

该部分正电荷对 C_1 与 C_2 之间的电子云产生了吸引力，使之偏向 C_1 原子，但偏移程度有所下降，于是 C_2 原子也带上少许正电荷，同理，C_3 原子也会带上更少的正电荷。

诱导效应中电子云的偏移方向以 C—H 键中的氢作为比较标准，当 C—H 键中氢原子被其他原子或原子团取代后，电子云就会发生偏移，电负性大于氢原子的原子或原子团 X 为吸电子基，电子云偏向 X。由吸电子基引起的诱导效应称为吸电子诱导效应，用 –I 表示。反之，当取代原子或原子团 Y 的电负性小于氢原子时，电子云偏向 C 原子，Y 就为供电子基。由供电子基引起的诱导效应称为供电子诱导效应，用 +I 表示。

$$-\overset{|}{\underset{|}{C}}\rightarrow X \qquad -\overset{|}{\underset{|}{C}}-H \qquad -\overset{|}{\underset{|}{C}}\leftarrow Y$$

-I 效应 　　　　　 标准 　　　　　 +I 效应

常见的吸电子基和供电子基及其强弱顺序如下。

1. 吸电子基　—F > —Cl > —Br > —I > —OCH$_3$ > —OH > —NHCOCH$_3$ > —C$_6$H$_5$ > —CH = CH$_2$ > —H。

2. 供电子基团　—C(CH$_3$)$_3$ > —CH(CH$_3$)$_2$ > —C$_2$H$_5$ > —CH$_3$ > —H。

诱导效应是一种静电作用，是一种永久性效应。其作用效应随传递距离的增加而迅速减弱，一般认为，每经过一个 σ 键上的原子时，即降低为原来的约 1/3，传递 3 个 σ 键后可忽略不计。

二、诱导效应的应用

诱导效应可以解释不对称烯烃加成反应的马氏规则。丙烯分子中的甲基为供电子基，对双键 C 原子产生供电子诱导效应，双键的 π 电子云向 C_1 偏移，使得 C_1 带部分负电荷，C_2 则带部分正电荷，当与卤化氢反应时，卤化氢质子首先加到带部分负电荷的双键碳原子上，形成 1 个卤负离子和 1 个碳正离子中间体，而后卤素负离子与碳正离子结合，生成卤代烷产物。

$$\underset{3}{CH_3}\rightarrow \underset{2}{\overset{\delta+}{HC}} = \underset{1}{\overset{\delta-}{CH_2}} + \overset{\delta+}{H}-\overset{\delta-}{X} \xrightarrow{\text{慢}} CH_3\overset{+}{C}HCH_3 \quad + \quad X^- \xrightarrow{\text{快}} \underset{\overset{|}{X}}{CH_3CHCH_3}$$

同时，在第一步慢反应中，卤化氢分子进攻碳碳双键形成碳正离子活性中间体的快慢程度，决定了整个反应的反应速率，也决定了加成反应的取向，形成的碳正离子中间体越稳定，则反应越容易进行。

碳正离子可根据带正电荷碳原子的类型分为三种，即伯（1°）、仲（2°）、叔（3°）碳正离子。碳正离子的稳定性顺序为 3° > 2° > 1° > $^+$CH$_3$。例如：

$$(CH_3)_3\overset{+}{C} > (CH_3)_2\overset{+}{CH} > CH_3\overset{+}{C}H_2 > \overset{+}{C}H_3$$

丙烯与卤化氢的加成反应中，第一步反应可生成仲、伯两种碳正离子中间体，前者比后者稳定，更容易生成，反应速率更快，因此，丙烯与卤化氢加成遵循马氏规则，以 2-卤丙烷为主要产物。

$$CH_2=CHCH_3 + HX \longrightarrow \begin{cases} CH_3\overset{+}{C}HCH_3 \longrightarrow \underset{\overset{|}{X}}{CH_3CHCH_3} & \text{2-卤丙烷} \\ \overset{+}{C}H_2CH_2CH_3 \longrightarrow \underset{\overset{|}{X}}{CH_2CH_2CH_3} & \text{1-卤丙烷} \end{cases}$$

不对称烯烃与卤化氢反应如在过氧化物存在下进行，其反应历程则为自由基加成反应，反应过程中没有碳正离子中间体的生成，最终产物的生成遵循反马氏规则。

PPT

第六节　与医药有关的烯烃类化合物

1. 乙烯　常温下为无色稍带甜味的气体，密度 0.5678g/cm³，易燃，爆炸极限为 3% ~ 36%。几乎不溶于水，溶于乙醇、乙醚等有机溶剂。乙烯有较强的麻醉作用，吸入高浓度乙烯可立即引起急性中毒，意识丧失，但吸入新鲜空气后，可很快苏醒。乙烯对眼部及呼吸道黏膜有轻微刺激性。液态乙烯可致皮肤冻伤。长期接触乙烯，可引起头晕、全身不适、乏力、注意力不能集中等症状。

以乙烯为原料，通过多种合成途径可以得到一系列重要的石油化工中间产品和最终产品。乙烯的生产量可衡量一个国家化工水平的高低。乙烯用量最大的是生产聚乙烯，聚乙烯是日常生活中最常用的高分子材料之一，广泛用于日常生活用品制造及电气、食品、制药等领域。

2. 丙烯　常温下为无色稍带有甜味的气体，密度 0.5050g/cm³，易燃，爆炸极限为 2% ~ 11%。不溶于水，溶于乙醇、乙醚等有机溶剂。丙烯有轻度麻醉作用。吸入高浓度丙烯可引起意识丧失，当浓度为 15% 时，需 30 分钟；24% 时，需 3 分钟；35% ~ 40% 时，需 20 秒钟；40% 以上时，仅需 6 秒钟，并能引起呕吐。长期接触丙烯可引起头晕、乏力、全身不适、思想不集中等症状，也可能引起胃肠道功能紊乱。

答案解析

一、单项选择题

1. 下列化合物中有顺反异构的是（　　）

 A. 1-丁烯   B. 2-甲基-2-丁烯

 C. 1-氯丙烯   D. 丙烯

2. 烯烃与溴水加成反应产生的现象是（　　）

 A. 沉淀   B. 气体   C. 褪色   D. 变色

3. 下列可用于鉴别丙烯和丙烷的试剂是（　　）

 A. 浓硝酸   B. 浓氨水   C. 氢氧化钠溶液   D. 酸性高锰酸钾溶液

4. 下列基团属于供电子基的是（　　）

 A. —NO₂   B. —OH   C. —Cl   D. —CH₂CH₃

5. 1-丁烯与氯化氢反应生成的主要产物是（　　）

 A. 1-氯丁烷   B. 2-氯丁烷   C. 3-氯丁烷   D. 2-氯-2-甲基丙烷

6. 2-丁烯氧化后得到的主要产物是（　　）

 A. 甲酸和乙酸   B. 甲酸和丙酸   C. 丙酸和二氧化碳   D. 乙酸

7. 按次序规则，下列基团中属于最优基团的是（　　）

 A. —OCH₃   B. —Br   C. —H   D. —CH₃

8. 鉴别烯烃和烷烃不可选用的试剂是（　　）

 A. KMnO₄溶液/H⁺   B. Br₂/CCl₄

 C. 硫酸   D. AgNO₃

9. 下列化合物用酸性高锰酸钾溶液氧化，有酮生成的是（　　）

A. 1-戊烯   B. 乙烯

C. 3,4-二甲基-3-己烯   D. 2-丁烯

10. 下列取代基中供电子效应最强的是（   ）

A. —H   B. —C_2H_5 C. —CH＝CH_2 D. —CH_3

二、命名或写出结构简式

1.

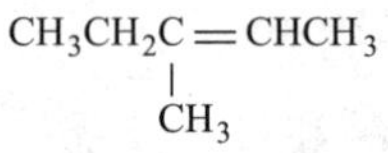

2.

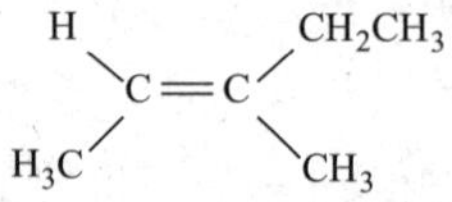

3.

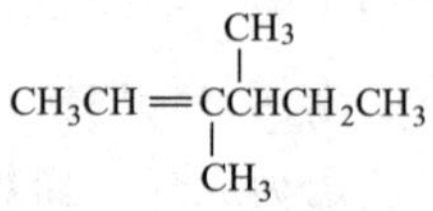

4. 顺-3,4-二氯-3-己烯   5. (E)-3-甲基-4-乙基-3-庚烯

三、完成下列反应式

1. 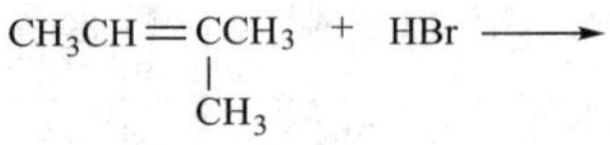 $CH_3CH＝CCH_3$ + HBr ⟶
   $\quad\quad\quad\quad\;\; |$
   $\quad\quad\quad\quad CH_3$

2. $CH_2＝CHCH_3$ + HBr $\xrightarrow{\text{过氧化物}}$

3. $CH_3CH＝CHCH_3 \xrightarrow[\quad H^+\quad]{KMnO_4}$

4. $CH_3\overset{\displaystyle CH_3}{\overset{|}{C}}＝CHCH_3 \xrightarrow[\quad H^+\quad]{KMnO_4}$

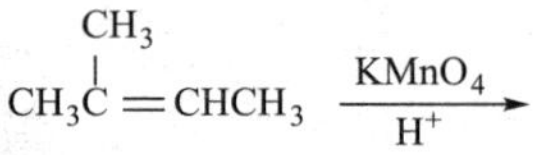

四、推断结构

有 A、B 两种化合物的分子式都是 C_6H_{12}，能使溴水褪色，用酸性高锰酸钾氧化后，A 的产物中一个是羧酸，另一个是酮；B 的产物只有一种羧酸。试推断 A、B 的结构式。

（叶　斌）

书网融合……

 重点回顾   微课   习题

第四章　二烯烃和炔烃

学习目标

知识目标：

1. 掌握　二烯烃和炔烃的定义、分类、命名、结构；炔烃的主要化学性质。

2. 熟悉　二烯烃和炔烃的同分异构现象；炔烃的物理性质；共轭二烯烃的共轭效应及主要化学性质。

3. 了解　碳原子的杂化方式；与医药相关的炔烃。

技能目标：

能熟练地对二烯烃和炔烃进行命名；能熟练地写出共轭二烯烃和炔烃的典型反应的反应式；会用化学方法鉴别二烯烃和炔烃。

素质目标：

体会二烯烃和炔烃在生产、生活以及医药上的重要作用；增强环保意识、安全意识和健康意识。

📖 **导学情景**

情景描述：胡萝卜素是一种天然存在的植物色素，广泛存在于胡萝卜、南瓜、木瓜、柑橘等食物中。胡萝卜素在人体内可转化为维生素 A，适量补充胡萝卜素可以维持眼睛和皮肤的健康，改善夜盲症、皮肤粗糙等状况。但是大量食用含胡萝卜素丰富的食物，可能会引起胡萝卜素血症，主要表现为皮肤呈黄色或橙黄色。

情景分析：胡萝卜素主要有 α、β、γ 三种异构体，其中最为重要的是 β-胡萝卜素，其溶液常呈橙黄色。过多食用含胡萝卜素的物质，使血液中的胡萝卜素含量增高，皮肤就会变黄。

讨论：胡萝卜素为什么显橙黄色？其显色的结构基础是什么？

学前导语：胡萝卜素的结构中含有多个碳碳双键，不同于单烯烃，其双键之间形成一个较长的 $\pi-\pi$ 共轭体系，能吸收不同波长的可见光，使其显橙黄色。什么是 $\pi-\pi$ 共轭体系？其结构有什么特点？在化学性质上又有哪些特殊性？本章将予以介绍。

PPT

第一节　二烯烃

二烯烃是指分子中含有两个碳碳双键的不饱和烃，二烯烃比同碳原子数的单烯烃又少两个氢原子，通式为 C_nH_{2n-2}（$n \geqslant 3$，n 为正整数）。

一、二烯烃的分类和命名

（一）二烯烃的分类

根据两个双键相对位置的不同，可将二烯烃分为聚集二烯烃、共轭二烯烃和隔离二烯烃三类。

1. 聚集二烯烃 又称累积二烯烃。两个双键与同一个碳原子相连接，即分子中含有 $-\overset{|}{C}=C=\overset{|}{C}-$ 结构的二烯烃。例如，$CH_2=C=CH_2$。

2. 共轭二烯烃 两个双键被一个单键隔开，即分子中含有 $-\overset{|}{C}=\overset{|}{C}-\overset{|}{C}=\overset{|}{C}-$ 结构的二烯烃。例如，$CH_2=CH-CH=CH_2$。

3. 隔离二烯烃 又称孤立二烯烃。两个双键被两个或两个以上的单键隔开，即分子中含有 $-\overset{|}{C}=\overset{|}{C}-(\overset{|}{C})_n-\overset{|}{C}=\overset{|}{C}-$ （$n \geqslant 1$）结构的二烯烃。例如，$CH_2=CH-CH_2-CH=CH_2$。

聚集二烯烃性质不稳定，存在量极少，制备困难，没有实际应用价值。隔离二烯烃中的两个双键距离较远，相互影响甚小，呈现单烯烃的通性。共轭二烯烃除了具有单烯烃的通性外，由于两个双键相互影响明显，还具有某些独特的性质，是最重要的二烯烃，本节将对此类二烯烃做重点讨论。

（二）二烯烃的命名

二烯烃的命名与单烯烃相似，首先选择含有两个双键的最长碳链作为主链，先称为"某二烯"，然后从距离双键最近的一端给主链上的碳原子编号，最后写出取代基位次、数目、名称，标出两个双键的位次。例如：

$$CH_2=CH-CH=CH_2 \qquad CH_2=\overset{\displaystyle C}{\underset{\displaystyle CH_3}{|}}-CH=CH_2 \qquad CH_2=CH-CH-\overset{\displaystyle C}{\underset{}{}}=CH_2$$

1,3-丁二烯   2-甲基-1,3-丁二烯（或异戊二烯）   2,3-二甲基-1,4-戊二烯

当二烯烃的双键两端连接的原子或基团各不相同时，也存在顺反异构现象。其命名也与烯烃相似，但是由于两个双键的存在，异构现象比单烯烃更复杂，命名时要逐个标明其构型。例如：

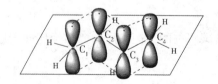

(2E,4Z)-2,4-己二烯   (2Z,4Z)-2,4-庚二烯

二、共轭二烯烃的结构与共轭效应

1,3-丁二烯是最简单的共轭二烯烃，近代实验方法测定结果表明，1,3-丁二烯是一个平面型分子，如图 4-1 所示，C_2—C_3 之间的键长为 147pm，比一般烷烃中碳碳单键键长 154pm 短。

1,3-丁二烯分子中，4 个碳原子均为 sp^2 杂化，彼此各以一个 sp^2 杂化轨道结合形成 C—C σ 键，其余的 sp^2 杂化轨道分别与氢原子的 $1s$ 轨道重叠形成 C—H σ 键。由于 sp^2 杂化轨道是平面分布的，所以分子中的所有原子都处于同一平面。此外，每个碳原子还有一个未参加杂化的 p 轨道与上述平面垂直，这 4 个相互平行的 p 轨道彼此侧面重叠，不仅在 C_1 和 C_2 以及 C_3 和 C_4 之间各形成一个 π 键，同时，C_2 和 C_3 之间的 p 轨道由于相邻又相互平行，也可以部分重叠，从而将两个 π 键连接起来，形成一个包含 4 个碳原子的 4 个电子的大 π 键或共轭 π 键，如图 4-1 所示。

图 4-1   1,3-丁二烯分子中的共轭 π 键

由此可见，在 1,3-丁二烯分子中的 π 电子不是局限于 C_1 和 C_2 或 C_3 和 C_4 之间，而是扩展至 4 个碳原子的范围内，这些 π 电子比单烯烃中的 π 电子具有更大的运动范围，这种现象称为 π 电子的离域。

由于 π 电子的离域，导致电子云密度分布平均化，键长也平均化（双键的键长变长，单键的键长变短），体系能量降低，稳定性增加，这种效应称为共轭效应，用 C 表示。具有共轭效应的体系称为共轭体系。像 1,3-丁二烯分子内，由两个 π 键形成的共轭体系称为 π-π 共轭体系，此外，还存在 p-π 共轭体系、σ-π 超共轭体系，将在后续章节中讲到。

共轭效应也是一种电子效应，但一般比诱导效应作用要强，而且一般不会因共轭体系增长而减弱。

练一练4-1

指出下列哪些属于 π-π 共轭体系。

答案解析

(1) $CH_2{=}CH{-}CH{=}CH{-}CH{=}CH_2$　　(2) $CH_2{=}\underset{\underset{CH_3}{|}}{C}{-}CH{=}CH_2$　　(3) ⬡　　(4) ⬡

三、共轭二烯烃的性质

共轭二烯烃的性质与单烯烃相似，易发生加成、氧化和聚合等反应，但由于 π-π 共轭效应的影响，也表现出一些特殊的性质。这种特殊性主要表现在加成反应上。

（一）1,2-加成和1,4-加成

与烯烃一样，共轭二烯烃能与卤素、卤化氢等发生亲电加成反应，也能进行催化加氢反应。但与一分子试剂加成时，可生成 1,2-加成和 1,4-加成两种产物。例如：

$$\overset{1}{CH_2}{=}\overset{2}{CH}{-}\overset{3}{CH}{=}\overset{4}{CH_2} + HBr \longrightarrow \begin{array}{l} \xrightarrow{\text{1,2-加成}} CH_3{-}\underset{\underset{Br}{|}}{CH}{-}CH{=}CH_2 \\[2em] \xrightarrow{\text{1,4-加成}} CH_3{-}CH{=}CH{-}\underset{\underset{Br}{|}}{CH_2} \end{array}$$

像普通单烯烃加成反应一样，发生在一个双键上的加成方式称为 1,2-加成。分子中的两个 π 键均打开，试剂的两部分分别加到共轭体系的两端，而在 C_2 和 C_3 之间形成一个新的双键，这种共轭体系特有的加成方式称为 1,4-加成，又称共轭加成。注意加成产物仍遵守马氏定则。

共轭二烯烃的 1,2-加成和 1,4-加成同时发生，哪一种加成方式占优势，受到共轭二烯烃的结构、反应的温度以及溶剂等条件的影响，一般在较高温度下以 1,4-加成为主，在低温下以 1,2-加成为主。

👁 看一看

共轭加成反应机理

以 1,3-丁二烯与 HBr 的加成反应为例。1,3-丁二烯受亲电试剂影响，产生交替极化。按照亲电加成反应机理，反应第一步，H^+ 可进攻 1,3-丁二烯中电子云密度较大的 C_1 和 C_3，形成两种碳正离子。

$$\overset{\delta^+}{\underset{4}{CH_2}}{=}\overset{\delta^-}{\underset{3}{CH}}{-}\overset{\delta^+}{\underset{2}{CH}}{=}\overset{\delta^-}{\underset{1}{CH_2}} + H^+ \longrightarrow \begin{array}{l} \underset{4}{CH_2}{=}\underset{3}{CH}{-}\overset{\delta^+}{\underset{2}{CH}}{-}\underset{1}{CH_3} \quad (1)\text{ 稳定} \\[1.5em] \overset{\delta^+}{\underset{4}{CH_2}}{-}\underset{3}{CH_2}{-}\underset{2}{CH}{=}\underset{1}{CH_2} \quad (2) \end{array}$$

烯丙基碳正离子（1）比伯碳正离子（2）稳定，这是由于烯丙基碳正离子（1）中，带正电荷的 C_2 是 sp^2 杂化，其空的 p 轨道可以与双键碳原子的 p 轨道相互重叠形成 p-π 共轭体系，π 电子可离域到空的 p 轨道中，从而使碳正离子的正电荷得以分散，故比伯碳正离子（2）稳定。在碳正离子（1）中，由于 π 电子的离域，使 C_2、C_4 都带上部分的正电荷。

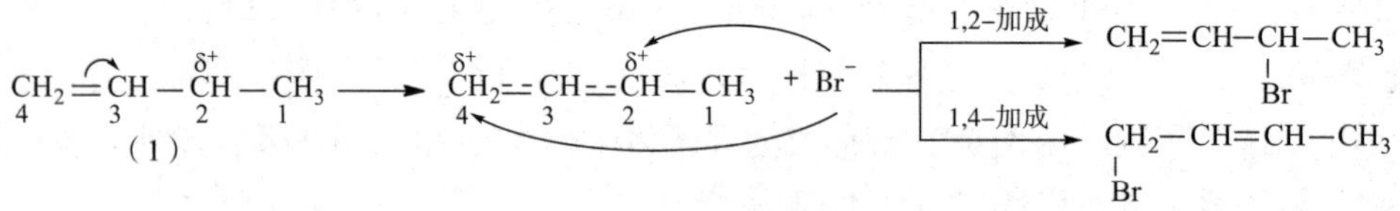

（1）

第二步，带负电荷的试剂 Br^- 加到带有部分正电荷的 C_2 或 C_4 上，得到 1,2-加成或 1,4-加成两种产物。

综合前面所学的烷基碳正离子的稳定性，碳正离子稳定性顺序为烯丙基碳正离子 > 叔碳正离子 > 仲碳正离子 > 伯碳正离子 > 甲基正离子。

（二）双烯合成（Diels – Alder 反应）

共轭二烯烃与含有碳碳双键、叁键等不饱和化合物进行 1,4 – 加成生成环状化合物的反应，称为双烯合成，亦称狄尔斯 – 阿尔德反应。这是共轭二烯烃的特有反应，是合成六元环状化合物的重要方法。通常把双烯合成反应中的共轭二烯烃称作双烯体，与其进行反应的不饱和化合物称作亲双烯体。例如：

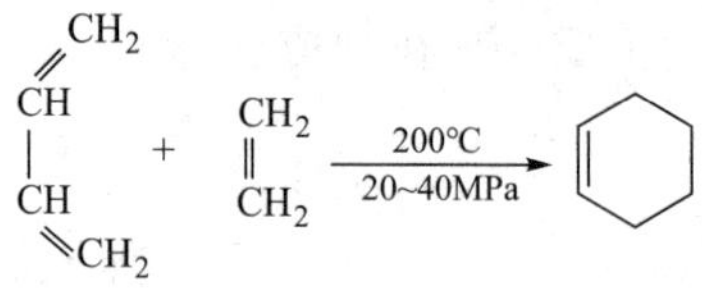

亲双烯体是乙烯时，反应十分困难，需要在较高的条件下进行。当亲双烯体的双键碳原子上连有强的吸电子基团（—CHO、—COR、—CN、—COOH）或双烯体上连有供电子基团时，反应较容易进行。例如：

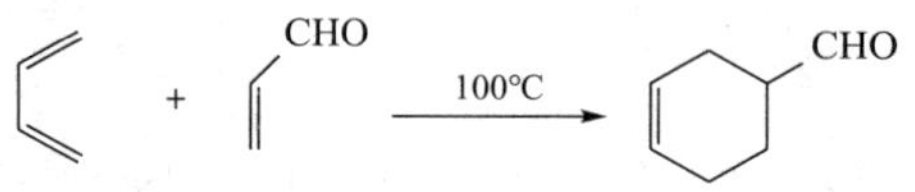

🩷 药爱生命

斑蝥作为药材在我国已使用两千多年。斑蝥是芫青科昆虫南方大斑蝥或黑黄小斑蝥的干燥体，其主要有效成分是斑蝥素，主要用于肝癌、食管癌及胃癌的治疗，并有独特的升高白细胞的作用。

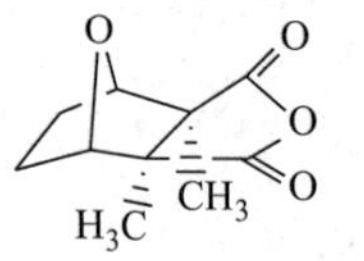

斑蝥素 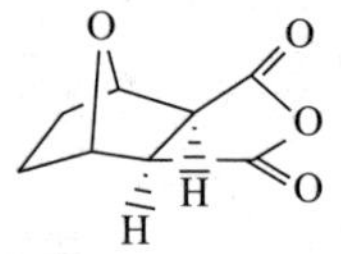　　　　　　　去甲斑蝥素

1929 年，首次人工合成去甲斑蝥素。去甲斑蝥素为斑蝥素的衍生物，作为抗癌药物于 1989 年在我国投入生产。去甲斑蝥素相比斑蝥素，明显减轻了对泌尿系统的刺激作用，提高了抗癌效果。去甲斑蝥素在临床上主要用于治疗原发性肝癌，对胃癌、肺癌、食管癌、乳腺癌、皮肤癌、肠癌等均有一定的疗效。它是以呋喃和马来酸酐为原料，通过双烯合成反应，再催化氢化得到。

通过化学方法修饰药物的结构，进而提高药物疗效、降低对人体的毒副作用，药学家们为此一直在不断努力。

第二节 炔 烃 🅴微课

PPT

分子中含有碳碳叁键的不饱和烃称为炔烃，碳碳叁键（—C≡C—）是炔烃的官能团。炔烃的通式为 $C_nH_{2n-2}(n\geq2)$。

一、炔烃的结构

最简单的炔烃是乙炔，其结构式为 HC≡CH。现代物理方法证明，乙炔分子为直线型，键角为 180°。立体模型如图 4-2 所示。

（a）球棍模型　　　　（b）比例模型

图 4-2　乙炔的立体模型

乙炔分子中，两个碳原子均采用 sp 杂化，如图 4-3 所示。碳原子中的 1 个 $2s$ 轨道和 1 个 $2p$ 轨道发生杂化，形成 2 个能量完全相同、之间夹角为 180°的 sp 杂化轨道。另有 2 个 $2p$ 轨道未参与杂化，都垂直于 sp 杂化轨道对称轴所在的直线。2 个 sp 杂化轨道及 2 个 $2p$ 轨道中各填充 1 个电子。

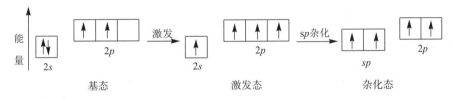

图 4-3　乙炔中碳原子的 sp 杂化

两个碳原子各以一个 sp 杂化轨道沿对称轴正面重叠形成 C-C σ 键，同时每个碳原子的另一个 sp 杂化轨道分别与氢原子的 1s 轨道重叠，形成两个 C-H σ 键，所以乙炔分子是直线型分子。两个碳原子的两对 p 轨道彼此平行重叠，形成互相垂直的两个 π 键，如图 4-4 所示。由此可见，碳碳叁键由一个 σ 键和两个 π 键组成。

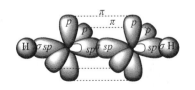

图 4-4　乙炔分子的形成

二、炔烃的同分异构现象和命名

（一）炔烃的同分异构现象

四个碳原子以上的炔烃存在着碳链异构、位置异构和官能团异构，但炔烃没有顺反异构。例如，戊炔的部分异构体如下。

$$HC \equiv CCH_2CH_2CH_3 \qquad HC \equiv C-\overset{\overset{\displaystyle CH_3}{|}}{C}HCH_3$$

碳链异构

$$HC \equiv CCH_2CH_2CH_3 \qquad CH_3C \equiv CCH_2CH_3 \qquad CH_2 = CH-CH = CHCH_3$$

位置异构   官能团异构

（二）烯烃的命名

炔烃的命名与烯烃相似，只需把"烯"字改成"炔"字即可。例如：

$$CH_3CH_2C \equiv CH \qquad CH_3C \equiv CCH_2CH_3 \qquad CH_3CHCH_2C \equiv CCH_3$$
$$\qquad\qquad\qquad\qquad\qquad\qquad\qquad\qquad\qquad\qquad\qquad |$$
$$\qquad\qquad\qquad\qquad\qquad\qquad\qquad\qquad\qquad\qquad CH_2CH_3$$

1-丁炔   2-戊炔   5-甲基-2-庚炔

同时含有碳碳叁键和碳碳双键的烯炔烃命名时，应选择含有叁键和双键的最长碳链作为主链，称为"某烯炔"。编号时，应使双键、叁键位次之和最小。例如：

$$CH_2 = CH-C \equiv C-CH_3 \qquad CH \equiv C-CH = CH-CH_3$$

1-戊烯-3-炔   3-戊烯-1-炔

当双键和叁键处在相同的位次时，则从靠近双键的一端开始编号（这是一个例外，一般 IUPAC 命名原则总是给予母体官能团最小编号）。例如：

$$CH_2 = CHCH_2C \equiv CH$$

1-戊烯-4-炔(不是4-戊烯-1-炔)

三、炔烃的物理性质

炔烃的物理性质与烯烃相似，乙炔、丙炔和丁炔为气体，5 个碳原子以上的炔烃为液体，16 个碳原子以上为固体。炔烃的熔点、沸点也随分子量的增加而逐渐升高。炔烃分子极性很弱，难溶于水而易溶于有机溶剂。

四、炔烃的化学性质

由于炔烃官能团碳碳叁键中含有两个 π 键，因此具有与烯烃相似的化学性质，如炔烃也能发生加成、氧化和聚合反应。但两者加成反应的历程和反应进行的难易程度均有所不同。直接连接在叁键上的氢较活泼，具有微弱的酸性。

（一）加成反应

1. 催化加氢 在 Pt、Pd 或 Ni 等金属催化剂的作用下，炔烃可以与氢气进行加成，第一步生成烯烃，第二步生成烷烃，且反应难以停留在烯烃阶段。

$$RC \equiv CH \xrightarrow{H_2/Ni} RCH = CH_2 \xrightarrow{H_2/Ni} RCH_2CH_3$$

若在反应中采用活性较弱的催化剂，如用醋酸铅处理过的附在碳酸钙上的钯，即林德拉（Lindlar）催化剂，可使反应停留在烯烃阶段，产物为顺式结构，且产率较高。

$$CH_3C \equiv CCH_3 + H_2 \xrightarrow{Lindlar试剂} \overset{CH_3}{\underset{H}{>}}C = C\overset{CH_3}{\underset{H}{<}}$$

若用化学还原剂，如在液氨中以金属锂或钠作还原剂，则产物主要为反式烯烃。

$$CH_3C \equiv CCH_3 + H_2 \xrightarrow{Na/NH_3} \overset{H}{\underset{CH_3}{>}}C = C\overset{CH_3}{\underset{H}{<}}$$

2. 加卤素 炔烃与卤素（常用 Br_2 或 Cl_2）的加成也是分两步进行，先生成二卤代烯烃，继续反应生成四卤代烷。

$$R-C\equiv C-R' \xrightarrow{X_2} \underset{\overset{|}{X}\ \overset{|}{X}}{R-C=C-R'} \xrightarrow{X_2} \underset{\overset{|}{X}\ \overset{|}{X}}{\overset{\overset{X}{|}\ \overset{X}{|}}{R-C-C-R'}}$$

虽然炔烃比烯烃多一个 π 键，但炔烃加成反应活性比烯烃弱。当分子中同时存在双键和叁键时，加成首先发生在双键上。例如：

$$CH_2=CHCH_2C\equiv CH + Br_2(1mol) \longrightarrow \underset{\overset{|}{Br}\ \ \overset{|}{Br}}{CH_2-CHCH_2C\equiv CH}$$

? 想一想

为什么与卤素加成时烯烃比炔烃活性高？

答案解析

3. 加卤化氢 炔烃与卤化氢的加成，可以加一分子，也可以加两分子。同样，不对称炔烃与不对称试剂加成时，加成产物遵守马氏规则。例如，在汞盐的催化作用下，乙炔与氯化氢发生加成反应，生成氯乙烯。这是工业上生产氯乙烯的重要反应。

$$HC\equiv CH + HCl \xrightarrow{HgCl_2} CH_2=CH-Cl$$

$$CH_3C\equiv CH + HCl \xrightarrow{HgCl_2} \underset{\overset{|}{Cl}}{CH_3C=CH_2} \xrightarrow{HgCl_2/HCl} \underset{\overset{|}{Cl}}{\overset{\overset{Cl}{|}}{CH_3CCH_3}}$$

4. 加水 炔烃与水直接反应很困难，需要在催化剂硫酸汞的稀硫酸溶液中进行。炔烃与水先发生加成反应，生成烯醇加成产物，然后发生分子结构重排生成稳定的产物醛或酮。例如：

$$CH\equiv CH + HCl \xrightarrow{HgSO_4/H_2SO_4} \left[\underset{\overset{|}{OH}}{CH_2=CH}\right] \xrightarrow{重排} \underset{\overset{||}{O}}{CH_3-CH}$$
$$\qquad\qquad\qquad\qquad\qquad\qquad\ 乙烯醇 \qquad\qquad\qquad 乙醛$$

$$CH\equiv CCH_3 + H_2O \xrightarrow{HgSO_4/H_2SO_4} \left[\underset{\overset{|}{OH}}{CH_2=CCH_3}\right] \xrightarrow{重排} \underset{\overset{||}{O}}{CH_3-C-CH_3}$$
$$\qquad\qquad\qquad\qquad\qquad\qquad\qquad\qquad\qquad\qquad\qquad 丙酮$$

烯醇是羟基直接和双键碳原子相连的结构，是个不稳定的中间体，会快速发生结构重排，形成稳定的羰基化合物，这个过程称作互变异构，烯醇式和酮式互变异构可简单表示为：

$$\underset{\overset{|}{}\ \ \overset{|}{}}{-C=C-OH} \rightleftharpoons \underset{\overset{|}{H}}{\overset{\overset{O}{||}}{-C-C-}}$$
$$\qquad\quad 烯醇式 \qquad\qquad\qquad\qquad 酮式$$

（二）氧化反应

炔烃易被高锰酸钾、重铬酸钾等氧化剂氧化，在碳碳叁键处断裂，生成羧酸或二氧化碳。例如：

$$CH_3C\equiv CH \xrightarrow[H_2O]{KMnO_4} CH_3COOH + CO_2$$

$$CH_3CH_2C \equiv CCH_3 \xrightarrow[H_2O]{KMnO_4} CH_3CH_2COOH + CH_3COOH$$

利用高锰酸钾溶液颜色变化，可以定性鉴别炔烃。根据生成的产物，可以推断炔烃的结构。

练一练4-2

某化合物分子式为 C_5H_8，能使溴水褪色，用酸性高锰酸钾溶液氧化可得到丁酸和二氧化碳。推断该化合物的结构简式。

答案解析

（三）聚合反应

炔烃在一定的催化剂下也可以发生聚合反应，与烯烃的聚合反应不同的是，炔烃一般发生低分子聚合反应。例如：

$$HC \equiv CH + HC \equiv CH \xrightarrow{Cu_2Cl_2, NH_4Cl} H_2C = CH - C \equiv CH$$

$$3HC \equiv CH \xrightarrow{500℃}$$

（四）金属炔化物的生成

由于 sp 杂化的碳原子，s 成分多，电负性较大，从而使得炔烃分子中与叁键碳原子相连的氢原子性质较活泼，显示出一定的弱酸性。例如，乙炔及末端炔可以与硝酸银或氯化亚铜的氨溶液作用，立即生成炔化银白色沉淀或炔化亚铜红棕色沉淀。

$$HC \equiv CH + 2Ag(NH_3)_2NO_3 \longrightarrow AgC \equiv CAg \downarrow + 2NH_4NO_3 + 2NH_3$$

$$RC \equiv CH + 2Cu(NH_3)_2Cl \longrightarrow RC \equiv CCu \downarrow + 2NH_4Cl + 2NH_3$$

上述反应很灵敏，现象也很明显，常用来鉴别乙炔及末端炔。重金属炔化物在湿润时比较稳定，但在干燥时受热或撞击容易发生爆炸，所以要用稀硝酸及时处理反应生成的重金属炔化物，使其分解，以防发生危险。

五、与医药有关的炔烃类化合物

乙炔，俗称电石气，是最简单也是最重要的炔烃。在空气中的爆炸极限为 2.3% ~ 72.3%。目前工业上用电石与水反应或甲烷部分氧化法来制备乙炔。乙炔燃烧时火焰温度高达 3200℃ 左右，完全燃烧发出亮白光，乙炔可用于焊接及切断金属（氧炔焰）、照明。乙炔化学性质活泼，是制造乙醛、醋酸、苯、三大合成材料（橡胶、塑料、纤维）等的基本原料。

目标检测

答案解析

一、单项选择题

1. 下列化合物中，属于共轭二烯烃的是（ ）

A. $CH_2 = CHCH = CHCH_3$　　　　　　　B. $CH_2 = CHCH_2CH = CH_2$

C. $CH_3CH = C = CH_2$　　　　　　　　　D. $CH_3 - \underset{\underset{CH_3}{|}}{C} = CH - CH_2CH_2CH = CH_2$

2. 下列分子内的碳原子均为 sp^2 杂化的是（　　）

    A. $CH_3CH_2CH=CHCH_3$　　　　　　B. $CH_2=CHCH=CH_2$

    C. CH_3CH_3　　　　　　　　　　　　D. $CH_2=CHCH_2CH=CH_2$

3. 关于共轭体系的描述，下列说法正确的是（　　）

    A. 共轭体系不具有共平面性

    B. 共轭体系内所含的双键和单键的长度趋于平均化

    C. 共轭体系能量较高

    D. 共轭效应的传递随着碳链的增长而迅速减弱

4. 链状单炔烃的通式是（　　）

    A. C_nH_{2n+2}　　　　B. C_nH_{2n}　　　　C. C_nH_{2n-2}　　　　D. C_nH_{2n+6}

5. 下列含有两个 π 键的化合物是（　　）

    A. 乙烷　　　　　B. 乙烯　　　　　C. 乙炔　　　　　D. 环丁烷

6. 乙炔中碳原子的杂化方式是（　　）

    A. sp 杂化　　　　B. sp^2 杂化　　　　C. sp^3 杂化　　　　D. sd 杂化

7. 下列不能使高锰酸钾溶液褪色的化合物是（　　）

    A. 甲烷　　　　　B. 丙烯　　　　　C. 丙炔　　　　　D. 1,3-丁二烯

8. 炔烃和溴水发生加成反应的现象是（　　）

    A. 生成白色沉淀　　B. 无变化　　　C. 气体生成　　　D. 溴水褪色

9. 下列能使高锰酸钾溶液和溴水都褪色的化合物是（　　）

    A. C_2H_2　　　　B. C_3H_8　　　　C. △　　　　D. □

10. 下列能与硝酸银氨溶液反应，产生白色沉淀的化合物是（　　）

    A. 1,3-丁二烯　　B. 乙炔　　　　　C. 乙烷　　　　　D. 1-丁烯

二、命名或写出结构简式

1. $CH_3-\underset{\underset{CH_3}{|}}{C}=CH-CH=CH_2$　　2. $CH_3C\equiv CCH_2\underset{\underset{CH_3}{|}}{\overset{\overset{CH_3}{|}}{C}}-CH_3$　　3. $HC\equiv CCH_2\underset{\underset{CH_3}{|}}{C}=CHCH_3$

4. 2,4-己二烯　　　　　5. 4-甲基-2-戊炔　　　　6. 3-甲基-2-己烯-4-炔

三、完成下列反应式

1. $CH_2=CHCH=CH_2 + Br_2$ → 1,2-加成 / 1,4-加成

2. ＋ COOH 高温、高压 →

3. $CH\equiv CCH_3 + HCl$ →

4. $CH_3\underset{\underset{CH_3}{|}}{C}HC\equiv CH + H_2O \xrightarrow{HgSO_4/H_2SO_4}$

5. $CH_3\underset{\underset{CH_3}{|}}{C}HC\equiv CH \xrightarrow{KMnO_4/H_2SO_4}$

6. $CH_3\underset{\underset{CH_3}{|}}{C}HC\equiv CH \xrightarrow{Ag(NH_3)_2^+}$

41

四、用化学方法鉴别下列各组化合物

1. 1-丁炔和 1,3-丁二烯

2. 乙烷、丙烯和 1-丁炔

五、推断结构

分子式为 C_4H_6 的三种化合物 A、B、C，只有 A 与银氨溶液反应生成白色沉淀，其余两种不能。A、B、C 都能使高锰酸钾酸性溶液褪色，B 能生成乙酸，C 能生成乙二酸，试推断 A、B、C 的结构式。

（刘俊宁　周水清）

书网融合……

重点回顾　　　　微课　　　　习题

第五章 环 烃

<table>
<tr><td rowspan="1">学习目标</td><td>
知识目标：
1. 掌握 单环脂环烃的命名；环烷烃的化学性质；苯及单环芳烃的结构和性质。
2. 熟悉 脂环烃的分类；苯环上亲电取代反应的定位规律；萘、蒽和菲的结构。
3. 了解 桥环烃和螺环烃的命名；环己烷的构象；萘、蒽和菲的主要性质。
技能目标：
能区分小环脂环烃的稳定性；能理解芳香烃的芳香性；能区分邻对位和间位定位基；能根据定位规律，判断亲电取代反应的主要产物；能识别环己烷的典型构象。
素质目标：
体会环烃在生产、生活中的重要作用；增强环保意识、安全意识和健康意识。
</td></tr>
</table>

导学情景

情景描述： 2019 年 3 月 21 日 14 时许，江苏盐城市一化工园区内发生爆炸，现场烈火冲天，浓烟滚滚，波及周围 16 家企业。事故已造成多人死亡，多人受重伤。此次发生爆炸的物质是苯，可能是由于工人操作失误引起的。事故发生后经测定，空气中氮氧化物含量超标近 1 倍，园区附近的河闸内不同程度地检测出三氯甲烷、二氯甲烷、二氯乙烷和甲苯等挥发性有机物。

情景分析： 苯挥发性大，暴露于空气中很容易发生扩散。人和动物吸入或皮肤接触大量的苯时，会引起急性和慢性中毒。苯泄漏后能造成较大范围内的地面或物品污染，对发生爆炸的园区及周边环境有极大的危害。

讨论： 苯属于哪类有机化合物？苯泄漏会对周围环境和人造成哪些危害？使用苯时需要注意些什么？

学前导语： 苯是最简单的芳香烃，芳香烃属于环烃类化合物。本章将介绍脂环烃、芳香烃两类环烃的结构、理化性质及其在医药领域中的广泛应用。

自然界中除了链烃外，也存在大量的分子中具有环状结构的碳氢化合物，称为环烃，包括脂环烃和芳香烃两大类。

第一节 脂环烃

PPT

脂环烃及其衍生物广泛地分布在自然界中，例如石油中含有环烷烃及其衍生物，一些植物挥发油中含有环烯烃及其含氧衍生物，动物体内的多数甾体化合物也属于脂环烃的衍生物。此外，在医药中常用的樟脑、麝香、冰片、吗啡等也都含有脂环。

一、脂环烃的分类和命名

具有碳环结构，但性质类似于脂肪族化合物的一类烃，称为脂环烃。

（一）脂环烃的分类

脂环烃的分类方式主要有以下三种。

1. 根据环上是否含有不饱和键分类 分为饱和脂环烃和不饱和脂环烃。饱和脂环烃又称为环烷烃，不饱和脂环烃包括环烯烃和环炔烃。

2. 根据分子中含有碳环的数目分类 分为单环脂环烃和多环脂环烃。多环脂环烃又根据环间连接方式的不同，分为螺环烃和桥环烃。

3. 根据成环碳原子的数目分类 分为小环（三、四元环）、常见环（五、六元环）、中环（七至十二元环）及大环（十二元环以上）脂环烃。

（二）脂环烃的命名

1. 单环脂环烃 包括环烷烃、环烯烃和环炔烃。其中，环烷烃与同碳原子数目的脂肪族单烯烃互为同分异构体，其分子通式为 $C_nH_{2n}(n \geqslant 3)$。

环烷烃的命名与烷烃相似，根据成环碳原子数目称为"环某烷"。若环上连有简单侧链时，以环为母体，侧链为取代基命名。例如：

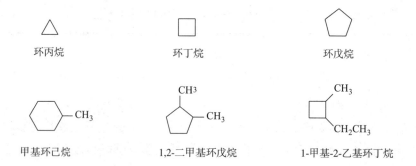

环丙烷　　　　　　　　　　环丁烷　　　　　　　　　　环戊烷

甲基环己烷　　　　　　1,2-二甲基环戊烷　　　　1-甲基-2-乙基环丁烷

环烯烃、环炔烃的命名是从不饱和碳原子开始编号，使不饱和键及取代基的位次尽可能小（低），称为"环某烯"或"环某炔"。例如：

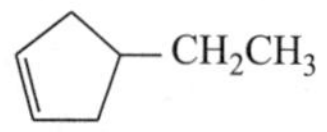

4-乙基环戊烯 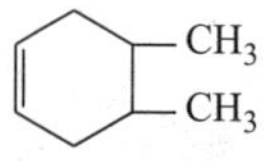　　　　　　4,5-二甲基环己烯 　　　　　1,3-环己二烯

环上连有复杂侧链时，以侧链为母体，碳环为取代基命名。例如：

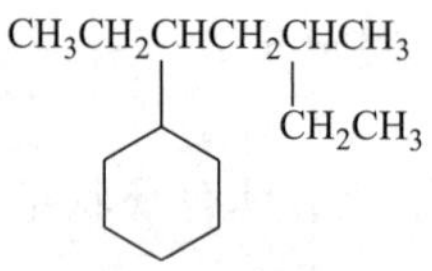

$CH_3CH_2CHCH_2CHCH_3$
　　　　　　　　|
　　　　　　CH_2CH_3

3-甲基-5-环己基庚烷

脂环烃分子中碳环的 C—C σ 键因受环的限制而不能自由旋转，当环中至少有两个碳原子上各连接两个不同的原子或原子团时，可产生顺、反两种异构体。例如 1,2-二甲基环丙烷分子中，两个甲基位于环平面同侧的，称为顺式异构体；位于环平面异侧的，则称为反式异构体。

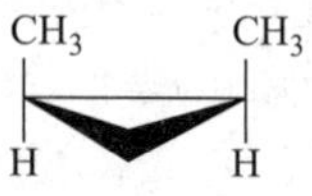

顺-1,2-二甲基环丙烷 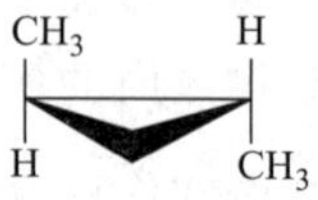　　　　　反-1,2-二甲基环丙烷

　　环丙烷是有特殊气味、辛辣口感的无色易燃气体，与空气混合能形成爆炸物，遇明火、高热极易燃烧、爆炸，故应将其存放于阴凉、通风处。使用环丙烷时要避免与氧化剂、卤素接触，远离火种、热源，以免引起爆炸。

　　许多药物和天然产物中都含有环丙烷的环系，如除虫菊酯、乳杆菌酸、反苯环丙胺等。环丙烷具有麻醉作用，可用作吸入性全身麻醉剂，有镇痛及麻醉诱导、维持功能。环丙烷的麻醉作用较强，诱导和停药后患者苏醒均较快，对呼吸道黏膜无刺激性，有一定的肌肉松弛作用，对心血管系统毒性低，不损伤肝、肾等。在正常使用时，环丙烷一般对人体无明显危害。但其有一定的呼吸抑制作用，吸入超过一定浓度时可引起血压下降，导致呼吸麻痹而死亡。

　　环丙烷能提高心脏对肾上腺素和其他拟交感神经类药物的敏感性，故禁止与肾上腺素同用。此外，心脏病和支气管哮喘患者也要谨慎使用环丙烷，避免发生危险。

2. 多环脂环烃　主要包括螺环烃、桥环烃等。

（1）**螺环烃**　指两个环共用一个碳原子的脂环烃。分子中共用的碳原子称为螺原子，根据螺原子的数目分为一螺、二螺环烃等。例如：

一螺环烃　　　　　　　二螺环烃

　　一螺环烃的命名根据参与成环的碳原子总数称为"螺〔　〕某烃"。螺环烃的编号是从螺原子的邻位碳原子开始，由小环经螺原子至大环，同时使环上不饱和键及取代基的位次尽可能小（低）。命名时将每个碳环中除螺原子以外的碳原子数，按照由小到大的次序写在方括号中，数字之间用下角圆点"."隔开。例如：

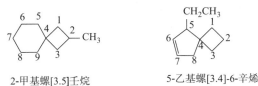

2-甲基螺[3.5]壬烷　　　　　　　5-乙基螺[3.4]-6-辛烯

　　（2）**桥环烃**　指共用两个或两个以上碳原子的脂环烃。分子中共用的碳原子称为桥头碳原子，连接在桥头碳原子之间的碳链称为桥路。桥环烃中最重要的是二环桥环烃。

　　二环桥环烃的命名根据参与成环的碳原子总数称为"二环〔　〕某烃"。桥环烃的编号是从一个桥头碳原子开始，沿着最长桥编到第二个桥头碳原子，再沿着次长桥回到第一个桥头碳原子，最短的桥最后编号，同时使环上不饱和键及取代基的位次尽可能小（低）。命名时将除桥头碳原子以外的各桥路碳原子数，按照由大到小的次序写在方括号中，数字之间用下角圆点"."隔开。例如：

8-甲基二环[4.3.0]壬烷　　　　　　2-乙基二环[2.2.1]庚烷

✏️ **练一练5-1**

写出下列脂环烃的结构简式。

（1）1-甲基-2-乙基环丁烷　　（2）3-甲基环戊烯　　（3）5-乙基二环〔2.1.0〕戊烷

答案解析

二、环烷烃的性质

常温常压下，环丙烷、环丁烷为气体，含 5 ~ 10 个碳原子的环烷烃为液体，高级环烷烃为固体。环烷烃的熔点、沸点和密度均比相同碳原子数的烷烃略高。环烷烃不溶于水且密度比水小。

环烷烃具有饱和性，其性质相对稳定，一般不与强酸、强碱和强氧化剂等反应，但在一定条件下，能发生卤代反应。小环烷烃（三、四元环）较不稳定，具有容易开环加成生成开链化合物的特殊性。

（一）卤代反应

在高温或紫外光照射下，环烷烃与卤素发生自由基取代反应，生成卤代环烷烃。例如：

$$\bigpentagon + Br_2 \xrightarrow{300℃} \bigpentagon\!\!-Br + HBr$$

$$\bighexagon + Cl_2 \xrightarrow{h\nu} \bighexagon\!\!-Cl + HCl$$

（二）加成反应

1. 加氢　在催化剂 Ni 的作用下，环烷烃与氢气可发生开环加成反应，生成相应的烷烃。例如：

$$\triangle + H_2 \xrightarrow[Ni]{80℃} CH_3CH_2CH_3$$

$$\square + H_2 \xrightarrow[Ni]{200℃} CH_3CH_2CH_2CH_3$$

$$\bigpentagon + H_2 \xrightarrow[Ni]{300℃} CH_3CH_2CH_2CH_2CH_3$$

反应活性顺序为环丙烷＞环丁烷＞环戊烷。随着成环碳原子数目的增加，发生催化加氢反应越来越难，环己烷及六元以上的环烷烃通常不能发生开环加氢反应。

2. 加卤素　环丙烷在室温条件下，易与卤素发生开环加成反应。环丁烷在加热条件下，也能与卤素开环加成。例如：

$$\triangle + Br_2 \xrightarrow{室温} BrCH_2CH_2CH_2Br$$

$$\square + Br_2 \xrightarrow{加热} BrCH_2CH_2CH_2CH_2Br$$

环戊烷及以上的环烷烃与开链烷烃相似，很难与卤素发生加成反应，而是随着温度的升高发生自由基取代反应。

3. 加卤化氢　环丙烷及其衍生物易与卤化氢发生加成反应，此反应遵循马氏规则，即开环发生在连氢最多与连氢最少的环碳原子之间，试剂中的氢原子加到连氢较多的碳原子上，卤原子加到连氢较少的碳原子上。例如：

$$\triangleright\!\!-CH_3 + HBr \xrightarrow{室温} CH_3\underset{\underset{Br}{|}}{C}HCH_2CH_3$$

可见：小环烷烃易加成，难氧化；其他环烷烃难加成，也难氧化。

❓ 想一想

为什么随着成环碳原子数目的增加，发生开环加成反应越来越难，环己烷及六元以上的环烷烃通常不能发生开环加成反应？

答案解析

三、环烷烃的构象

（一）环己烷的典型构象

环己烷分子中 6 个碳原子若在同一平面上，其 C—C 键角应为 120°，分子内存在较大的角张力。实际上环己烷分子会自动折曲而形成非平面的构象，在无数构象异构体的动态平衡体系中，最典型的两种为椅式构象和船式构象，它们环内的所有 C—C 键角均接近 109.5°。例如：

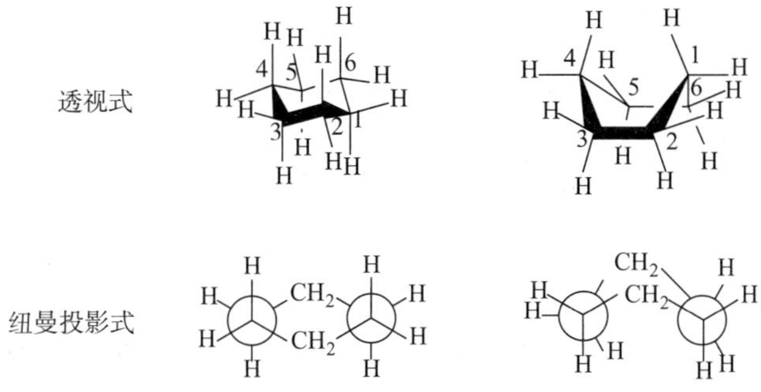

透视式　　　　　　　　　　　　　　　　　　　　　　

纽曼投影式

椅式构象　　　　　　船式构象

在椅式构象中，6 个碳原子是等同的，相邻碳原子的键全部为交叉式，碳上的氢原子相距较远，斥力较小，几乎无扭转张力。而在船式构象中，船底的 4 个碳原子在同一平面上，相邻碳原子的键都为重叠式，两个船头碳上的氢原子相距很近，斥力较大，存在较大的扭转张力。所以椅式构象比船式构象的能量低，是最稳定的构象，又称为优势构象。室温下，99.9% 的环己烷分子是以椅式构象存在的。

在常温下，由于分子热运动可使船式和椅式两种构象互相转变，因此不能拆分这两种构象异构体。

在环己烷椅式构象中有 12 个 C—H 键，它们可以分为两种类型。一种是垂直于 C-1、C-3、C-5（或 C-2、C-4、C-6）原子所构成平面的 6 个 C—H 键，称为直立键（竖键）或 a 键；其中有 3 个 a 键指向平面的上方，另外 3 个 a 键指向平面的下方，它们交替分布在 6 个环碳原子上。另一种是与垂直于环平面对称轴成 109.5° 夹角的 6 个 C—H 键，称为平伏键（横键）或 e 键，它们也是交替分布在 6 个环碳原子上，即环上每个碳原子都有一个 a 键和一个 e 键，二者的指向相反。

a 键　　　　　　　　　e 键

椅式环己烷通过环内 C—C 键的扭曲，还可以从一种椅式构象转变为另一种椅式构象，称为转环作用。在这种构象转变过程中，原来的 a 键全部转为 e 键，e 键同时也全部转为 a 键，但键在环上方或环下方的空间取向不变。例如：

（二）一取代环己烷的椅式构象

环己烷分子中的一个氢原子被其他原子或基团取代时，会产生两种椅式构象，一种是取代基处于 a 键上，另一种是取代基处于 e 键上。这两种构象异构体可以互相转换，最终达到平衡状态，其中，取代基位于 e 键上的构象能量较低，是较稳定的优势构象。例如，甲基环己烷两种不同的椅式构象如下。

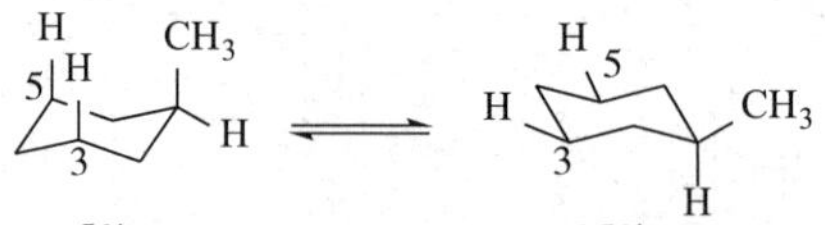

5%　　　　　　　　95%

在甲基处于 a 键的构象中，甲基与 C-3、C-5 上的氢原子距离较近，相互间的斥力较大，能量较高，不稳定。甲基在 e 键上的构象，因为相互间的排斥力较小而稳定。故室温下，e 键的甲基环己烷在两种构象的平衡混合物中占 95%。

取代基的体积越大，两种椅式构象的能量差也越大，e 键取代构象所占的比例就更高。例如，室温下叔丁基取代环己烷几乎 100% 处于 e 键。例如：

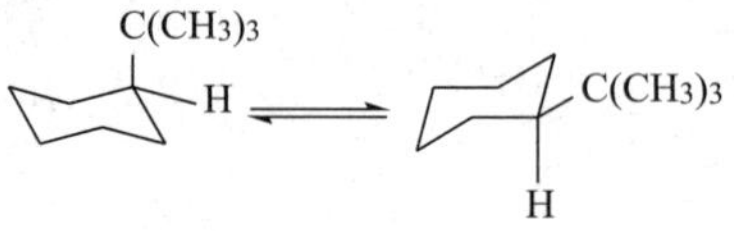

0.1%　　　　　　　　99.9%

总之，取代环己烷的椅式构象比船式构象稳定，最大基团处于 e 键的构象较稳定，为优势构象。

✎ 练一练5-2

写出 1-甲基-2-乙基环己烷最稳定的构象，并说明原因。

答案解析

PPT

第二节　芳香烃

芳香烃简称芳烃，是芳香族化合物的母体。早在有机化学发展初期，人们就从树脂和香精油等天然产物中提取得到一些具有芳香气味的物质，它们大多含有苯环结构。后来研究发现，许多具有苯环结构的化合物不但没有香味，有的还有一些难闻的气味，所以"芳香"一词已失去其原有的含义。现在认为，芳香烃是具有"芳香性"的环状烃。芳香性是化学性质上表现为易取代、难加成、难氧化，环系稳定且不易破坏的特殊性。

芳香烃分为苯型芳烃和非苯型芳烃。含有苯环结构的称为苯型芳烃，不含苯环结构但具有芳香性的环状烃称为非苯型芳烃。本章只介绍苯型芳烃。

苯型芳烃根据分子中所含苯环的数目和连接方式不同，又分为单环芳烃、多环芳烃和稠环芳烃。

单环芳烃是分子中只含有一个苯环的芳烃。例如：

苯 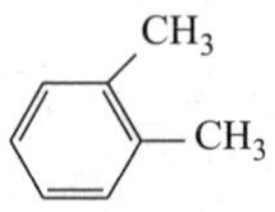　　　　　　　邻二甲苯 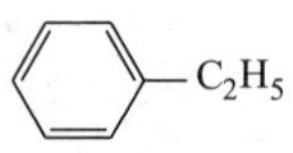　　　　　　　乙苯

多环芳烃是分子中含有两个或两个以上独立苯环的芳烃。例如：

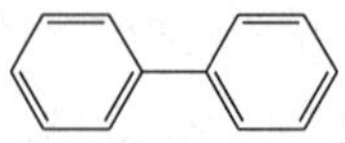

联苯 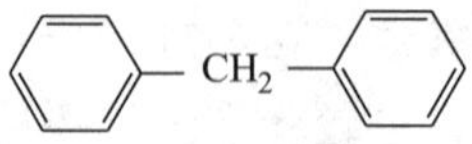　　　　　　　　二苯甲烷

稠环芳烃是分子中的苯环通过共用相邻两个碳原子稠合而成的芳烃。例如：

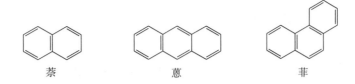

萘　　　　　　　　蒽　　　　　　　　菲

一、单环芳烃

（一）苯的结构

苯是最简单的芳香烃，通过元素分析和相对分子质量的测定，确定苯的分子式为 C_6H_6。从碳氢比例为 $1:1$ 来看，苯应具有高度的不饱和性，但事实上苯却极为稳定，不易发生加成反应，不易被高锰酸钾等氧化褪色，而容易发生取代反应。苯的一元取代产物只有一种，说明苯分子中的 6 个氢原子是完全等同的。

为了解释苯的特殊结构，1865 年德国化学家凯库勒首次提出苯具有环状结构，即苯的 6 个碳原子首尾相连组成一个对称的六元环，每个碳原子上都连有一个氢原子，碳原子间以交替的单双键相连，这种结构式称为苯的凯库勒结构式。

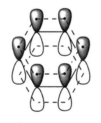　　　简写为　　　

现代物理方法研究证明，苯是一个平面正六边形分子，各碳碳键的键长完全相等（139pm），比烷烃中的 C—C 单键（154pm）短，比烯烃中的 C＝C 双键（134pm）长，所有的键角都是 $120°$。

杂化轨道理论认为，苯分子中每个碳原子都为 sp^2 杂化，6 个碳原子间以 sp^2 杂化轨道相互重叠形成 6 个 C—C σ 键，组成一个平面正六边形；又各以一个 sp^2 杂化轨道与氢原子的 $1s$ 轨道相互重叠形成 6 个 C—H σ 键，所有的原子都在同一平面上。此外，每个碳原子还有一个垂直于苯环平面且未参与杂化的 p 轨道，6 个 p 轨道"肩并肩"侧面相互平行重叠，形成一个闭合环状大 π 键，即 $\pi - \pi$ 共轭体系，如图 5 - 1 所示。

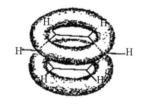

（a）共轭大 π 键　　　　　　　　（b）电子云分布

图 5 - 1　苯分子中的共轭大 π 键及电子云分布

在苯分子的共轭体系中，π 电子高度离域，均匀地分布在环平面的上方和下方，使电子云密度完全平均化，体系能量降低，具有高度的稳定性。由此可知，苯环中没有单键和双键的区别。

（二）苯及其同系物的同分异构和命名

苯是最简单的单环芳烃，苯环上的一个或多个氢原子被烃基取代的衍生物称为苯的同系物，其通式为 C_nH_{2n-6}（$n \geq 6$）。苯的同系物分为一元取代苯、二元取代苯和多元取代苯等。

1. 一元取代苯　以苯为母体，烃基为取代基，称为"某基苯"，简称"某苯"。例如：

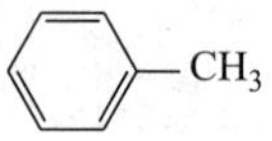

甲苯 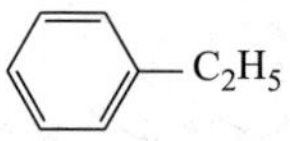   乙苯 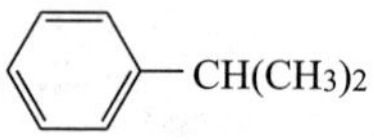   异丙苯

2. 二元取代苯 苯环上连有两个取代基时，可产生三种同分异构体，也称位置异构。命名时，用"邻"或 o-($ortho$-)或 1,2-、"间"或 m-($meta$-)或 1,3-、"对"或 p-($para$-)或 1,4-等词头表示取代基在苯环上的位置。例如：

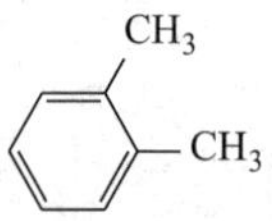

1,2-二甲苯   1,3-二甲苯   1,4-二甲苯
邻二甲苯   间二甲苯   对二甲苯
o-二甲苯 m-二甲苯 p-二甲苯

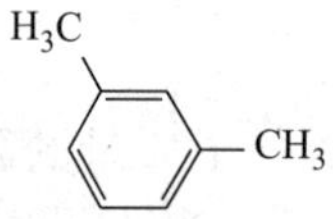

3. 三元取代苯 苯环上连有三个取代基时，可产生多种同分异构体。根据取代基的相对位置，常用阿拉伯数字编号来区别。若取代基相同，也可以用"连""偏""均"等词头表示。例如：

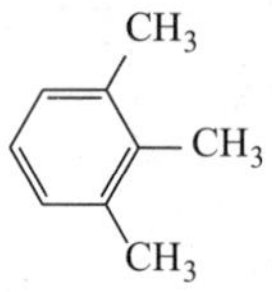

1,2,3-三甲苯   1,2,4-三甲苯   1,3,5-三甲苯
连三甲苯   偏三甲苯   均三甲苯

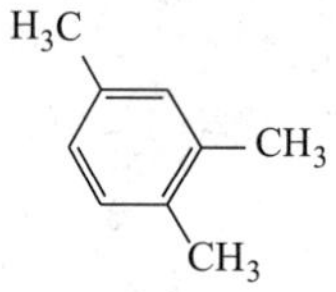

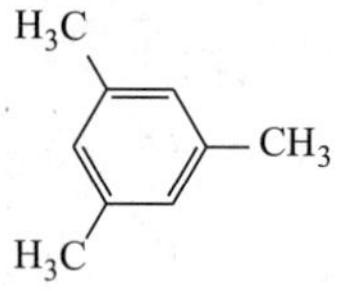

苯环上连有甲基和其他不同烃基时，一般以甲苯为母体，其他烃基的排列顺序按次序规则。例如：

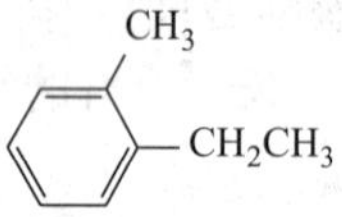

2-乙基甲苯 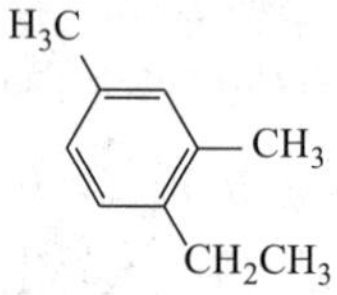   4-乙基-1,3-二甲苯 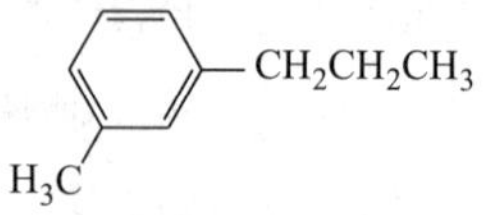   3-丙基甲苯

4. 不饱和或复杂烃基苯 苯环上连有不饱和烯基、炔基或复杂烃基时，以苯环为取代基，侧链为母体来命名。例如：

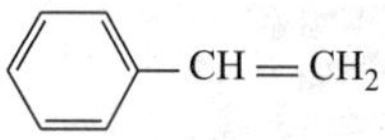

苯乙烯 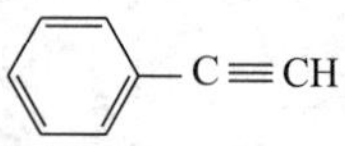   苯乙炔 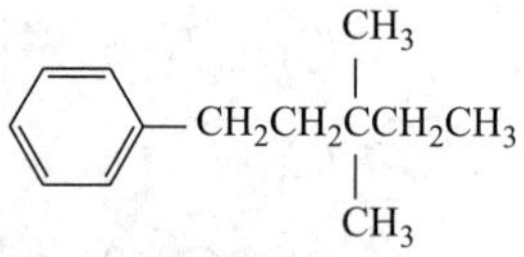   3,3-二甲基-1-苯基戊烷

5. 芳基 指芳香烃分子中去掉一个氢原子后剩下的基团，用 Ar-表示。苯分子中去掉一个氢原子后剩下的基团称为苯基，用 C_6H_5-或 Ph-表示。甲苯分子中去掉苯环上的一个氢原子后剩下的基团称为甲苯基；甲苯分子中去掉甲基上的一个氢原子后剩下的基团称为苯甲基或苄基，可用 $C_6H_5CH_2$-表示。

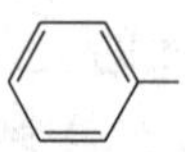

苯基 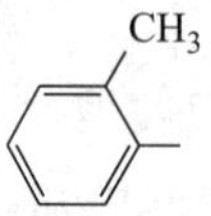   邻甲苯基 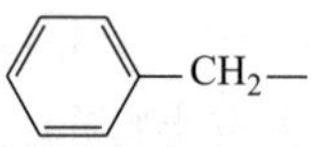   苯甲基或苄基

✎ **练一练5-3**

写出下列化合物的结构简式。

(1) 2-异丙基甲苯　　　　(2) 2-甲基苯乙烯　　　　(3) 1,3-二乙苯

答案解析

（三）苯及其同系物的物理性质

苯及其同系物多为无色、有特殊气味的液体，其蒸气均有毒性。高浓度的苯蒸气作用于中枢神经，会引起急性中毒；长期吸入低浓度的苯蒸气能损坏造血器官，导致白细胞减少和头晕乏力等，使用时要注意防毒。苯及同系物都比水轻，微溶或不溶于水，易溶于乙醚、四氯化碳、乙醇等多种有机溶剂。在苯的同系物中每增加一个 CH_2，沸点升高 $20 \sim 30 ℃$，通常对称性好的分子熔点较高，溶解度也较小。

（四）苯及其同系物的化学性质

苯及其同系物是具有芳香性的环状共轭体系，在性质上主要表现为很难发生加成和氧化反应，但在一定条件下，容易发生取代反应。

1. 亲电取代反应　苯环中大 π 键的电子云密度大，容易受到缺电子亲电试剂的进攻而发生取代反应，主要有卤代、硝化、磺化、烷基化反应等。

（1）**卤代反应**　在卤化铁或铁粉等的催化下，苯环上的氢原子能被—X 取代，生成卤苯并放出卤化氢。

$$\text{苯} + Cl_2 \xrightarrow[55\sim60℃]{FeCl_3} \text{氯苯}—Cl + HCl$$

卤代反应中卤素的活性顺序为 $F_2 > Cl_2 > Br_2 > I_2$，但由于碘一般难以发生反应，氟代反应过于剧烈不易控制，因此苯的卤代反应主要是氯代和溴代。

烷基苯的卤代反应比苯容易，主要生成邻位和对位产物。例如：

$$\text{甲苯}—CH_3 + Cl_2 \xrightarrow{FeCl_3} \text{邻氯甲苯} + \text{对氯甲苯} + HCl$$

邻氯甲苯　　　对氯甲苯

（2）**硝化反应**　苯与浓硝酸和浓硫酸的混合物（常称混酸）共热，苯环上的氢原子能被—NO_2 取代，生成硝基苯。硝基苯为浅黄色油状液体，苦杏仁味，有毒。

$$\text{苯} + HNO_3(\text{浓}) \xrightarrow[55\sim60℃]{\text{浓} H_2SO_4} \text{硝基苯}—NO_2 + H_2O$$

硝基苯不易继续硝化，在较高温度或使用发烟硝酸和浓硫酸时，能生成间二硝基苯。

$$\text{硝基苯}—NO_2 + HNO_3(\text{发烟}) \xrightarrow[100℃]{\text{浓} H_2SO_4} \text{间二硝基苯} + H_2O$$

间二硝基苯

烷基苯的硝化反应比苯容易，主要生成邻位和对位产物。例如：

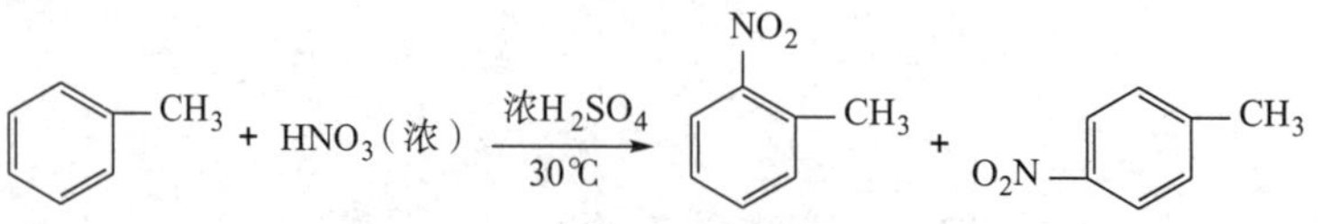

邻硝基甲苯　　　　　对硝基甲苯

（3）磺化反应　苯与浓 H_2SO_4 在常温下很难反应，但在加热或与发烟硫酸（三氧化硫的硫酸溶液）作用时，苯环上的氢原子能被—SO_3H 取代，生成苯磺酸。此反应是可逆的，苯磺酸遇热的水蒸气会发生水解，脱去磺酸基又转变为原来的苯。

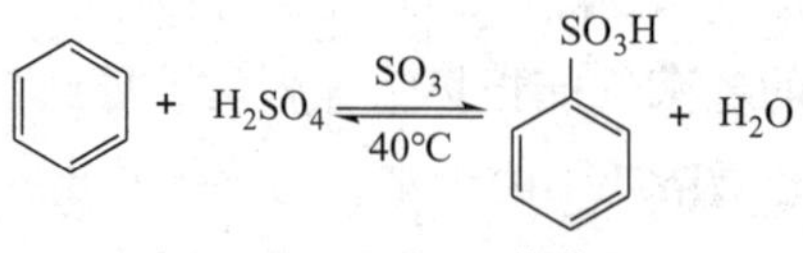

苯磺酸

苯磺酸易溶于水，在有机合成中，常利用磺化反应来增强有些芳香族类药物的水溶性。

（4）傅-克反应　在无水 $AlCl_3$、$SnCl_4$ 等的催化下，苯环上的氢原子能被烷基（R—）或酰基（RCO—）取代，生成烷基苯或苯基酮，此反应称为傅瑞德尔-克拉夫茨（Friedel-Crafts）反应，简称傅-克反应。例如：

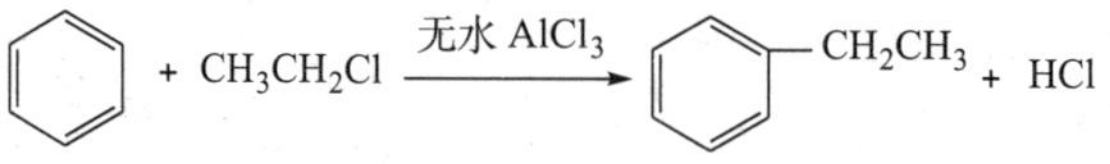

乙苯

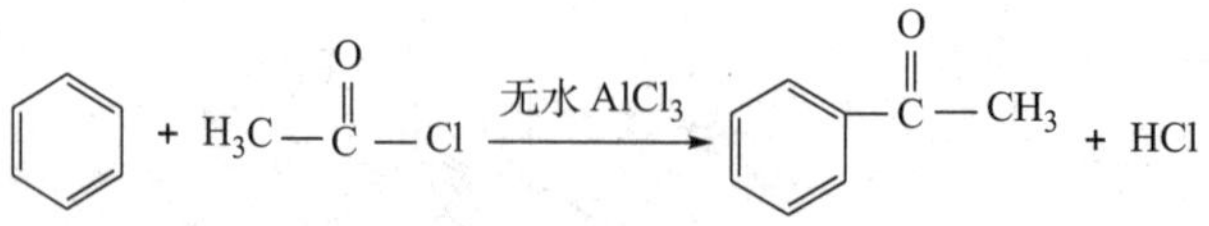

乙酰氯　　　　　　　　苯乙酮

当苯环上连有—NO_2、—SO_3H、—CN 等强吸电子基团时，环上的电子云密度降低，一般不发生傅-克烷基化和傅-克酰基化反应。

2. 加成反应　与烯烃相比，苯不易发生加成反应，但在高温、高压等特殊条件下，能与氢气、卤素等发生加成反应。例如：

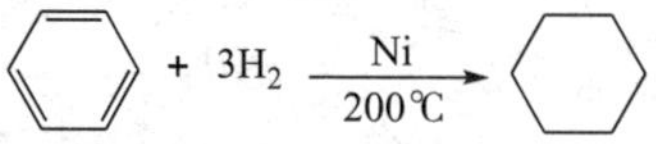

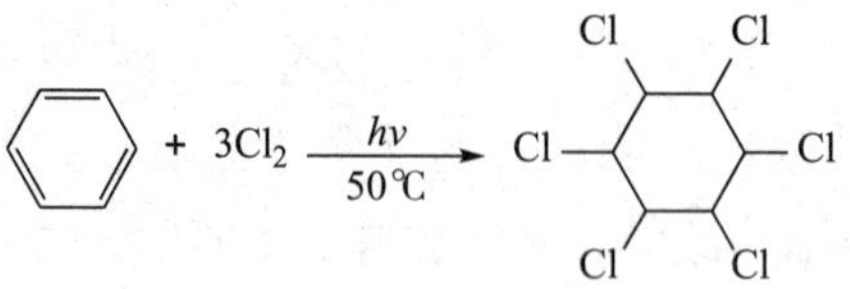

六氯环己烷俗称"六六六"，曾作为杀虫剂被广泛使用，但由于其性质稳定，不易分解，对环境污染大，现已禁用。

3. 苯环侧链 α-H 的反应

（1）卤代反应　在高温或紫外光照射下，苯环侧链上的 α-H 易被卤素（氯或溴）取代。例如：

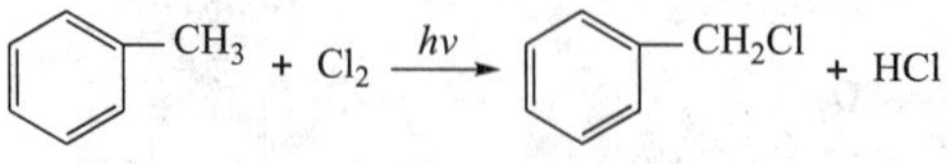

氯化苄

（2）氧化反应　苯较稳定，一般不被氧化，但苯环的侧链上若含有 α-H，不论侧链的长短及个数，最终均被氧化为羧基。常用的氧化剂有高锰酸钾、重铬酸钾、稀硝酸等。例如：

CH₃ + KMnO₄ / H⁺ → COOH 苯甲酸

CH₂CH₃ / CH(CH₃)₂ + KMnO₄ / H⁺ → COOH / COOH 邻苯二甲酸

若苯环侧链上无 α-H，则不能被氧化，故可利用此类反应鉴别含有 α-H 的烷基苯。

练一练5-4

写出下列各反应式。

（1）三氯化铁催化，乙苯与氯气反应

（2）酸性条件下，连三甲苯与高锰酸钾反应

答案解析

（五）苯环上亲电取代反应的定位效应 ⓔ微课

1. 定位效应 苯的一元取代产物只有一种，如果继续发生取代反应，理论上应该得到邻位、对位和间位三种同分异构体。而实际上二元取代产物只有一种或两种的比例较高，如甲苯的硝化得到95.6%的邻、对位产物，硝基苯的硝化得到93%以上的间位产物。大量实验证明，第二个取代基进入苯环的位置取决于环上原有的取代基。苯环上原有的基团称为定位基，定位基的这种影响作用称为定位效应。

根据定位效应的不同，将定位基分为两大类。

（1）邻、对位定位基（第一类定位基） 第二个取代基主要进入定位基的邻位和对位，其结构特征是与苯环直接相连的原子不含重键，多数有孤对电子或带负电荷。常见的邻、对位定位基的强弱顺序如下。

$$—O^- > —NHCH_3 > —NH_2 > —OH > —OCH_3 > —NHCOCH_3 > —R > —X$$

（2）间位定位基（第二类定位基） 第二个取代基主要进入定位基的间位，其结构特征是与苯环直接相连的原子多含有重键或带正电荷。常见的间位定位基的强弱顺序如下。

$$—N^+(CH_3)_3 > —NO_2 > —CN > —SO_3H > —CHO > —COR > —COOH > —CONH_2$$

2. 产生定位效应的原因 苯环是一个电子云分布均匀的闭合共轭体系，当引入一个取代基后，取代基与苯环间产生的电子效应（诱导效应和共轭效应），使苯环上的电子云密度升高或降低，对苯环亲电取代的难易和取代基进入苯环的位置产生不同程度的影响。

（1）邻、对位定位基的影响 除卤素外的其他邻、对位定位基均使苯环活化，有利于亲电取代反应的进行。

甲基（或烷基）是给电子基，对苯环产生给电子诱导效应，使苯环上的电子云密度增大。而诱导效应沿着共轭体系较多地传递给甲基（或烷基）的邻、对位，所以甲苯（或烷基苯）比苯容易发生亲电取代反应，主要生成邻、对位产物。

羟基是吸电子基，产生的吸电子诱导效应使苯环上电子云密度降低。而羟基能与苯环形成 p-π 共轭体系，使苯环上电子云密度又增大。二者相互矛盾，但共轭效应起主导作用，总的结果是使苯环上的电子云密度升高，尤其是邻、对位升高较多。所以苯酚的亲电取代反应比苯容易得多，主要生成邻、对位产物。—OR、—NH₂、—NR₂、—NHCOR 等邻对位定位基对苯环的影响与羟基类似。

卤素是强吸电子基，对苯环有较强的吸电子诱导效应，使苯环上的电子云密度降低。而卤原子与

苯环又能形成 $p-\pi$ 共轭体系，共轭效应会使其邻、对位的电子云密度高于间位。但卤素的诱导效应大于共轭效应，总的结果是使苯环上的电子云密度降低，所以卤原子也是邻、对位定位基，但卤苯的取代反应比苯困难。

（2）间位定位基的影响 间位定位基使苯环钝化，不利于亲电取代反应的进行。

硝基是吸电子基，对苯环产生吸电子诱导效应。硝基中的氮氧双键与苯环形成 $\pi-\pi$ 共轭体系，由于氮、氧的电负性都较大，所以产生吸电子共轭效应。两种电子效应作用的方向一致，均使苯环电子云密度降低，尤其是邻、对位电子云密度降低更多，取代反应的活性降低，所以硝基苯的取代反应比苯困难，主要生成间位产物。—CN、—SO$_3$H、—COOH 等间位定位基对苯环的影响与硝基类似。

二、稠环芳烃

稠环芳烃是分子中的苯环通过共用相邻两个碳原子稠合而成的芳烃。比较重要的稠环芳烃有萘、蒽和菲，它们存在于煤焦油中，是合成染料、药物的重要原料。

（一）萘

萘的分子式为 $C_{10}H_8$，是由两个苯环稠合而成的。萘与苯类似，是平面型分子。萘的每个碳原子都为 sp^2 杂化，各碳原子未杂化的 p 轨道侧面相互平行重叠，形成一个包含 10 个 π 电子的环状共轭大 π 键，如图 5-2（a）所示。萘分子中碳碳键长不完全相等，如图 5-2（b）所示。这说明萘分子的电子云密度并不是均匀分布的，所以萘的稳定性比苯差。

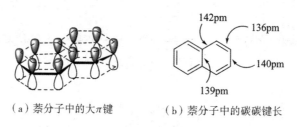

（a）萘分子中的大 π 键　　　　（b）萘分子中的碳碳键长

图 5-2　萘分子的结构

1. 萘衍生物的命名 萘环上所有取代基的位置都要注明，具体编号如下，其中共用碳原子不用编号，1、4、5、8 位是等同的，称为 α-位，2、3、6、7 位是等同的，称为 β-位。所以，萘的一元取代物有 α-位和 β-位两种异构体。

命名萘的一元取代物时，可用阿拉伯数字或希腊字母标明取代基的位次；二元和多元取代物，则只能用阿拉伯数字标明。萘环的侧链较复杂时，以萘为取代基命名。例如：

2-甲基萘　　　　　　2,3-二甲基萘　　　　2-甲基-1-(2-萘)丁烷
β-甲基萘

2. 萘的性质 萘为白色片状晶体，有特殊气味，熔点 80.5℃，沸点 218℃，易升华，不溶于水，易溶于热乙醇、乙醚、苯等有机溶剂，是重要的化工原料。

萘与苯性质相似，且比苯活泼一些，由于电子云的分布不均匀，使 α-位比 β-位更易发生化学反应。

（1）取代反应　萘可以发生卤代、硝化、磺化等反应，主要生成 α-取代产物。例如：

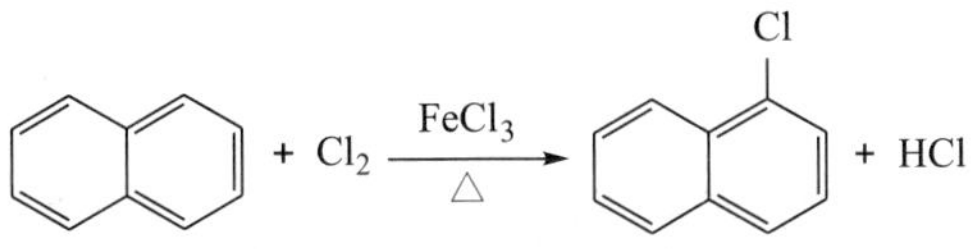

α-氯萘

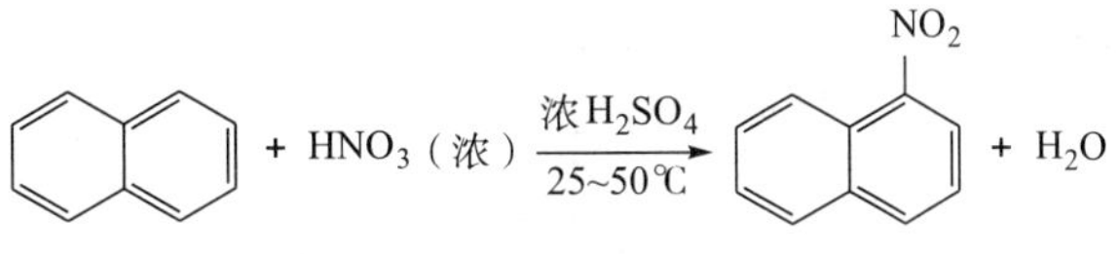

α-硝基萘

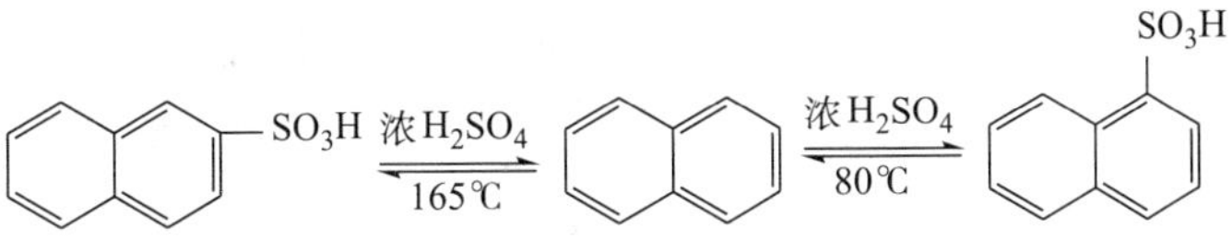

β-萘磺酸　　　　　　　　　　　　　　α-萘磺酸

萘与浓硫酸的磺化反应是可逆的。在低温时主要生成 α-萘磺酸；在高温时主要生成 β-萘磺酸。

（2）氧化反应　萘比苯易被氧化，在不同的条件下，氧化产物不同。例如：

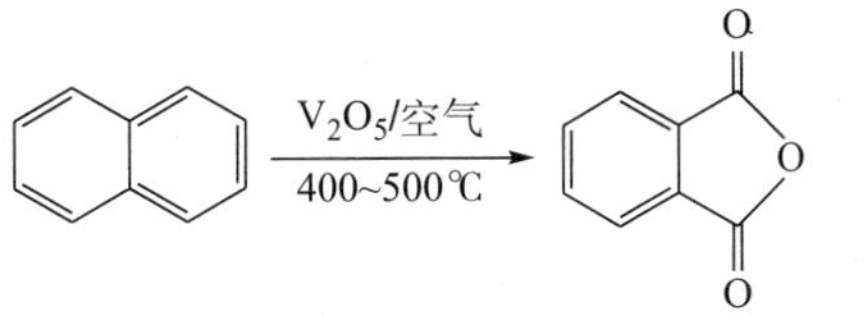

邻苯二甲酸酐

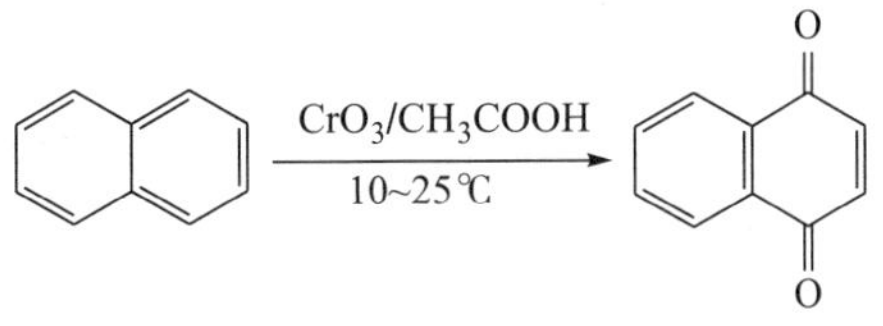

1,4-萘醌

（3）加成反应　萘比苯容易发生加成反应。在不同的条件下催化加氢，可生成不同的产物。例如：

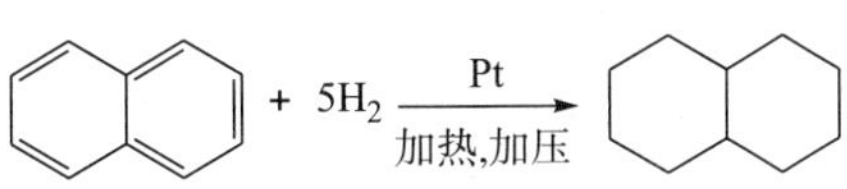

十氢化萘

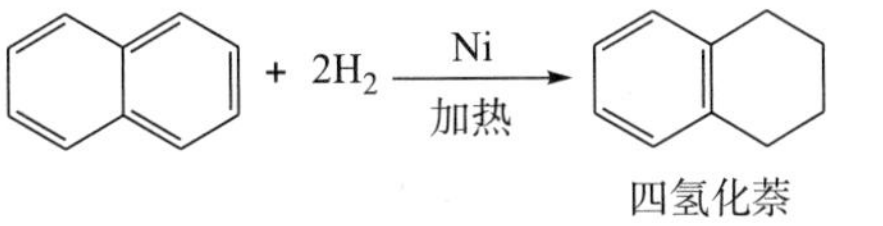

四氢化萘

（二）蒽和菲

蒽和菲的分子式都是 $C_{14}H_{10}$，二者互为同分异构体。蒽是三个苯环线型稠合，菲是三个苯环角型稠合，分子中所有原子共平面。在结构上它们都形成了环状共轭大 π 键，各碳原子上的电子云密度分布不均匀，因此其反应能力也有所不同，其中 9、10 位碳原子比较活泼。蒽和菲的结构式及碳原子编号如下。

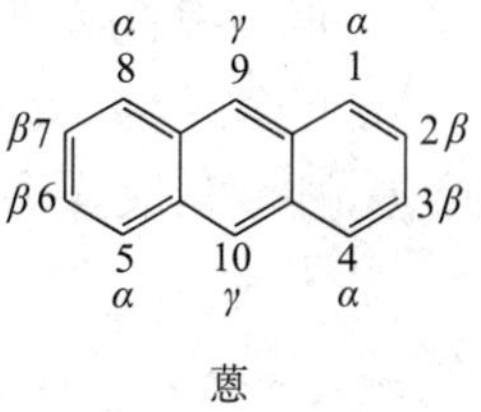

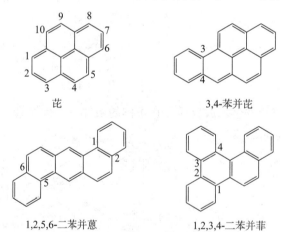

蒽 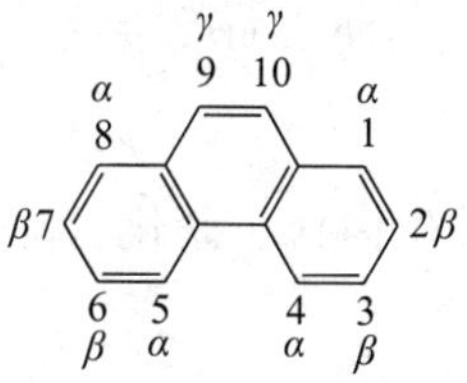   菲

蒽和菲存在于煤焦油中，蒽为带有淡蓝色荧光的无色片状晶体，熔点 216℃，沸点 340℃；菲是略带荧光的无色片状晶体，熔点 100℃，沸点 340℃。二者都不溶于水，而易溶于苯和乙醚。大多数甾体药物中都含有多氢菲的基本结构。

蒽和菲的芳香性比苯和萘都差，容易发生氧化、加成及亲电取代反应，主要发生在 9、10 位上，但蒽比菲更活泼些。例如：

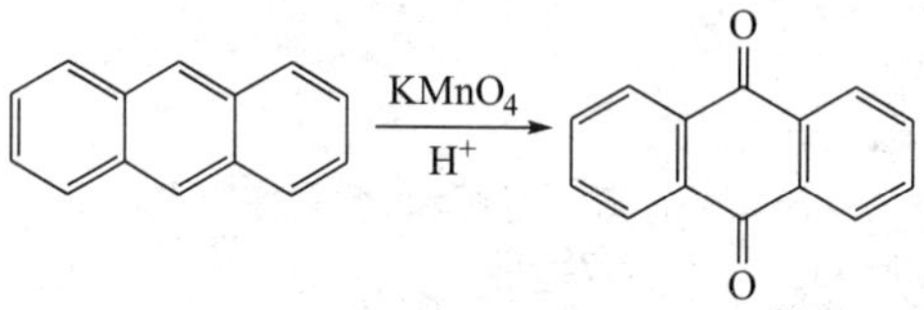

9,10-蒽醌

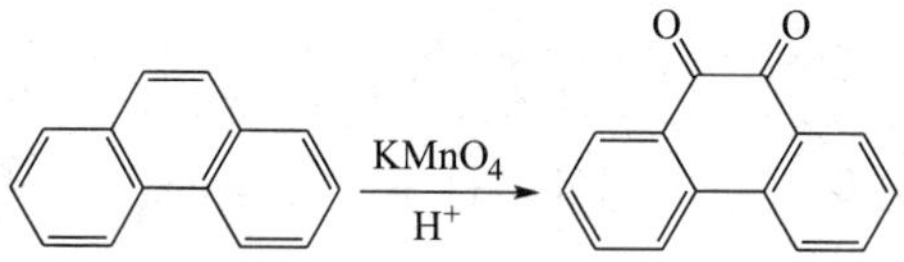

9,10-菲醌

中草药中的一些活性成分，如大黄、番泻叶等有效成分，均为蒽醌类衍生物。

（三）致癌芳烃

致癌芳烃主要是蒽、菲、芘等稠环芳烃的衍生物，多存在于煤焦油、沥青和烟草的焦油，及烟熏、烘烤的食物中，其本身不具有致癌活性，但在体内经过代谢活化，与 DNA 结合，能促使其发生癌变。例如：

芘

3,4-苯并芘

1,2,5,6-二苯并蒽

1,2,3,4-二苯并菲

3,4-苯并芘为强致癌性芳烃，可诱发皮肤、肺和消化道癌症等。由于其较为稳定，在环境中广泛存在，且与其他多环芳烃化合物的含量有一定相关性，故将 3,4-苯并芘作为大气致病物质的代表，是环境污染的主要监测物之一。

👁 看一看

日常生活中的三大致癌物质

医学研究发现，有十多种化学物质存在致癌作用，其中亚硝胺类、苯并芘和黄曲霉是公认的三大致癌物质，它们都与饮食有密切关系。

亚硝胺类几乎可以引发人体所有脏器肿瘤，其中以消化道癌最为常见。亚硝胺类化合物普遍存在于谷物、牛奶、干酪、烟酒、熏肉、烤肉、海鱼、罐装食品以及饮水中。不新鲜的食品（尤其是煮过久放的蔬菜）内亚硝酸盐的含量较高。

苯并芘主要产生于煤、石油、天然气等物质的燃烧过程中，脂肪、胆固醇等在高温下也可形成苯并芘，如香肠等熏制品中苯并芘含量可比普通肉高 60 倍。经验证，长期接触苯并芘，除能引起肺癌外，还会引起消化道癌、膀胱癌、乳腺癌等。

黄曲霉毒素是已知的最强烈的致癌物。医学家认为，黄曲霉毒素很可能是肝癌发生的重要原因。在一些肝癌高发区，人们常食发酵食品，如豆腐乳、豆瓣酱等，这类食品在制作过程中如方法不当，则容易产生黄曲霉素。

目标检测

答案解析

一、单项选择题

1. 下列化合物中，环系稳定性最差的是（　）

　　A. 环己烷　　　　　B. 环戊烷　　　　　C. 环丁烷　　　　　D. 环丙烷

2. 高温或紫外线照射下，环丙烷与溴发生（　）

　　A. 取代反应　　　　B. 加成反应　　　　C. 消除反应　　　　D. 聚合反应

3. 下列环烷烃中，不能发生催化加氢反应的是（　）

　　A. 环己烷　　　　　B. 环戊烷　　　　　C. 环丁烷　　　　　D. 环丙烷

4. 关于苯的结构，以下叙述错误的是（　）

　　A. 具有一个闭合的共轭体系　　　　　　B. π 电子的离域使键长完全平均化

　　C. 分子中有碳碳单键和碳碳双键　　　　D. 具有平面正六边形结构

5. 与乙苯互为同分异构体的是（　）

　　A. 苯乙烯　　　　　B. 苯乙炔　　　　　C. 邻二甲苯　　　　D. 连三甲苯

6. 下列基团中，属于间位定位基的是（　）

　　A. —CH$_3$　　　　　B. —H　　　　　　C. —Cl　　　　　　D. —NO$_2$

7. 关于"芳香性"，以下叙述正确的是（　）

　　A. 易发生加成反应　　　　　　　　　　B. 有芳香气味

　　C. 易发生取代反应　　　　　　　　　　D. 易发生氧化反应

8. 区分乙苯和苯可以用（　）

　　A. FeCl$_3$　　　　　B. KMnO$_4$　　　　　C. Ag(NH$_3$)$_2$OH　　D. NH$_2$OH

9. 卤原子使苯环的亲电取代反应（　）

　　A. 活化，邻位定位　　　　　　　　　　B. 钝化，邻对位定位

　　C. 钝化，间位定位　　　　　　　　　　D. 活化，间位定位

10. 下列物质中，属于稠环芳烃的是（　）

　　A. 乙苯　　　　　　B. 氯苯　　　　　　C. 萘　　　　　　　D. 甲苯

二、命名或写出结构简式

1. 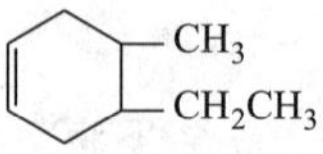 （环己烯，含CH₃和CH₂CH₃取代基的结构）

2. 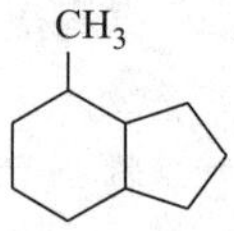 （双环结构，含CH₃取代基）

3. O_2N——⟨苯环⟩——CH_3

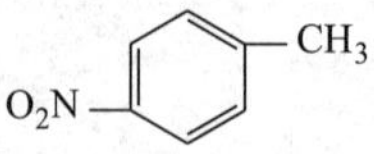

4. 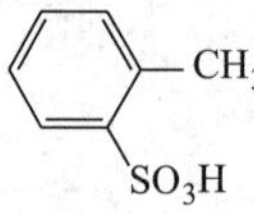 ⟨苯环⟩含 CH_3 和 SO_3H 取代基

5. 1,1–二甲基环丁烷

6. 5–甲基–1,3–环己二烯

7. 叔丁基苯

8. β–乙基萘

三、完成下列反应式

1. 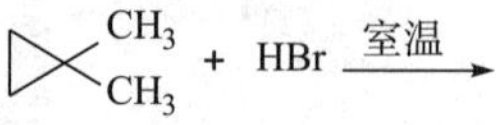 （环丙烷，含两个CH₃取代基） + HBr $\xrightarrow{\text{室温}}$

2. 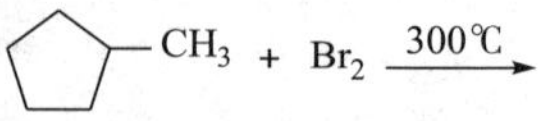 （环戊烷含CH₃） + Br₂ $\xrightarrow{300℃}$

3. 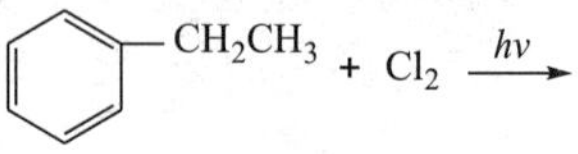 ⟨苯环⟩CH_2CH_3 + Cl₂ $\xrightarrow{hv}$

4. 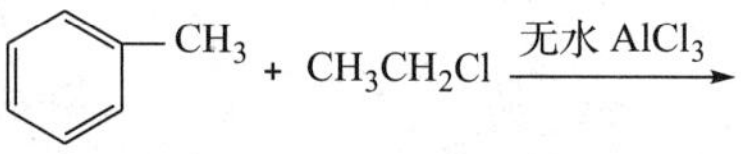 ⟨苯环⟩CH_3 + CH₃CH₂Cl $\xrightarrow{\text{无水 AlCl}_3}$

5. 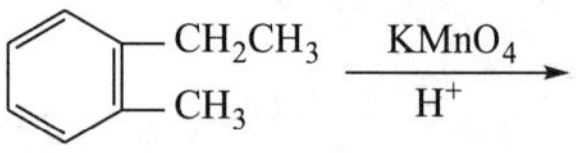 ⟨苯环⟩含CH_2CH_3和CH_3 $\xrightarrow[\text{H}^+]{\text{KMnO}_4}$

6. 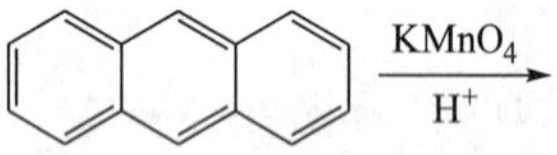 （蒽结构） $\xrightarrow[\text{H}^+]{\text{KMnO}_4}$

四、用化学方法鉴别下列各组化合物

1. 甲苯、环己烯和甲基环己烷

2. 环丙烷、丙烯和丙烷

3. 乙苯、叔丁基苯和苯乙烯

五、推断结构

某芳烃 A 的分子式为 C_8H_{10}，被酸性高锰酸钾氧化生成分子式为 $C_8H_6O_4$ 的 B。若将 B 进一步硝化，只得到一种一元硝化产物而无异构体，试推断 A、B 的结构式，并写出反应式。

（李伟娜）

书网融合……

重点回顾

微课

习题

第六章　卤代烃

导学情景

情景描述：激烈的足球比赛中，一名奔跑的运动员突然摔倒受伤，疼痛难忍，大家都以为这名球员会被立刻抬下场。这时随队医生过来，将一种气雾剂对准球员的受伤部位喷射几下，不一会这名运动员又在球场上奔跑自如了。

情景分析：运动员因摔倒导致肌肉拉伤，医生喷射的物质可以起到局部冷冻麻醉的作用，使痛觉暂时消失，用于运动损伤的应急处理，减轻疼痛。

讨论：医生用的是什么物质？属于哪类化合物？为什么能迅速地减轻疼痛？

学前导语：该物质是被称为足球场上的"化学大夫"的氯乙烷，属于卤代烃类化合物。氯乙烷在常温下是气体，通常以液态的形式被储存在压强较大的金属罐中。将氯乙烷液体喷到伤痛部位，氯乙烷立即汽化并吸收热量而引起局部骤冷，受伤的部位就像被冰冻了一样失去痛觉，这种局部冷冻麻醉作用产生了快速镇痛的效果。卤代烃的结构有什么特点？具有哪些理化性质？在医药方面还有哪些应用？本章将予以介绍。

烃分子中的氢原子被卤原子取代得到的化合物称为卤代烃，简称卤烃。一般用通式 R—X（X＝F、Cl、Br、I）表示，卤原子是卤代烃的官能团。

天然存在的卤代烃并不多，大多数的卤代烃为人工合成。卤代烃应用广泛，是一类重要的有机化合物，可用作溶剂、麻醉剂、杀虫剂、制冷剂等，也是化工产业和药物合成的重要原料和中间体。

第一节　卤代烃的分类和命名

PPT

一、卤代烃的分类

卤代烃的分类方法主要有以下四种。

1. 根据烃基的不同分类 可分为脂肪族卤代烃和芳香族卤代烃。还可根据烃基是否含有不饱和键进一步分为饱和卤代烃（卤代烷）和不饱和卤代烃。例如：

$$CH_3CHCH_2CH_3 \quad\quad CH_2=CHCH_2 \quad\quad$$
$$\underset{Cl}{|} \quad\quad\quad\quad\quad \underset{Cl}{|}$$

饱和卤代烃　　　　　不饱和卤代烃　　　　芳香族卤代烃
脂肪族卤代烃　　　　脂肪族卤代烃

2. 根据与卤原子相连的碳原子分类 即按 α-C 的种类分类，可分为伯卤代烃（1°卤代烃）、仲卤代烃（2°卤代烃）和叔卤代烃（3°卤代烃）。例如：

$$CH_2CH_2CH_3 \quad\quad CH_3CHCH_3 \quad\quad CH_3-\underset{\underset{CH_3}{|}}{\overset{\overset{CH_3}{|}}{C}}-Cl$$
$$\underset{Cl}{|} \quad\quad\quad\quad\quad \underset{Cl}{|}$$

伯卤代烃　　　　　　仲卤代烃　　　　　　　叔卤代烃

3. 根据分子中所含卤原子的数目分类 可分为一卤代烃、二卤代烃和多卤代烃。例如：

$$CH_3CH_2Cl \quad\quad CH_2Cl-CH_2Cl \quad\quad CHCl_2-CHCl_2$$

一卤代烃　　　　　　二卤代烃　　　　　　　多卤代烃

4. 根据卤原子的种类分类 可分为氟代烃、氯代烃、溴代烃和碘代烃。在化学合成中，最常用的是氯代烃和溴代烃。

练一练6-1

根据不同的分类方法，一个化合物可能属于不同的类别。试说出下列卤代烃所属的类别，并说明其分类依据。

答案解析

（1）$CH_3\underset{\underset{CH_3}{|}}{CHF}$ 　（2） 　（3）$CH_2=CHCH_2Cl$ 　（4）$CHCl_3$

二、卤代烃的命名

1. 普通命名法 结构简单的卤代烃，可用普通命名法命名。根据烃基与卤原子的名称命名为"卤某烃"或"某基卤"。例如：

$$CH_3I \quad\quad\quad CH_2=CHCH_2Cl \quad\quad\quad$$

碘甲烷　　　　　　　烯丙基氯　　　　　　　溴苯

$$CH_3-\underset{\underset{CH_3}{|}}{\overset{\overset{CH_3}{|}}{C}}-Cl \quad\quad\quad CH_2=CHCl \quad\quad\quad$$

叔丁基氯　　　　　　氯乙烯　　　　　苄基溴（溴化苄）

2. 系统命名法 结构复杂的卤代烃，一般采用系统命名法命名。命名时以烃为母体，卤原子作为取代基，按相应烃的系统命名原则命名。

（1）卤代烷　选择连有卤原子的碳在内的最长碳链为主链，称为"某烷"，卤原子和其他支链为取代基。从靠近取代基的一端开始编号，当卤原子与支链（烷基）的位次相同时，给予烷基以较小的编号；不同卤原子的位次相同时，给予原子序数较小的卤原子以较小的编号。写名称时，取代基的位次和名称按"次序规则"优先基团在后的原则排列。例如：

CH₃CHCH₂CH₂Cl
    |
    CH₃
3-甲基-1-氯丁烷

$$CH_3 - CH - C - CH - CH_3$$

2,3-二甲基-3,4-二氯戊烷

CH₂ — CH₂
| |
Br Cl
1-氯-2-溴乙烷

（2）不饱和卤代烃 选择含有不饱和键和连有卤原子的碳在内的最长碳链为主链，编号使不饱和键的位次最小。例如：

$$CH_2 = CH - CH_2 - CH_2$$
                         |
                         Br
4-溴-1-丁烯

$$CH \equiv C - CH_2Cl$$
3-氯-1-丙炔

（3）芳香族卤代烃 侧链较简单时，一般以芳烃为母体，卤原子作为取代基，按芳烃的命名原则命名；侧链结构复杂时，可将侧链烃基作为母体，把卤原子和芳基作为取代基，按脂肪烃命名。例如：

2-氯甲苯

2-甲基-1-苯基-3-氯丙烷

有些卤代烃常使用俗名，如 $CHCl_3$ 称氯仿、CHI_3 称碘仿等。

✎ 练一练6-2

命名或写出下列卤代烃的结构简式。

（1）异丁基氯 （2）2-苯基-1-氯丙烷 （3）

（4）
$$CH_3 - C - Br$$

答案解析

第二节 卤代烃的物理性质

PPT

室温下，除少数低级卤代烷（如氟甲烷、氯乙烷、溴甲烷等）是气体外，其他常见的低级卤代烷多为液体，含15个碳原子以上的高级卤代烷为固体。卤代烃的沸点随分子中碳原子数目的增多，以及卤原子的原子序数的增大而升高。同分异构体中，直链分子沸点较高，支链越多，沸点越低。

除氟代烃和一氯代烃外，其他卤代烃的密度都大于水。

卤代烃均难溶于水，而易溶于烃、醇、醚等有机溶剂。许多有机物可溶于卤代烃，三氯甲烷、四氯化碳等是常用的有机溶剂。

大多数卤代烃有特殊气味，且具有一定的毒性，使用时要注意通风和防护。

♥ 药爱生命

卤代烃溶剂具有密度小、沸点低、易挥发、不易燃、难溶于水等特点，属于弱极性溶剂，是药物提取分离中的常用试剂，主要应用于提取生物碱、苷类等亲脂性有机物。在提取分离有机物时，可以使用单一的卤代烃，也可以使用卤代烃与其他溶剂的混合物。常用的卤代烃溶剂有二氯甲烷、二氯乙烷、三氯甲烷、四氯化碳等。这些卤代烃都是有毒性的化合物，在提取分离操作中主要通过吸入蒸气、经皮吸收进入体内。短时间暴露可刺激眼、皮肤、气管，长时间或反复接触可引起皮肤损伤，影响中枢神经和肝脏，还可能具有致癌性。同时，卤代烃对环境有害，如四氯化碳会破坏臭氧层。因此，在药学实验、工作中接触到卤代烃，一定要注意通风和防护，并按要求处理废液，减少环境污染。

PPT

第三节 卤代烃的化学性质

卤代烃的化学反应中心是官能团卤原子。由于卤原子的电负性比碳原子大，C—X 键是极性共价键，共用电子对偏向卤原子，C—X 键容易异裂。同时，由于卤原子的吸电子诱导效应，卤代烃 β-C 上的氢原子也具有一定的活泼性。卤代烃可发生亲核取代反应、消除反应、生成有机金属化合物的反应等。

$$\text{消除反应} \longrightarrow \underset{\beta}{\overset{H}{-C}} - \underset{\alpha}{C} \vdots X$$

亲核取代反应

一、亲核取代反应 🅔 微课 1

在卤代烃分子中，由于卤原子的电负性大，C—X 键共用电子对偏向于卤原子，卤原子带部分单位负电荷，碳原子（α-C）带部分单位正电荷。带部分单位正电荷的 α-C 易受到带负电荷的离子（OH^-、CN^-、RO^-、ONO_2^-）或具有未共用电子对的分子（NH_3、RNH_2）等进攻，使 C—X 键发生异裂，卤原子以负离子的形式离去，发生取代反应。这种带有负电荷或未共用电子对的试剂，称为亲核试剂，用 Nu^- 表示。由亲核试剂引起的取代反应称为亲核取代反应，用 S_N 表示。

在亲核取代反应中，反应物卤代烃通常称为底物，卤原子带着一对电子从反应底物上离去，称为离去基团。

$$\underset{\text{亲核试剂}}{Nu^-} + \underset{\text{卤代烃}}{RCH_2 \overset{\delta^+}{\frown} \overset{\delta^-}{X}} \longrightarrow \underset{\text{产物}}{RCH_2 - Nu} + \underset{\text{离去基团}}{X^-}$$

（一）典型的亲核取代反应

卤代烃与许多亲核试剂作用，可得到不同的取代产物，主要有以下几类。

1. 水解反应 卤代烃与水共热，卤原子被羟基（—OH）取代生成相应的醇。

$$R-X + H_2O \underset{\triangle}{\rightleftharpoons} R-OH + HX$$

该反应是可逆的，为了使反应向生成醇的方向移动，通常用 NaOH 或 KOH 的水溶液代替水。因为 OH^- 亲核能力比 H_2O 强，且碱可中和反应产生的 HX，从而加快反应速率并使反应趋于完全。

$$CH_3CH_2Cl + NaOH \xrightarrow[\triangle]{H_2O} CH_3CH_2OH + NaCl$$

2. 醇解反应 卤代烃与醇反应，卤原子被烷氧基（—OR）取代生成相应的醚。实际反应中，常用醇钠代替醇，加快反应速率，提高产率，这是制备混醚常用的方法。

$$RX + NaOR' \xrightarrow{\triangle} ROR' + NaX$$

$$CH_3CH_2CH_2Br + NaOCH_3 \xrightarrow{\triangle} CH_3CH_2CH_2OCH_3 + NaBr$$

3. 氨解反应 卤代烃与氨作用，卤原子被氨基（—NH_2）取代生成胺。

$$CH_3Cl + NH_3 \longrightarrow CH_3NH_2 + HCl$$

4. 与氰化物反应 卤代烃与氰化钠（钾）在醇溶液中反应，卤原子被氰基（—CN）取代，生成比反应物卤代烃多一个碳原子的腈。这是制备腈的主要方法，也是有机合成中增长碳链的方法之一。腈还可以转变成羧酸、酰胺等化合物。

$$CH_3CH_2CH_2I + NaCN \xrightarrow{\text{乙醇}} CH_3CH_2CH_2CN + NaI$$

$$CH_3CH_2CH_2CN \xrightarrow[\triangle]{H_2O/H^+} CH_3CH_2CH_2COOH$$

氰化物有剧毒，使用时要特别小心。

5. 与硝酸银反应 卤代烷和硝酸银的醇溶液反应，生成硝酸酯和卤化银沉淀。

$$RX + AgNO_3 \xrightarrow{\text{醇}} RONO_2 + AgX \downarrow$$

结构不同的卤代烷与硝酸银反应的活性不同。当卤原子相同时，其活性顺序为叔卤代烷 > 仲卤代烷 > 伯卤代烷。因此可利用此反应鉴别各类卤代烷。

（二）亲核取代反应机理 微课 2

卤代烷水解反应动力学研究表明：某些卤代烷的水解反应速率仅与卤代烷的浓度有关；而另一些卤代烷的水解反应速率不仅与卤代烷的浓度有关，还与碱的浓度有关。这说明不同卤代烷的水解反应可能按不同的反应机理进行。在总结大量实验事实的基础上，英国化学家英果尔德（Ingold）和休斯（Hughes）提出了单分子亲核取代反应（用 S_N1 表示，1 代表单分子）机理和双分子亲核取代反应（用 S_N2 表示，2 代表双分子）机理。

1. 单分子亲核取代反应（S_N1）机理 只有一种分子参与了决速步的亲核取代反应称为单分子亲核取代反应。实验证明，叔丁基溴在碱性溶液中的水解反应是 S_N1 机理，反应分两步进行。

第一步：叔丁基溴的 C—Br 键发生异裂，生成叔丁基碳正离子和溴负离子。

$$(CH_3)_3C \overset{\frown}{-} Br \overset{\text{慢}}{\rightleftharpoons} (CH_3)_3C^+ + Br^-$$

第二步：生成的叔丁基碳正离子很快地与亲核试剂（OH^-）结合生成叔丁醇。

$$(CH_3)_3C^+ + OH^- \xrightarrow{\text{快}} (CH_3)_3C-OH$$

两步反应中，第一步反应较慢，是控制反应速率的一步。这步反应只有叔丁基溴一种反应物，所以整个反应的反应速率只与叔丁基溴的浓度有关，与亲核试剂的浓度无关，在动力学上属于一级反应。其反应速率表达式为 $v = k \left[(CH_3)_3CBr \right]$，其中 k 为速率常数。因此这个反应是单分子亲核取代反应。

S_N1 反应机理的特点：①反应分两步进行；②反应速率仅与卤代烃的浓度有关，与亲核试剂的浓度无关；③决定反应速率的第一步中有活性中间体碳正离子生成。

2. 双分子亲核取代反应（S_N2）机理 有两种分子参与了决速步的亲核取代反应称为双分子亲核取代反应。实验证明，溴甲烷在碱溶液中的水解反应是 S_N2 机理，反应一步完成。

过渡态

在该反应过程中，亲核试剂 OH^- 从溴的背面进攻 α—C，C—O 键逐渐形成，C—Br 键逐渐伸长和变弱，形成过渡态。随着反应的进行，C—O 键彻底形成，C—Br 键完全断裂，溴负离子离去，反应完成。该过程中反应速率不仅与溴甲烷的浓度有关，也与亲核试剂的浓度有关，在动力学上属于二级反应。反应速率表达式为 $v = k[CH_3Br][OH^-]$。因此这个反应是双分子亲核取代反应。

S_N2 反应机理的特点：①反应速率与卤代烃及亲核试剂的浓度均有关；②反应一步完成，旧键的断裂与新键的形成同时进行，没有中间体，只有一个过渡态。

（三）影响亲核取代反应的因素

卤代烃的亲核取代反应是按 S_N1 机理还是按 S_N2 机理进行，与卤代烃分子中烃基的结构、亲核试剂的性质和浓度、离去基团的离去能力以及溶剂的极性等因素有关。

1. 烃基结构的影响 在 S_N1 反应中，决速步是碳卤键异裂形成碳正离子。碳正离子越稳定，越有利于 S_N1 机理进行。从电子效应看，烃基有给电子诱导效应，碳正离子上连有的烃基越多，越有利于正电荷的分散，其稳定性越高。碳正离子的稳定性顺序为 $3° > 2° > 1° > {}^+CH_3$。

因此，卤代烃 S_N1 反应活性的顺序为叔卤代烷 > 仲卤代烷 > 伯卤代烷 > 卤甲烷。

S_N2 反应是由亲核试剂从离去基团（卤原子）的背面进攻带部分正电荷的 $\alpha-C$ 形成过渡态而完成的反应。从空间效应上看，$\alpha-C$ 上连有的烃基越多、越大，亲核试剂进攻时受到的空间位阻就越大，反应越难按 S_N2 机理进行。因此，卤代烃 S_N2 反应活性与卤代烃 S_N1 反应活性的顺序正好相反，即卤甲烷 > 伯卤代烷 > 仲卤代烷 > 叔卤代烷。

2. 亲核试剂的影响 S_N1 反应速率取决于生成碳正离子的第一步，此步反应中无亲核试剂的参与，因此亲核试剂对 S_N1 反应速率影响不大。但在 S_N2 反应中，由于该反应一步进行，亲核试剂提供一对电子与底物的碳原子成键，亲核试剂的亲核能力越强，浓度越大，越倾向于发生 S_N2 反应。

3. 离去基团的影响 离去基团越容易离去，亲核取代反应越容易进行。离去基团对 S_N1 和 S_N2 反应的影响基本相同。在卤代烃亲核取代反应中，卤素负离子为离去基团，其离去能力是 $I^- > Br^- > Cl^- > F^-$。因此，烃基相同时，卤代烃反应活性的顺序是 $RI > RBr > RCl > RF$。

4. 溶剂极性的影响 溶剂的极性越强，越有利于进行 S_N1 反应；溶剂的极性越弱，越有利于进行 S_N2 反应。因为极性溶剂有利于 S_N1 机理中碳正离子活性中间体的稳定，而不利于 S_N2 机理中过渡态的形成。

❓ 想一想

卤代烃与氢氧化钠的水溶液反应，下列哪些特点属于 S_N1 机理？哪些属于 S_N2 机理？

①反应是分步进行的；②形成碳正离子中间体；③氢氧化钠浓度增加，反应速率加快；④伯卤代烷比叔卤代烷反应快；⑤在动力学上属于二级反应。

答案解析

二、消除反应 📱微课3

在卤代烃分子中，由于卤原子的吸电子诱导效应可以通过碳链传递，使得 $\beta-H$ 具有一定的酸性，易受碱的进攻而失去 H^+，发生消除反应。

卤代烃和 NaOH（或 KOH）的醇溶液共热，分子内脱去一分子卤化氢，生成烯烃。像这种分子内消去一个简单分子（如 HX、H_2O），生成不饱和烃的反应称为消除反应，用 E 表示。由于卤代烃的消除反应消去的是卤原子和 $\beta-C$ 上的氢，因此也称为 β-消除反应。有机合成中可利用此反应引入碳碳不饱和键。例如：

$$CH_3 - \overset{\alpha}{CH} - \overset{\beta}{CH_2} \xrightarrow[\triangle]{NaOH/醇} CH_3 - CH = CH_2 + HBr$$
$$\qquad\; | \qquad\; |$$
$$\qquad Br \quad H$$

（一）消除反应的取向

当卤代烃分子中含有多种不同的 β-H 时，可能生成两种以上的烯烃。例如：

$$CH_3-CH_2-\underset{\underset{Br}{|}}{CH}-CH_3 \xrightarrow[\triangle]{KOH/乙醇} CH_3-CH=CH-CH_3 + CH_3-CH_2-CH=CH_2$$

2-丁烯（81%）　　　　　1-丁烯（19%）

大量实验表明，对于分子中含有多种不同 β-H 的卤代烃，在发生消除反应时，主要从含氢较少的 β-C 上脱氢，生成双键碳上连有烃基较多的烯烃。这一经验规律称为扎依采夫（Zaitsev）规则。

练一练6-3

写出下列卤代烃发生消除反应时的有机主产物。

$$CH_3CH_2-\underset{\underset{Cl}{|}}{\overset{\overset{CH_3}{|}}{C}}-CH_3 \xrightarrow[\triangle]{KOH/醇}$$

答案解析

（二）消除反应机理及其影响因素

与亲核取代反应类似，卤代烃的消除反应也有单分子消除反应（E1）和双分子消除反应（E2）两种机理。

1. 单分子消除反应（E1）机理　E1 和 S_N1 机理相似，反应分两步完成。第一步卤代烃分子中的 C—X 键发生异裂，生成碳正离子中间体，该步反应速率慢；第二步碳正离子在碱的作用下，β-C 上的氢原子以质子形式解离下来，形成碳碳双键，该步反应速率快。

$$CH_3-\underset{\underset{CH_3}{|}}{\overset{\overset{CH_3}{|}}{C}}-X \underset{}{\overset{慢}{\rightleftharpoons}} CH_3-\underset{\underset{CH_3}{|}}{\overset{\overset{CH_3}{|}}{C^+}} + X^-$$

$$CH_3-\underset{\underset{CH_3}{|}}{\overset{\overset{CH_2-H}{|}}{C^+}} + OH^- \xrightarrow{快} CH_3-\underset{\underset{CH_3}{|}}{\overset{\overset{CH_2}{\|}}{C}} + H_2O$$

在以上历程中，反应的决速步骤是第一步碳正离子的生成，其反应速率只与卤代烃的浓度有关，与 OH^- 浓度无关，因此称为单分子消除反应。

2. 双分子消除反应（E2）机理　E2 和 S_N2 机理相似，反应一步完成。碱试剂（如 OH^-）进攻卤代烃分子中的 β-H 形成过渡态，之后 C—X 和 C—H 键的断裂与碳碳双键的形成同时进行，生成烯烃。

$$\underset{CH_3-\overset{|}{CH}-CH_2-X}{\overset{OH-H}{}} \rightarrow \left[\underset{过渡态}{\overset{\delta^-}{HO---H} \atop CH_3-\overset{|}{CH}===CH_2---X^{\delta^-}} \right] \rightarrow CH_3CH=CH_2 + H_2O + X^-$$

在以上历程中，卤代烃和 OH^- 都参与形成过渡态，反应速率与卤代烃和 OH^- 浓度都有关，因此称为双分子消除反应。

（三）取代反应和消除反应的竞争

卤代烃既可以发生取代反应，又可以发生消除反应，而且这两种反应一般都是在碱性条件下进行的，亲核取代反应和消除反应的反应机理也很相似。它们的区别在于：在亲核取代反应中，试剂进攻的是 α-C；而在消除反应中，试剂进攻的是 β-C 上的氢原子（β-H）。因此，当卤代烃水解时，不可避免地会有消除卤化氢的副反应发生；当消除卤化氢时，也会有水解产物生成，两种反应往往相互伴随，并相互竞争。卤代烃的化学反应受到卤代烃的结构、试剂的种类、溶剂的极性、反应温度等因素的影响。实际应用中，有效地控制反应条件，可以较大比例地获得所需要的反应产物。

三、与金属的反应

卤代烃能与 Li、Na、K、Mg 等金属反应，生成含有碳—金属键的有机金属化合物。其中，卤代烃在无水乙醚中与金属镁反应生成的有机镁化物（烃基卤化镁），称为格利雅（Grignard）试剂，简称格氏试剂，一般用通式 RMgX 表示。

$$R—X \ + \ Mg \ \xrightarrow{\text{无水乙醚}} \ RMgX$$

格氏试剂中的 C—Mg 键具有强极性，使碳原子带有部分负电荷，所以其性质非常活泼，是有机合成中重要的强亲核试剂。利用格氏试剂可制备烷烃、醇、羧酸等许多有机化合物。同时，格氏试剂能与许多含活泼氢的化合物（如水、醇、酸、氨）等作用，生成相应的烃，且可与空气中的氧气、二氧化碳反应。因此在制备和应用格氏试剂时，必须使用绝对无水的乙醚作为溶剂，并且不存在其他任何含有活泼氢原子的物质，反应体系尽可能与空气隔绝。

$$RMgX \ + \ H_2O \ \longrightarrow \ RH + Mg(OH)X$$

$$RMgX \ + \ CO_2 \ \longrightarrow \ RCOOMgX$$

四、不同类型卤代烃的反应活性 ⓔ 微课4

卤代烯烃和卤代芳烃中，卤原子与双键或苯环的相对位置不同，它们之间的相互影响不同，在化学性质上主要表现为卤原子的活泼性差别较大。分为以下三类。

1. 卤代乙烯型 此类卤代烃的结构特征是卤原子与双键或苯环直接相连，又称为乙烯型卤代烃。例如：

$$CH_2=CHX \qquad \qquad \text{⬡}—X$$

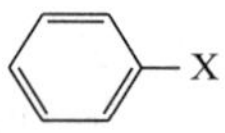

这类卤代烃中的卤原子很不活泼，一般条件下难以发生取代反应。这是由于卤原子与双键（苯环）碳原子直接相连，卤原子上的孤对电子所占据的 p 轨道与双键（苯环）的 π 轨道形成 p-π 共轭体系，C—X 键的稳定性增强而不易断裂，取代反应难以发生。氯乙烯和氯苯中的 p-π 共轭体系如图 6-1 所示。

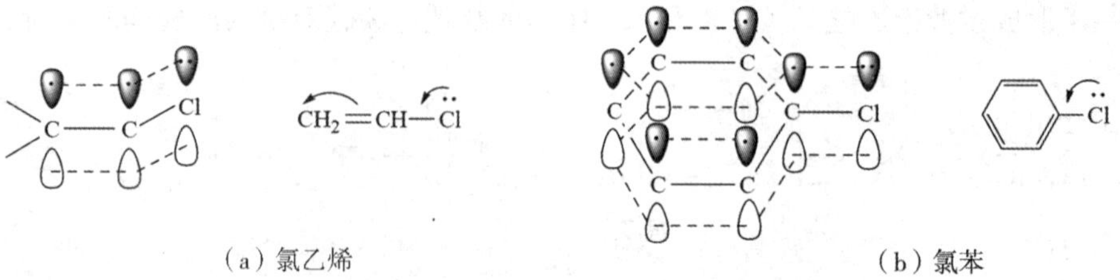

（a）氯乙烯 　　　　　　　　　　　　　　（b）氯苯

图 6-1　氯乙烯和氯苯中的 p-π 共轭体系

2. 卤代烯丙型 此类卤代烃的结构特征是卤原子与双键或苯环相隔一个饱和碳原子，又称为烯丙型卤代烃。例如：

$$CH_2=CHCH_2X \qquad \qquad \text{⬡}—CH_2X$$

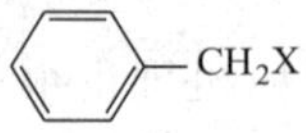

这类卤代烃中的卤原子很活泼，易发生取代反应。这是由于卤原子与双键（苯环）相隔一个饱和碳原子，不能形成 $p-\pi$ 共轭体系。但卤原子离去后形成的碳正离子中，正电荷碳上的空 p 轨道与相邻的 π 轨道可以平行重叠形成 $p-\pi$ 共轭体系，使中心碳原子上的正电荷得以分散，碳正离子趋于稳定而容易形成，有利于取代反应的进行。烯丙基碳正离子、苄基碳正离子的 $p-\pi$ 共轭体系如图 6-2 所示。

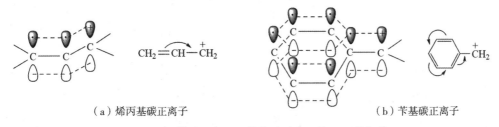

（a）烯丙基碳正离子　　　　　　　　　（b）苄基碳正离子

图 6-2　烯丙基碳正离子和苄基碳正离子的 $p-\pi$ 共轭体系

3. 卤代烷型　此类卤代烃的结构特征是卤原子与双键或苯环相隔两个或两个以上饱和碳原子，又称为烷型卤代烃。例如：

$$CH_2=CHCH_2CH_2X \qquad \text{〇}-CH_2CH_2X$$

这类卤代烃中，卤原子与双键（苯环）相隔较远，相互影响很小，其活泼性与卤代烷相似，反应活泼性顺序为叔卤代烃 > 仲卤代烃 > 伯卤代烃。

利用结构不同的卤代烃与 $AgNO_3$ 醇溶液反应生成卤化银沉淀的条件和速率不同，可以区分不同类型的卤代烃。表 6-1 列出了 3 种不同类型的卤代烃与 $AgNO_3$ 醇溶液的反应情况。

表 6-1　3 种不同类型的卤代烃与 $AgNO_3$ 醇溶液的反应情况

卤代烃的类型	化合物举例		反应条件和现象	卤原子的活性
卤代乙烯型	$CH_2=CHCl$	〇-Cl	加热后难以产生 AgX 沉淀	最不活泼
卤代烷型	$CH_2=CHCH_2CH_2Cl$	〇-CH_2CH_2Cl	加热后缓慢产生 AgX 沉淀	较活泼
卤代烯丙型	$CH_2=CHCH_2Cl$	〇-CH_2Cl	室温下产生 AgX 沉淀	最活泼

第四节　与医药有关的卤代烃类化合物 微课5

PPT

1. 三氯甲烷（$CHCl_3$）　俗名氯仿，是一种无色、有香甜气味的液体，沸点 61.7℃，不易燃烧，不溶于水，比水重。三氯甲烷是优良的有机溶剂，医药上常用于中草药有效成分的提取和精制抗生素。三氯甲烷有麻醉性，在 19 世纪时曾被用作外科手术的全身麻醉剂，因其对心脏和肝脏的毒性较大，目前临床上已不再使用。

三氯甲烷在光照下能逐渐被氧化生成有剧毒的光气，因此三氯甲烷必须在棕色瓶中密闭保存，并加入 1% 的乙醇，以破坏可能生成的光气。

2. 四氯化碳（CCl_4）　又称四氯甲烷，是一种无色液体，易挥发，有毒，沸点为 76.5℃，比水重，不能燃烧。四氯化碳与水不溶，可与乙醇、乙醚、三氯甲烷、石油醚等混溶，是很好的有机溶剂，可溶解油漆、树脂、橡胶等有机物。四氧化碳不能燃烧、易挥发、蒸气比水重，曾被用作灭火剂，但因其在高温时与水反应产生有毒的光气，目前已不再用作灭火剂。

3. 甲状腺素 碘在生物活动中具有重要作用。在高等动物的代谢中，从食物中摄取的碘在甲状腺中积存下来，通过一系列化学反应形成甲状腺素。甲状腺素从多种方面调节新陈代谢与生长发育，是维持机体生命活动的重要激素。

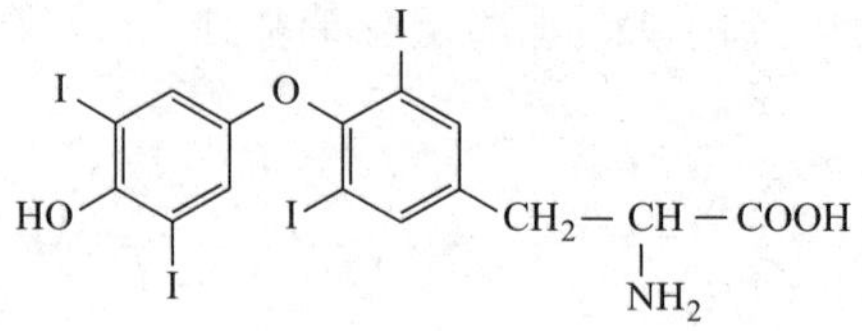

甲状腺素

4. 氟烷（$F_3CCHClBr$） 化学名称 1,1,1-三氟-2-氯-2-溴乙烷，又名三氟氯溴乙烷，是一种目前在临床上应用的全身吸入性麻醉药。氟烷为无色、易流动的重质液体，无刺激性，有类似三氯甲烷的香气。能与乙醇、三氯甲烷、乙醚或挥发性油类任意混合，在水中微溶。氟烷的麻醉强度比乙醚强 2~4 倍，比氯仿强 1.5~2 倍。因其麻醉作用较强，极易引起麻醉过深而造成危险，使用时需严格控制吸入浓度。

5. 氟尿嘧啶 是最早合成的含氟药物。该药物是应用代谢拮抗原理设计的，以原子半径与 H 相似的 F 替代体内代谢物尿嘧啶分子中 5 位上的 H，该药物与尿嘧啶结构相似且分子体积几乎相等。氟尿嘧啶通过竞争性地抑制脱氧胸苷酸合成酶，影响 DNA 的合成，具有较高的抗肿瘤活性。

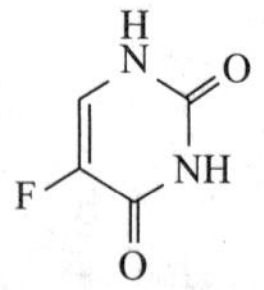

氟尿嘧啶

将氟原子或含氟基团引入药物结构中，氟原子的亲脂性可以提高药物的细胞膜通透性；氟原子极强的电负性，可以增强药物的药理活性；C—F 键的稳定性可以延长药物在体内作用时间，从而较好地改善药物作用效果。因此，自 1957 年首次合成氟尿嘧啶后，氟原子的引入广泛应用于药物的修饰和改造。目前有许多含氟药物应用于临床，如氧氟沙星、氟伐他汀等。

👁 **看一看**

一类含氟新药——盐酸安妥沙星

喹诺酮类药物是一类重要的人工合成抗菌药，对保障人民身体健康发挥着重要作用。自 1962 年萘啶酸被合成以来，特别是 20 世纪 80 年代，又通过结构中引入氟原子合成了氟喹诺酮类药物，该类药物快速发展，目前已发展至第四代。

我国自 1967 年仿制了萘啶酸后，一直没有自主研发的该类新药上市。经过十几年的潜心研究，中科院上海药物研究所的科学家自主研发了我国第一个具有自主知识产权的国家一类氟喹诺酮类抗菌新药——盐酸安妥沙星。该药物于 2009 年上市，并荣获 2017 年度国家技术发明二等奖。盐酸安妥沙星和现有的药物相比，在安全性、有效性以及药物代谢特征上具有一定的优势。该药的成功研制，具有巨大的经济效益和社会效益，对推动我国创新药物研究、提高民族自主创新能力均有一定意义。

答案解析

目标检测

一、单项选择题

1. 根据烃基的结构，$CH_3CHBrCH_2CH=CH_2$ 属于（ ）

    A. 饱和卤代烃　　B. 不饱和卤代烃　　C. 芳香族卤代烃　　D. 仲卤代烃

2. 氯乙烷与氢氧化钠水溶液共热，主要发生（ ）

    A. 加成反应　　B. 取代反应　　C. 氧化反应　　D. 消除反应

3. 卤代烃与氰化钾在乙醇中回流反应的产物是（ ）

    A. 腈　　B. 胺　　C. 醇　　D. 不饱和烃

4. 下列卤代烃与硝酸银醇溶液反应时，产生沉淀最快的是（ ）

    A. 正丁基氯　　B. 仲丁基氯　　C. 叔丁基氯　　D. 异丁基氯

5. 卤代烷中的C—X键最易断裂的是（ ）

    A. RF　　B. RCl　　C. RBr　　D. RI

6. 下列有关 S_N1 反应的描述，正确的是（ ）

    A. 反应一步完成　　B. 有碳正离子中间体生成

    C. 伯卤代烃易发生　　D. 反应速率与亲核试剂的浓度有关

7. 卤代烃发生消除反应所需要的条件是（ ）

    A. $AgNO_3$醇溶液　　B. $AgNO_3$水溶液　　C. NaOH 醇溶液　　D. NaOH 水溶液

8. 结构不对称的仲卤代烷、叔卤代烷消除HX生成烯烃，遵循（ ）

    A. 马氏规则　　B. 反马氏规则　　C. 次序规则　　D. 扎依采夫规则

9. 常用于表示格氏试剂的通式是（ ）

    A. RMgR′　　B. RMgX　　C. RX　　D. MgX

10. 下列化合物中，属于烯丙型卤代烃的是（ ）

    A. $CH_3CH=CHCH_2Cl$　　B. $CH_2=CHCH_2CH_2CH_2Cl$

    C. $CH_3CH_2CH=CHCl$　　D. $CH_3CH_2CHClCH_2CH_3$

二、命名或写出结构简式

1. $C(CH_3)_3CH_2Cl$　　2. $CH_3CHBrCH_2CH=CHCH_3$　　3. 2-甲基-2-溴己烷

4. 2,4-二氯甲苯　　5. 溴化苄　　6. 环己基氯

7. 3-甲基-2-氯-1-庚烯　　8. α-氯丙苯　　9. β-萘溴

三、完成下列反应式

1. $CH_3CH(CH_3)CHClCH_3 \xrightarrow[\triangle]{KOH/H_2O}$

2. $CH_3CH(CH_3)CHClCH_3 \xrightarrow[\triangle]{KOH/醇}$ (结构：CH₃CH-CH-CH₃, 带CH₃和Cl支链)

3. $CH_2=CH-CH_3 \xrightarrow{HCl} \xrightarrow{NaCN}$

4. $(C_2H_5)_3CCl + AgNO_3 \xrightarrow{C_2H_5OH}$

四、用化学方法鉴别下列各组化合物

1. $CH_3CHClCH=CH_2$、$CH_3CH_2CH=CHCl$ 和 $CH_2ClCH_2CH=CH_2$

2. 对溴甲苯、溴苄和 β-溴乙苯

五、推断结构

化合物 A 不与溴水反应，在光照下与溴单质发生取代反应只得到一种产物 B，B 在 KOH 的醇溶液中加热得到产物 C，C 能被酸性 $KMnO_4$ 氧化为戊二酸，试推断 A、B、C 的结构式。

（周水清）

书网融合……

重点回顾　　微课1　　微课2　　微课3　　微课4　　微课5　　习题

第七章 醇、酚、醚

学习目标

知识目标:

1. 掌握 醇、酚、醚的定义、分类、命名及主要化学性质。

2. 熟悉 醇、酚、醚的物理性质。

3. 了解 与医药相关的醇、酚、醚。

技能目标:

能识别醇、酚、醚的官能团;能对醇和酚进行分类;能熟练地对醇、酚、醚进行命名,并写出重要的醇、酚、醚的结构式;能写出醇、酚、醚典型反应的反应式;会用化学方法鉴别醇、酚、醚。

素质目标:

体会醇、酚、醚类在生产、生活以及医药上的重要作用;增强环保意识、安全意识和健康意识。

📖 **导学情景**

情景描述: 高新区某路口,一名男子酒后驾驶一辆小型汽车被执勤交警查获。民警现场通过呼气式酒精测试仪检测,该男子每100ml血液中酒精含量达到130毫克,涉嫌醉酒驾车。当晚,该男子被警方带回,接受进一步处理。警用酒精测试仪是一种利用化学反应来测定呼出气体中酒精浓度的测试仪。

情景分析: 呼气中的酒精浓度和血液中的酒精浓度比例为2100:1,交警利用酒精测试仪测定驾车者的呼气,根据这个比例,酒精测试仪通过自带的微电脑就可以立即测出受测者血液中的酒精含量。

讨论: 酒精属于什么结构的化合物?酒精测试仪测定酒驾又是利用了什么化学反应原理进行测定的?

学前导语: 酒精是乙醇的俗名,乙醇属于醇类化合物。本章将介绍醇、酚、醚的结构、理化性质及其在医药领域中的广泛应用。

醇、酚、醚都是烃的含氧衍生物。从化学结构上看,醇、酚、醚也可看作水的烃基衍生物。醇、酚、醚可分别用下列通式表示:

$$R—OH \qquad Ar—OH \qquad (Ar)R—O—R'(Ar')$$
$$\text{醇} \qquad\qquad \text{酚} \qquad\qquad \text{醚}$$

第一节 醇

PPT

一、醇的定义、分类和命名

(一)醇的定义

醇是烃分子中饱和碳原子上的氢原子被羟基取代的化合物,可用通式 R—OH 表示,羟基(—OH)

是醇的官能团,又称醇羟基。

(二)醇的分类

醇的分类方法主要有以下三种。

1. 根据烃基的不同分类 可分为脂肪醇、脂环醇和芳香醇。脂肪醇是羟基所连的烃基为脂肪烃基的醇,包括饱和醇和不饱和醇;脂环醇是羟基所连的烃基为脂环烃基的醇;芳香醇是羟基与芳环侧链相连的醇。例如:

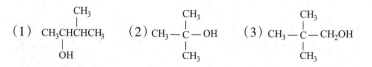

CH_3CH_2OH　　　　$CH_2=CHCH_2OH$　　　　脂环醇　　　　芳香醇

饱和脂肪醇　　　　不饱和脂肪醇　　　　脂环醇　　　　芳香醇

2. 根据羟基的数目分类 可分为一元醇、二元醇和多元醇,含两个以上羟基的醇为多元醇。例如:

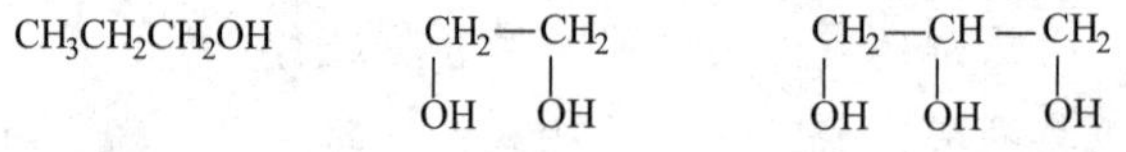

$CH_3CH_2CH_2OH$

一元醇　　　　二元醇　　　　三元醇

3. 根据与羟基相连的碳原子分类 即按 α-C 的种类分类,可分为伯醇(1°醇)、仲醇(2°醇)和叔醇(3°醇)。伯醇、仲醇和叔醇在一些化学反应中活性差异较大。例如:

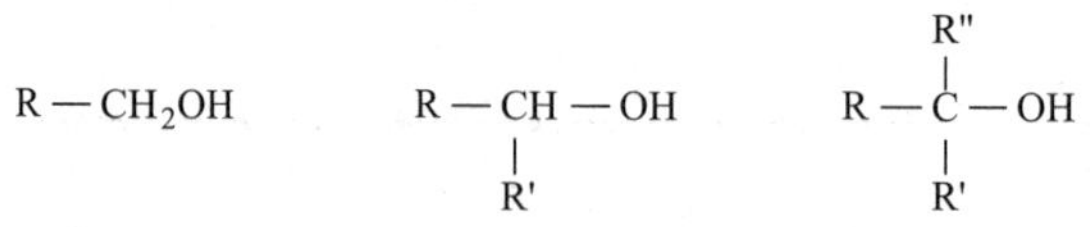

$R-CH_2OH$　　　　$R-CH-OH$　　　　$R-C-OH$

伯醇　　　　仲醇　　　　叔醇

练一练7-1

指出下列醇属于伯醇、仲醇、叔醇中的哪一类。

答案解析

(1) $CH_3CHCHCH_3$ (2) CH_3-C-OH (3) CH_3-C-CH_2OH

(三)醇的命名

1. 普通命名法 结构比较简单的醇可采用普通命名法。一般在烃基名称后加上"醇"字,通常"基"字可以省略。例如:

CH_3CH_2OH　　　　CH_3CHOH　　　　CH_3-C-OH

乙醇　　　　异丙醇　　　　叔丁醇

环己醇　　　　苯甲醇(苄醇)　　　　烯丙醇

2. 系统命名法 结构比较复杂的醇用系统命名法。其基本命名步骤包括选主链、给主链碳原子编号及写名称三步。

(1) 饱和醇 选择与羟基相连的碳原子在内的最长碳链作为主链,根据主链上碳原子数目先称为"某醇";从靠近羟基的一端开始给主链碳原子编号;将取代基的位次、数目、名称以及羟基的位次依次写在"某醇"前面。例如：

$$CH_3CHCH_2CH_2OH$$
$$|$$
$$CH_2CH_3$$

3-甲基-1-戊醇

$$CH_2CH_3$$
$$|$$
$$CH_3-CH-C-CH-CH_2$$
$$| \quad | \quad | \quad |$$
$$CH_3 \ OH \ CH_3 \ CH_3$$

2,4-二甲基-3-乙基-3-己醇

（2）不饱和醇　选择与羟基相连的碳原子和不饱和键在内的最长碳链作为主链，根据主链上碳原子的数目先称作"某烯醇"或"某炔醇"；从靠近羟基的一端开始编号，命名时标明羟基和不饱和键的位次。例如：

$$CH_2=CH-CH-CH_3$$
$$|$$
$$OH$$

3-丁烯-2-醇

$$CH\equiv C-CH_2OH$$

2-丙炔-1-醇

（3）脂环醇和芳香醇　命名脂环醇时，以"环某醇"为母体，从与羟基相连的碳原子开始编号，应注意尽量使环上取代基的位次最小；命名芳香醇时，将芳基作为取代基，脂肪醇做母体。例如：

2-甲基环己醇

1-苯基-2-丙醇

（4）多元醇　命名多元醇时，应选择连有羟基最多的最长碳链作为主链，根据羟基数目称为"某二醇"或"某三醇"等，并在前面标明羟基的位次。例如：

$$CH_2-CH_2$$
$$| \quad \ |$$
$$OH \ \ OH$$

乙二醇

$$CH_2-CH_2-CH_2-CH_2$$
$$| \qquad\qquad\qquad\quad |$$
$$OH \qquad\qquad\qquad OH$$

1,4-丁二醇

练一练7-2

写出下列醇的结构简式。

（1）异戊醇　　　（2）3-苯基-2-丙烯-1-醇　　　（3）1,2-丙二醇

答案解析

二、醇的物理性质

常温下，含1~3个碳原子的一元饱和醇为无色酒味液体，含4~11个碳原子的醇为带有难闻气味的油状液体，含12个碳原子以上的高级醇为蜡状固体。

低级醇的沸点比分子量相近的烷烃高得多，如甲醇（相对分子质量32）的沸点为64.7℃，而乙烷（相对分子质量30）的沸点为-88.6℃，这是由于醇分子间可以形成氢键缔合。

低级醇和多元醇极易溶于水，但随烃基的增大水溶性迅速降低，4个碳以上的正丁醇已经变为微溶于水了。

与水类似，低级醇能与氯化钙、氯化镁等无机盐类形成结晶醇配合物，例如 $CaCl_2 \cdot 4C_2H_5OH$、

$MgCl_2 \cdot 6C_2H_5OH$ 等。因此，不能用无水氯化钙作为醇的干燥剂。

? 想一想

为什么低级醇极易溶于水，但随着烃基的增大水溶性迅速降低？

答案解析

三、醇的化学性质

醇分子中羟基氧的电负性较大，使得 O—H 键和 C—O 键极性较大，容易断裂而发生反应。受羟基诱导效应的影响，醇的 α-H 和 β-H 均具有一定的活性，易发生氧化反应和消除反应。例如：

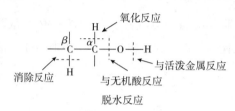

（一）与活泼金属的反应

醇能与活泼金属（钠、钾、镁等）反应生成金属醇化物并放出氢气。例如醇与金属钠反应生成醇钠和氢气。

$$2ROH + 2Na \longrightarrow 2RONa + H_2\uparrow$$
$$\text{醇钠}$$

该反应与水和金属钠的反应类似，但比水与金属钠的反应要缓和得多，说明醇的酸性比水的弱，利用此性质可以用醇除去残余的少量金属钠。

不同结构的醇与金属钠反应的活性次序为甲醇 > 伯醇 > 仲醇 > 叔醇。这是因为烷基的给电子诱导效应使 O—H 键的极性减弱，导致羟基氢的解离变难，酸性变弱。α-C 上连的烃基越多酸性越弱。

醇钠是一种白色固体，比氢氧化钠碱性还强，是有机合成中常用的碱性催化剂，遇水即水解生成醇和氢氧化钠。

$$RONa + H_2O \longrightarrow ROH + NaOH$$

（二）与无机酸的反应

1. 与氢卤酸的反应　醇与氢卤酸反应生成卤代烃和水。例如：

$$R-OH + HX \rightleftharpoons R-X + H_2O \qquad (X=Cl、Br、I)$$

该反应属于取代反应，反应速率与氢卤酸和醇的结构都有关系。

氢卤酸的活性顺序：HI > HBr > HCl。

醇的活性顺序：苄醇、烯丙醇 > 叔醇 > 仲醇 > 伯醇。

由于盐酸与醇反应的活性最弱，反应需在无水氯化锌催化下才能进行。由无水氯化锌溶于浓盐酸配成的溶液称为卢卡斯（Lucas）试剂，常用于鉴别 6 个碳以下的伯醇、仲醇和叔醇。6 个碳以下的醇可溶于卢卡斯试剂，但生成的卤代烷不溶于卢卡斯试剂而使溶液变浑浊，可根据变浑浊的快慢不同来鉴别不同结构的醇。例如：

$$CH_3-\underset{\underset{CH_3}{|}}{\overset{\overset{CH_3}{|}}{C}}-OH + HCl \xrightarrow{ZnCl_2} CH_3-\underset{\underset{CH_3}{|}}{\overset{\overset{CH_3}{|}}{C}}-Cl + H_2O$$

叔丁醇 室温立即浑浊

$$CH_3CH_2\underset{\underset{OH}{|}}{CH}CH_3 + HCl \xrightarrow{ZnCl_2} CH_3CH_2\underset{\underset{Cl}{|}}{CH}CH_3 + H_2O$$

仲丁醇 5~10分钟后浑浊

$$CH_3CH_2CH_2CH_2OH + HCl \xrightarrow{ZnCl_2} CH_3CH_2CH_2CH_2Cl + H_2O$$

正丁醇 数小时不浑浊

2. 与含氧无机酸的反应 醇与硫酸、硝酸、磷酸等含氧无机酸反应，脱去一分子水，生成无机酸酯。这种酸与醇反应脱水生成酯的反应称为酯化反应。例如：

$$CH_3OH + HO-\underset{\underset{O}{\|}}{\overset{\overset{O}{\|}}{S}}-OH \xrightarrow{100℃} CH_3OSO_2OH + H_2O$$

硫酸氢甲酯

$$2CH_3OSO_2OH \xrightarrow{蒸馏} CH_3OSO_2OCH_3 + H_2SO_4$$

硫酸二甲酯

甲醇与浓硫酸反应脱水生成硫酸氢甲酯，将硫酸氢甲酯蒸馏得到硫酸二甲酯。硫酸二甲酯和硫酸二乙酯等在有机合成中均是很好的烷基化试剂，但都有剧毒，使用时必须小心。

甘油与硝酸反应生成甘油三硝酸酯（又称硝酸甘油），是一种黄色油状透明液体，受热、震动时易爆炸，可作炸药。硝酸甘油还具有扩张冠状动脉的作用，可制成0.3%的硝酸甘油片剂，舌下给药，治疗冠状动脉狭窄引起的心绞痛。

$$\begin{array}{l}CH_2-OH \\ | \\ CH-OH \\ | \\ CH_2-OH\end{array} + \begin{array}{l}HONO_2 \\ HONO_2 \\ HONO_2\end{array} \xrightarrow{H_2SO_4} \begin{array}{l}CH_2-ONO_2 \\ | \\ CH-ONO_2 \\ | \\ CH_2-ONO_2\end{array} + 3H_2O$$

甘油三硝酸酯

（三）脱水反应

醇在脱水剂浓硫酸存在下加热可发生脱水反应，有两种脱水方式：分子内脱水和分子间脱水。

1. 分子内脱水 例如乙醇在浓硫酸作用下加热到170℃，可脱水生成乙烯。

$$\overset{\beta}{CH_2}-\overset{\alpha}{CH_2} \xrightarrow[170℃]{浓H_2SO_4} CH_2=CH_2 + H_2O$$
$$\underset{H\quad OH}{}$$

分子内脱水是从醇分子中脱去一分子水生成烯烃的反应，属于 β-消除反应。

一些仲醇和叔醇分子内脱水反应与卤代烷脱卤化氢一样遵循扎依采夫规则，从含氢较少的 β-C 上脱氢，生成双键碳上连有烃基较多的烯烃。例如：

$$CH_3\overset{\beta}{CH_2}-\overset{\alpha}{\underset{\underset{OH}{|}}{CH}}-CH_3 \xrightarrow[\triangle]{浓H_2SO_4} CH_3CH=CHCH_3 + H_2O$$

不同结构的醇发生分子内脱水反应的活性顺序为叔醇＞仲醇＞伯醇。

2. 分子间脱水 两分子醇之间脱去一分子水生成醚。例如乙醇在浓硫酸的作用下加热到140℃脱水生成乙醚。

$$CH_3CH_2 \overline{\underline{\;|\; OH\;|}} + \overline{\underline{\;|\; H\;|}} O - CH_2CH_3 \xrightarrow[140℃]{浓H_2SO_4} CH_3CH_2 - O - CH_2CH_3 + H_2O$$

醇发生分子内脱水还是分子间脱水，与反应温度及醇的结构有关。较高的温度有利于发生分子内脱水，较低的温度有利于发生分子间脱水；叔醇主要发生分子内脱水，伯醇最易发生分子间脱水。

✍ 练一练7-3

写出下列醇的主要脱水产物。

答案解析

$$CH_3CH_2 - \overset{\displaystyle CH_3}{\underset{\displaystyle OH}{\overset{|}{\underset{|}{C}}}} - CH_3 \xrightarrow[\triangle]{H_2SO_4}$$

（四）氧化反应

醇分子中的 α-H 由于受羟基的影响比较活泼，而使醇容易被氧化。常用的氧化剂有高锰酸钾或重铬酸钾的酸性溶液等。例如：

$$R - CH_2OH \xrightarrow{[O]} R - CHO \xrightarrow{[O]} R - COOH$$
$$\quad\;\text{伯醇} \qquad\qquad\quad \text{醛} \qquad\qquad \text{羧酸}$$

$$\overset{\displaystyle R}{\underset{\displaystyle R'}{\overset{|}{\underset{|}{C}}}}H - OH \xrightarrow{[O]} \overset{\displaystyle R}{\underset{\displaystyle R'}{\overset{\displaystyle |}{\underset{\displaystyle |}{C}}}}=O$$
$$\qquad\quad\text{仲醇} \qquad\qquad\quad \text{酮}$$

伯醇首先被氧化成醛，醛继续氧化生成羧酸，仲醇被氧化成酮，叔醇分子中由于不含 α-H，一般不会被氧化。

可用高锰酸钾或重铬酸钾的酸性溶液将叔醇从伯醇、仲醇中鉴别出来，伯醇、仲醇反应后高锰酸钾的紫色褪去，重铬酸钾溶液由橙红色（$Cr_2O_7^{2-}$）变为绿色（Cr^{3+}）。交警查酒驾所用的酒精测试仪就是利用了乙醇使重铬酸钾溶液由橙红色变为绿色的原理进行测试的。

♥ 药爱生命

酒主要由粮食、果类经发酵而成，其主要成分为乙醇，饮酒后，乙醇很快就会在胃肠中被人体吸收，少部分酒精可随呼吸或经汗腺排出体外，绝大部分酒精在肝脏中先与乙醇脱氢酶作用，被氧化为乙醛，乙醛进而在乙醛脱氢酶的作用下被氧化为乙酸。乙醛有毒性，也是引起脸红、难受的主要因素。人体内乙醇脱氢酶的数量基本是相等的，但缺少乙醛脱氢酶的人比较多，且在一定时间内人体只能产生一定量的乙醛脱氢酶，因此饮酒过多代谢出来的剩余的乙醛便会残留在人体，进入重要器官，特别是在肝脏和大脑中积蓄，积蓄至一定程度即出现酒精中毒症状。重度中毒可抑制呼吸、心跳进而死亡。虽然我们常说"小酌怡情"，但饮酒过量或长期酗酒不但会对身体产生不良影响，也可引起多种精神障碍，且易导致家庭矛盾，也是社会的不稳定因素之一，因此一定要认识到酗酒的危害，慎重对待酒，及时戒酒。

（五）邻二醇的特性

邻二醇是指羟基连在相邻碳原子上的多元醇，如乙二醇、丙三醇、1,2-丙二醇等。邻二醇除了具有一元醇的一般化学性质外，由于羟基之间的相互影响，产生了一些特殊的性质。例如邻二醇与新制备的氢氧化铜反应，生成一种可溶于水的深蓝色铜配合物甘油铜，可用于邻二醇的鉴别。

$$\begin{array}{c} CH_2-OH \\ | \\ CH-OH \\ | \\ CH_2-OH \end{array} + Cu(OH)_2 \longrightarrow \begin{array}{c} CH_2-O \\ | \\ CH-O \\ | \\ CH_2-OH \end{array} \!\!\!\!\!\! \bigg\rangle Cu$$

甘油铜（深蓝色）

四、与医药有关的醇类化合物

1. 甲醇（CH_3OH）　　俗称木醇或木精，为具有酒味的无色液体，能与水及多种有机溶剂混溶。甲醇有毒，误服 10ml 能致人失明，30ml 能中毒致死。甲醇是一种优良的溶剂，也是一种重要的化工原料。

2. 乙醇（CH_3CH_2OH）　　是饮用酒的主要成分。纯净的乙醇是无色透明液体，易挥发、易燃，能与水及多种有机溶剂混溶。

乙醇能使蛋白质凝固变性，临床上常用 75% 的乙醇水溶液作为外用消毒剂，用 20%～30% 乙醇水溶液对高热患者进行擦浴，可以降低发热患者的体温。药物的乙醇溶液常称为酊剂，如碘酊（俗称碘酒）。乙醇也是一种广泛应用的良好的溶剂，常用于中草药中有效成分的提取。

3. 丙三醇（$\begin{array}{ccc} CH_2-CH-CH_2 \\ | \quad\;\; | \quad\;\; | \\ OH \;\; OH \;\; OH \end{array}$）　　俗称甘油，为无色黏稠的具有甜味的液体，比水重，能与水混溶。甘油有润肤作用，但由于吸湿性很强，对皮肤有刺激性，所以在使用时必须先用适量水稀释。甘油在药物制剂中可用作溶剂、润滑剂、赋形剂等。临床上常用甘油栓剂或 50% 的甘油溶液灌肠治疗便秘。

4. 苯甲醇（$C_6H_5CH_2OH$）　　又名苄醇，为具有芳香气味的无色液体，微溶于水。苯甲醇具有微弱的麻醉作用，可用于局部止痛。医药上使用的青霉素稀释液就是 2% 苯甲醇的灭菌液，俗称无痛水。但肌肉反复注射本品可引起臀肌挛缩，因此禁止学龄前儿童肌内注射。

👁 **看一看**

硫　醇

硫醇的通式是 R—SH，—SH（巯基）是其官能团，硫醇可看作醇分子中的氧原子被硫原子代替后的化合物。

硫醇的命名方法与醇相似，在醇字前加一个"硫"字即可。例如：

CH_3SH	CH_3CH_2SH	$CH_3CH_2CH_2CH_2SH$
甲硫醇	乙硫醇	1-丁硫醇

低级硫醇易挥发，具有特殊的臭味，即使量很少时气味也很明显。在燃气中加入少量低级硫醇能够在燃气泄漏时起报警作用。硫醇的沸点比同碳原子数的醇低，硫醇难溶于水，这是由于硫原子的电负性比氧弱，硫醇分子之间以及与水分子之间难以形成氢键。

硫醇的化学性质与醇相似，但也有差别。硫醇具有弱酸性，其酸性强于醇，能与氢氧化钠作用生成盐；还可与一些重金属离子如汞、铜、银、铅等形成不溶于水的硫醇盐，因此临床上常用二巯基丙醇、二巯基丁二酸钠、二巯基磺酸钠等作为重金属中毒的解毒剂，这是因为硫醇能与体内的重金属离子形成无毒的、稳定的配合物进而排出体外，阻止了重金属离子与体内酶的巯基结合，或者夺取已与酶结合的重金属离子，使酶恢复活性。

PPT

第二节　酚

一、酚的定义、分类和命名

（一）酚的定义

羟基直接和芳环相连的化合物称为酚，通式为 Ar—OH。—OH 是酚的官能团，也称酚羟基。

（二）酚的分类

酚的分类方法主要有以下两种。

1. 根据酚羟基的数目分类　可分为一元酚和多元酚。例如：

一元酚　　　　　　　　　多元酚

2. 根据与酚羟基相连的芳环种类分类　可分为苯酚、萘酚和菲酚等。例如：

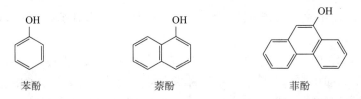

苯酚　　　　　　　　　萘酚　　　　　　　　　菲酚

（三）酚的命名

酚的命名一般是在芳环的名称后面加上"酚"字，常见的有苯酚和萘酚。当芳环上连有取代基时，以酚作为母体，将取代基的位次、数目和名称写在酚前面。例如：

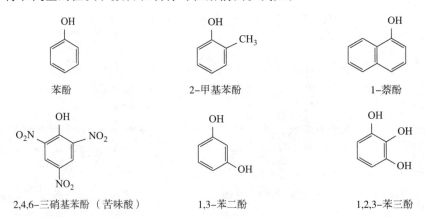

苯酚　　　　　　　　　2-甲基苯酚　　　　　　　　1-萘酚

2,4,6-三硝基苯酚（苦味酸）　　　　1,3-苯二酚　　　　　　　1,2,3-苯三酚

二、酚的物理性质

绝大多数酚是无色结晶性固体，有特殊气味。因酚易在空气中氧化，故一般呈不同程度的黄色或红色。由于酚分子间能形成氢键，因此沸点、熔点比相对分子质量的芳烃要高。酚分子与水分子间也能形成氢键，在水中也有一定的溶解度。一元酚微溶于水，能溶于乙醇、乙醚等有机溶剂。多元酚随羟基数目增多，水溶性相应增大。

三、酚的化学性质

酚分子结构上含有酚羟基和芳环，酚的化学性质应具有羟基和芳环的化学性质。但由于在酚分子中羟基和芳环直接相连，二者相互影响，酚的化学性质相比醇或芳香烃具有一定的特殊性。

（一）酚羟基的反应

1. 弱酸性 苯酚分子中氧原子上的一对未共用电子所在的 p 轨道与芳环的大 π 键轨道重叠，形成 p-π 共轭体系，向苯环产生供电子的共轭效应，使 O—H 键的极性增强，导致 O—H 键上的氢原子容易解离，形成的苯氧负离子，使电荷分散而稳定，因此酚表现出弱酸性。

苯酚具有弱酸性，能与氢氧化钠以及碳酸钠溶液反应生成易溶于水的苯酚钠。

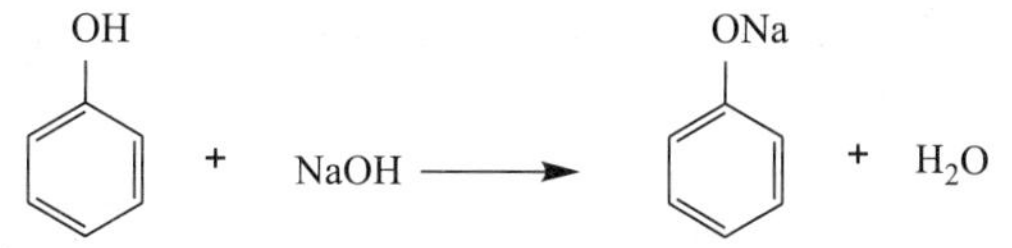

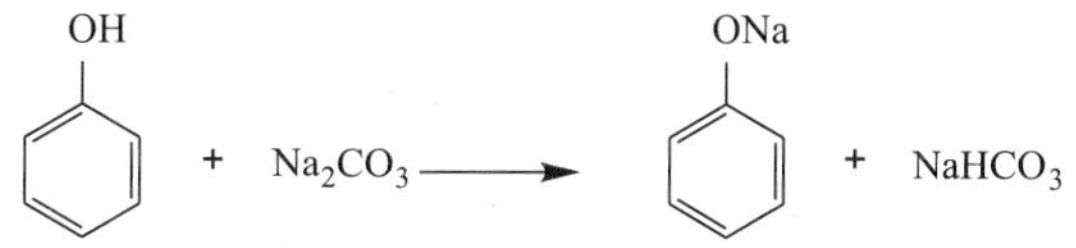

苯酚的酸性比水、醇要强，但比碳酸要弱，往苯酚钠水溶液中通入二氧化碳，微溶于水的苯酚从溶液中游离析出来。苯酚不能与碳酸氢钠反应，故不能溶于碳酸氢钠溶液。利用酚的酸性可分离和提纯酚类化合物。例如：

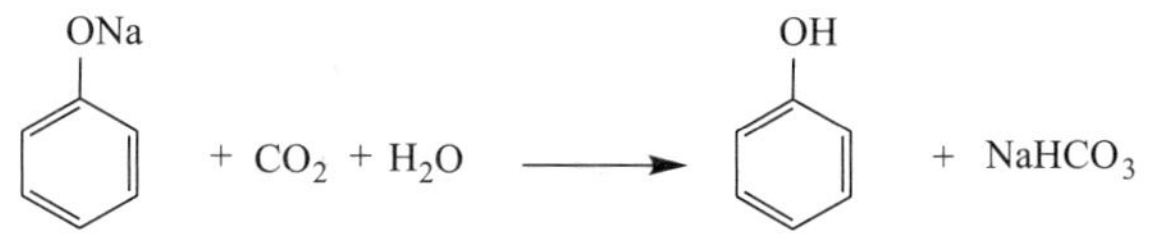

对于取代酚，其酸性与环上取代基的位置和性质有关。一般来说，吸电子基（如硝基）使酸性增加，尤其是在邻、对位，而供电子基（如甲基）使酸性降低。这是因为邻、对位上的吸电子基可使苯氧负离子上的负电荷得到分散，稳定性增加，酸性增强；供电子基使苯氧负离子上的负电荷集中，苯氧负离子的稳定性减弱，酸性降低。

2. 酚酯的生成 苯酚能与酰卤或酸酐反应生成酯。例如：

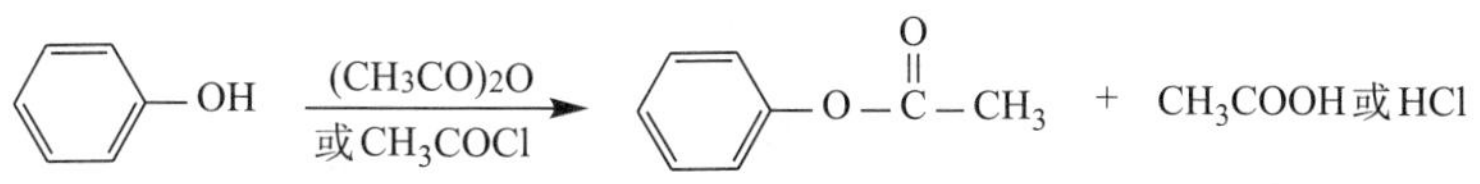

3. 酚醚的生成 在酸性条件下，酚分子间的脱水成醚反应很困难，一般需要的条件较高。而酚在碱性条件下能与卤烃作用成醚。例如：

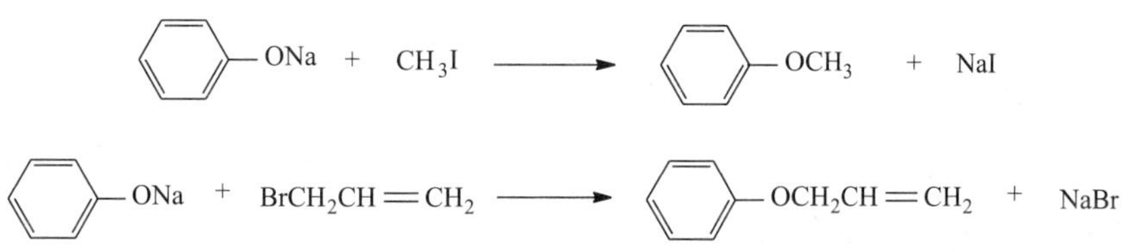

4. 与三氯化铁的反应 多数含有酚羟基的化合物都能与三氯化铁发生显色反应。例如：苯酚、间

苯二酚、1,3,5-苯三酚呈紫色;对苯二酚、邻苯二酚呈绿色;1,2,3-苯三酚呈红色。酚与三氯化铁的显色反应,一般认为是生成了有颜色的配合物。

$$6C_6H_5OH + Fe^{3+} \longrightarrow Fe(C_6H_5O)_6^{3-} + 6H^+$$
有色配合物

其他含有烯醇式($-\overset{|}{C}=\overset{|}{C}-$)结构的化合物都可以与三氯化铁发生同样的显色反应,常利用这一显色反应来鉴别酚和具有烯醇式结构的化合物。

(二) 苯环上的亲电取代反应

酚羟基与苯环形成的 $p-\pi$ 共轭体系,使苯环上尤其是酚羟基的邻、对位上碳原子的电子云密度升高,因此,苯酚的苯环比苯更易发生亲电取代反应。

1. 卤代反应 苯酚与溴水在常温下反应,立即生成2,4,6-三溴苯酚白色沉淀。

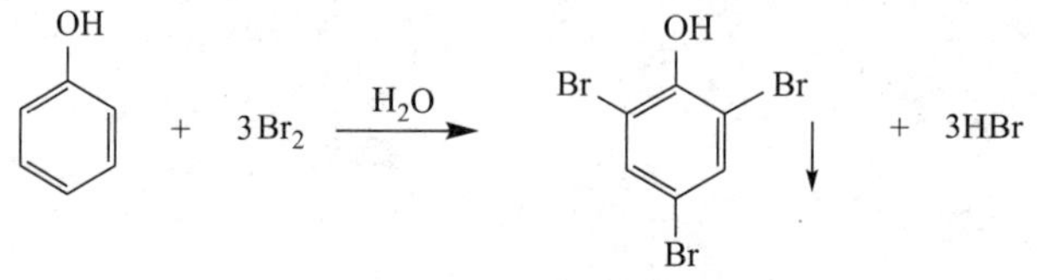

2,4,6-三溴苯酚

这类反应很灵敏,现象明显且定量进行,可用于酚类化合物的定性检验和定量测定。

2. 硝化反应 苯酚与稀硝酸在常温下反应,生成邻硝基苯酚和对硝基苯酚的混合物。

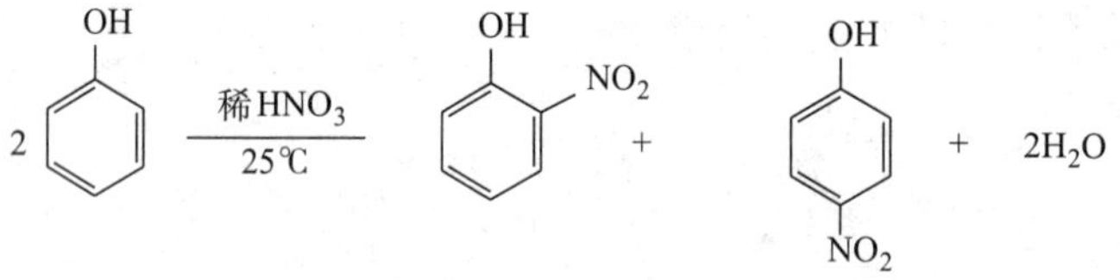

邻硝基苯酚   对硝基苯酚

对硝基苯酚与邻硝基苯酚可用水蒸气蒸馏法分离。对硝基苯酚通过分子间氢键形成缔合体,沸点较高,难挥发,不能随水蒸气蒸出;而邻硝基苯酚通过分子内氢键形成六元环,沸点较低,易挥发,可随水蒸气蒸馏出来。

3. 磺化反应 苯酚与浓硫酸在低温(15~25℃)下很容易进行磺化反应,主要生成邻羟基苯磺酸;在高温(100℃)时,由于邻位空间位阻较大,则主要生成对羟基苯磺酸。

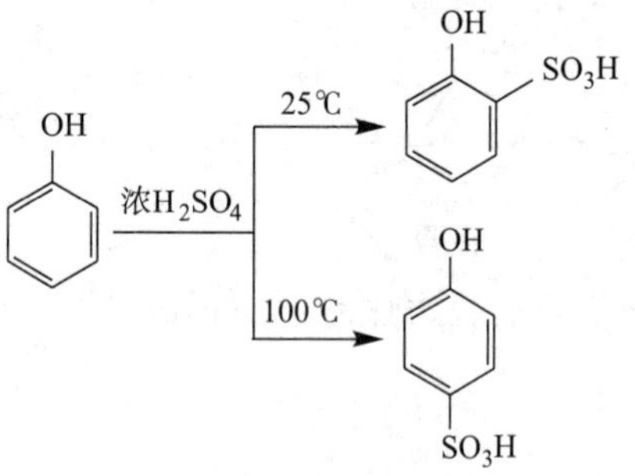

邻羟基苯磺酸

对羟基苯磷酸

(三) 氧化反应

酚类化合物很容易被氧化,不但能与重铬酸钾等强氧化剂发生氧化反应,而且与空气长时间接触,也可以被空气中的氧缓慢氧化为醌类物质而颜色逐渐加深。例如:

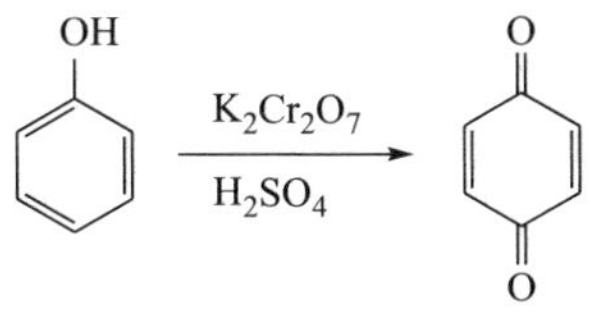

因为酚类化合物容易被氧化，可作为抗氧剂，保护其他物质不被氧化。

四、与医药有关的酚类化合物

1. 苯酚（C_6H_5OH） 俗称石炭酸，主要存在于煤焦油中，为无色针状结晶，熔点40.8℃，沸点181.8℃。微溶于水，68℃以上可以与水混溶。苯酚可溶于乙醇、乙醚等有机溶剂。苯酚遇空气易氧化，宜避光密闭保存。

苯酚能凝固蛋白，有杀菌作用，但对皮肤有腐蚀性。在医药上苯酚用作外用消毒剂和防腐剂，3%～5%的苯酚用于手术器械消毒。苯酚还是重要的化工和制药原料，可用于制造水杨酸、苦味酸和酚醛树脂等。

2. 甲苯酚 存在于煤焦油中，俗称煤酚，是邻、间、对三种同分异构体的混合物。由于三者沸点接近不易分离，常用三者的混合物。间甲苯酚是液体，其余两种为低熔点的固体，难溶于水，易溶于肥皂溶液，煤酚的肥皂溶液称为煤酚皂（商品名来苏尔），过去在外用消毒、器械消毒等方面起了很大的作用，由于毒性大，气味难闻，现在已被84消毒液、氯己定、呋喃西林等代替。

3. 苯二酚 有三种异构体，三者都是无色晶体，溶于水和乙醇。邻苯二酚又叫作儿茶酚，其重要衍生物是肾上腺素，有兴奋心肌、收缩血管和扩张支气管的作用，是较强的心肌兴奋药、升高血压药和平喘药。间苯二酚又名雷琐酚，具有杀灭细菌和真菌的作用，2%～10%的洗剂或软膏剂在医药上用于治疗皮肤病。对苯二酚又名氢醌，是一种强还原剂，很容易被氧化成黄色的对苯醌，可作显影剂使用，药剂中还常作抗氧剂使用。

第三节 醚

PPT

一、醚的定义、分类和命名

（一）醚的定义

分子中含有C—O—C基团的化合物称为醚，C—O—C称为醚键。醚可看作由一个氧原子连接两个烃基所形成的化合物。醚的通式为R—O—R。醚还可看作醇或酚羟基上的氢原子被烃基所取代的化合物。

（二）醚的分类

醚的分类方法主要有以下三种。

1. 根据醚分子中氧原子两边所连烃基是否相同分类 可分为简单醚和混合醚，两个烃基相同为简单醚，两个烃基不同为混合醚。例如：

R—O—R 或 Ar—O—Ar　　　　R—O—R′、R—O—Ar 或 Ar—O—Ar′
　　简单醚　　　　　　　　　　　　　　混合醚

2. 根据醚分子中氧原子两边所连烃基的种类分类 可分为脂肪醚和芳香醚，两个烃基都是脂肪烃基为脂肪醚，其中至少有一个芳香烃基的为芳香醚。例如：

脂肪醚　　　　　　　　芳香醚

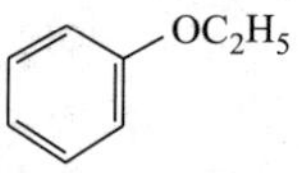

3. 具有环状结构的环醚　例如：

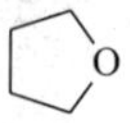

环醚

（三）醚的命名

1. 普通命名法　结构简单的醚采用普通命名法。

简单醚命名时，在"醚"字前面加上烃基的名称，可省略"基"和"二"字。例如：

C₂H₅OC₂H₅　　　　　　CH₂＝CH—O—CH＝CH₂

乙醚　　　　　　　　　乙烯醚

混合醚命名时，在"醚"字前面加上各个烃基的名称。不同烃基按照基团大小顺序排列，小基团在前，大基团在后。若醚中含有芳烃基，则要将芳烃基名称放前面。例如：

CH₃OC₂H₅

甲乙醚　　　　　　　　苯甲醚

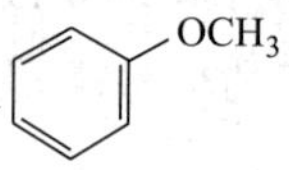

环醚命名时，可称为环氧某烷或氧杂环某烷。例如：

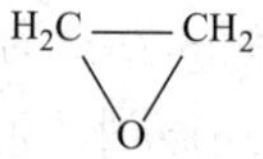

H₂C —— CH₂
　　O

环氧乙烷（氧杂环丙烷）

2. 系统命名法　对于结构复杂的醚采用系统命名法，以相对较小的烷基与氧合称作烷氧基（RO—）作为取代基，相对较大的烃基作为母体。例如：

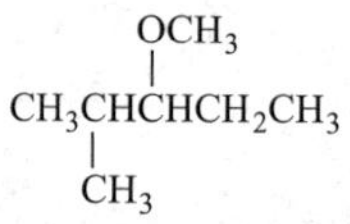

OCH₃
CH₃CHCHCH₂CH₃
　　CH₃

2-甲基-3-甲氧基戊烷

二、醚的物理性质

由于醚分子中的氧原子两边均与碳相连，没有活泼氢原子，不能形成分子间氢键，因此其沸点比分子量相近的醇低得多。例如正丁醇的沸点为117.8℃，乙醚的沸点为34.6℃。

醚可以与水分子形成分子间氢键，故在水中的溶解度与同碳数的醇相近。醚常作有机反应中的溶剂，但低级醚具有高度挥发性，容易着火，例如乙醚，不仅易着火，而且其蒸气与空气可形成爆炸性混合气体，一个电火花即会引起剧烈爆炸。因此，使用乙醚时要特别小心。

三、醚的化学性质 微课

（一）成盐反应

醚分子中氧原子上有一对未共用电子对，能接受质子，可与浓盐酸、浓硫酸以配位键结合生成𨦡盐。例如：

$$R - \overset{..}{\underset{..}{O}} - R' \ + \ HCl \ \longrightarrow \ [\ R - \overset{\overset{\displaystyle H}{|}}{\underset{..}{O}} - R'\ ]^{+} Cl^{-}$$

由于氧原子的电负性大，结合质子能力较弱，形成的配位键不稳定，所以锌盐在低温和浓酸中稳定，加水稀释则会游离出原来的醚。利用醚形成锌盐后溶于浓酸这一特性，可以分离醚与烷烃或卤代烃的混合物，也可用于鉴别醚。

（二）醚键的断裂

高温下氢碘酸能使醚键断裂，生成卤代烃和醇（或酚），若氢卤酸过量则生成的醇进一步转变成卤代烃。例如：

$$CH_3CH_2OCH_2CH_3 \ + \ HI \ \xrightarrow{\triangle} \ CH_3CH_2I \ + \ CH_3CH_2OH$$

$$\underset{\xrightarrow{HI}\ \ CH_3CH_2I}{\big\downarrow}$$

脂肪混合醚与氢卤酸共热时，一般是较小的烃基生成卤代烃，较大的脂肪烃基生成醇。例如：

$$CH_3CH_2 - O - CH_3 \ + \ HI \ \longrightarrow \ CH_3I \ + \ CH_3CH_2OH$$

芳基烷基醚断裂时，芳基生成酚，烷基生成卤代烃。例如：

（三）过氧化物的生成

醚与空气长期接触，逐渐生成过氧化物。

$$CH_3CH_2 - O - CH_2CH_3 \ \xrightarrow{O_2} \ CH_3CH_2 - O - \underset{\underset{\displaystyle O - O - H}{|}}{C}HCH_3$$

过氧化反应发生在 α-碳氢键上，过氧化物沸点比醚高，不稳定，受热发生爆炸。醚类化合物应保存在密闭的棕色瓶中，并加入一些抗氧化剂。对久置的醚在使用前可用淀粉-碘化钾试纸或 $FeSO_4$、$KCNS$ 混合液检查醚中是否含有过氧化物杂质。若存在过氧化物，可加入适量还原剂（如 $FeSO_4$ 或 Na_2SO_3 溶液）并振摇除去醚中的过氧化物。

四、与医药有关的醚类化合物

1. 乙醚（$CH_3CH_2OCH_2CH_3$）　常温为无色液体，有特殊气味，比水轻，沸点 34.6℃，易挥发，易燃易爆，使用乙醚要注意远离火源。乙醚微溶于水，能溶解多种有机物，本身性质稳定，为常用的有机溶剂之一。乙醚的沸点低，蒸气重于空气，易被人吸入，抑制中枢神经系统。若不慎吸入，会出现兴奋、头疼、嗜睡、呕吐等症状，应迅速脱离现场至空气新鲜处，保持呼吸道通畅，并及时就医。乙醚是最早使用的全身麻醉剂，由于吸入人体后易造成上述症状，现在已被新型麻醉剂所代替。

2. 环氧乙烷（）　是结构最简单、性质最特殊的环醚。是无色有毒的气体，沸点 13.5℃，能溶于水、乙醇和乙醚中。

环氧乙烷与一般的醚不同，由于其分子为三元环，张力较大，很不稳定，因此环氧乙烷有较高的活泼性。当遇到含活性氢的亲核试剂进攻时，环中的 C—O 键易断裂发生开环加成反应。

另外，环氧乙烷还能与格氏试剂发生反应，水解得到增加了 2 个碳原子的伯醇。这是有机合成中增长碳链的重要方法之一，环氧乙烷在药物合成上主要用作羟乙基化试剂，可通过它合成多种制药和化工的原料。

环氧乙烷也可与菌体蛋白质分子中的氨基、羟基、硫基等活性氢部位结合，从而使细菌失去活性死亡。所以环氧乙烷是常用的杀虫剂和气体灭菌剂。

👁 看一看

硫 醚

醚分子中的氧原子被硫原子代替的化合物，称为硫醚，结构通式为（Ar）R-S-R′（Ar′），官能团为硫醚键—S—。

硫醚的命名方法与醚相似，只是在"醚"字前面加一个"硫"字。例如：

$$H_3C-S-CH_3 \qquad H_3C-S-\overset{\displaystyle CH-CH_3}{\underset{\displaystyle |}{}}$$
$$\qquad\qquad\qquad\qquad\qquad\qquad CH_3$$

甲硫醚　　　　　　甲异丙硫醚

低级硫醚为无色液体，有臭味，不溶于水，但溶于醇或醚。

硫醚与醚相似，化学性质不活泼，在强烈的条件下（如高温下，用发烟硝酸或高锰酸钾）氧化生成砜。

$$R-S-R \xrightarrow{[O]} R-\overset{\displaystyle O}{\underset{\displaystyle O}{\overset{\|}{\underset{\|}{S}}}}-R$$

在工业上应用较广的良好的极性溶剂二甲亚砜 $CH_3—SO—CH_3$（俗称 DMSO），是无色液体，沸点 189℃。

目标检测

答案解析

一、单项选择题

1. 醇和酚结构的共同特点是都含有（　　）

    A. 羰基   B. 羟基   C. 烃基   D. 羧基

2. 下列醇中属于仲醇的是（　　）

    A. 正丙醇   B. 异丙醇

    C. 2-甲基-1-丙醇   D. 2-甲基-2-丙醇

3. 卢卡斯试剂的成分是（　　）

    A. 硫酸铜溶液   B. 无水氯化锌与浓盐酸

    C. 硝酸银氨溶液   D. 新制氢氧化铜

4. 下列化合物进行消除反应时必须遵循扎依采夫规则的是（　　）

    A. $CH_3CH_2CHOHCH_3$ B. $CH_3CHOHCH_3$

    C. CH_3CH_2OH D. $CH_3CH_2CH_2OH$

5. 误饮工业酒精会严重危及人的健康甚至生命，原因是其中含有（　　）

    A. 甲醇   B. 乙醇   C. 乙醚   D. 乙醛

6. 下列物质经氧化后生成酮类的是（　　）

    A. CH_3CH_2OH B. $CH_3CH_2CH_2OH$ C. $CH_3-CH_2-\overset{\displaystyle CH_3}{\overset{\displaystyle |}{CH}}-OH$ D. $CH_3\overset{\displaystyle }{\underset{\displaystyle CH_3}{\underset{\displaystyle |}{CH}}}CH_2OH$

7. 下列试剂中，可用于检验醚中过氧化物的是（　　）

    A. 碘液　　　　　　B. 淀粉碘化钾试液　　C. 冷浓硫酸　　　　　D. 淀粉试纸

8. 下列各组物质中，互为同分异构体的是（　　）

    A. 甲醚和甲醇　　　B. 乙醚和乙醇　　　　C. 甲醚和乙醇　　　　D. 丙酮和丙醚

9. 实验室常用来分离邻硝基苯酚和对硝基苯酚的方法是（　　）

    A. 过滤　　　　　　B. 结晶　　　　　　　C. 水蒸气蒸馏　　　　D. 都可以

10. 苯酚遇到（　　）时显示紫色

    A. 氢氧化铜　　　　B. 三氯化铁　　　　　C. 卢卡斯试剂　　　　D. 硫酸铜

二、命名或写出结构简式

1. $(CH_3)_3CCH_2OH$

2. $CH_3CH=CHC(CH_3)_2CH_2OH$

3. 苄醇

4. 1,2-环己二醇

5.
OH
    CH$_3$

6. $CH_3CH_2OCH(CH_3)_2$

7. 2-硝基苯酚

8. 烯丙基苯基醚

三、完成下列反应式

1.
CH$_3$
CH$_3$CHCHCH$_3$ + HCl $\xrightarrow{ZnCl_2}$
   OH

2.
CH$_2$CHCH$_3$ $\xrightarrow{K_2Cr_2O_7/H_2SO_4}$
     OH

3.
OH

    + Br$_2$ $\xrightarrow{H_2O}$

 CH$_3$

4. CH_3O-⟨　⟩$-CH_3$ $\xrightarrow{HI}$

四、用化学方法鉴别下列各组化合物

1. 1,2-丙二醇和1,3-丙二醇

2. 正丁醇、仲丁醇和叔丁醇

五、推断结构

某化合物 A（$C_4H_{10}O$），能与金属钠反应放出氢气，与浓硫酸共热生成烯烃 B（C_4H_8），B 与 HBr 反应生成 C（C_4H_9Br），C 与氢氧化钾醇溶液反应得烯烃 D（C_4H_8），D 与 B 是同分异构体，D 用高锰酸钾酸性溶液氧化只得一种产物。试推断 A、B、C、D 的结构式。

（刘俊宁　王　静）

书网融合……

重点回顾

微课

习题

第八章　醛、酮、醌

<table>
<tr><td rowspan="1" style="writing-mode: vertical-rl;">学习目标</td><td>

知识目标：

1. 掌握　醛、酮、醌的定义、分类、命名及主要化学性质。

2. 熟悉　醛、酮、醌的物理性质。

3. 了解　与医药相关的醛、酮、醌。

技能目标：

能识别醛、酮、醌的官能团；能对醛和酮进行分类；能熟练地对醛、酮、醌进行命名，并写出重要的醛、酮、醌的结构式；能写出醛、酮、醌典型反应的反应式；会用化学方法鉴别醛、酮、醌。

素质目标：

体会醛、酮、醌在生产、生活以及医药上的重要作用；增强环保意识、安全意识和健康意识。
</td></tr>
</table>

📖 **导学情景**

情景描述：南京市栗先生，入住装修完的新房 3 个月后，感觉身体不适，经医院诊断为"再生障碍性贫血"。经南京市环境检测中心检测，新房甲醛超标 12.6 倍，挥发性有机物超标 3.3 倍。

情景分析：栗先生家的新房甲醛超标是由于房屋装修所使用的材料如胶水、腻子、油漆等甲醛含量超标所导致的，而甲醛可以引起造血系统疾病，轻则贫血、抵抗力下降，重则可造成白血病。

讨论：甲醛属于什么结构的化合物？具有什么理化性质？

学前导语：甲醛是一种最简单的醛类化合物，对人体健康有负面影响，但又是重要的化工和制药原料。醛类、酮类、醌类化合物都属于羰基化合物，是重要的医药和工业原料，有些在临床医药中具有很重要的用途，有些是人体新陈代谢的中间产物。本章将介绍醛、酮、醌的结构、理化性质及其在医药领域中的广泛应用。

羰基是指碳原子和氧原子以双键相连的基团（$-\overset{\text{O}}{\underset{\|}{\text{C}}}-$）。醛、酮、醌都是含有羰基的化合物，故统称为羰基化合物。它们在性质上有很多相似之处。

第一节　醛和酮

PPT

一、醛和酮的定义、分类和命名 🄴 微课

（一）醛和酮的定义

羰基与一个烃基和一个氢原子相连的化合物叫作醛（甲醛中羰基与两个氢原子相连），其中，$-\overset{\text{O}}{\underset{\|}{\text{C}}}-\text{H}$（可简写作—CHO）是醛的官能团，称作醛基；羰基与两个烃基相连的化合物叫作酮，其中，

羰基（可简写为—CO—）是酮的官能团，也称为酮基。醛、酮的结构通式如下：

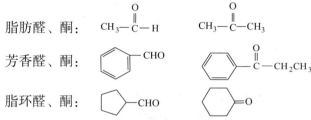

（二）醛和酮的分类

1. 根据烃基的不同分类 分为脂肪醛、酮，芳香醛、酮和脂环醛、酮。

脂肪醛、酮：CH₃—C(=O)—H   CH₃—C(=O)—CH₃

芳香醛、酮：[苯环]—CHO   [苯环]—C(=O)—CH₂CH₃

脂环醛、酮：[环戊烷]—CHO   [环己酮]=O

根据烃基中是否含有不饱和键，脂肪醛、酮可分为饱和醛、酮与不饱和醛、酮。

饱和醛、酮：CH₃CH₂CH₂CHO   CH₃—C(=O)—CH₃

不饱和醛、酮：CH₃CH=CHCHO   CH₃—C(=O)—CH=CH₂

2. 根据分子中所含羰基的数目分类 分为一元醛、酮，二元醛、酮与多元醛、酮。

一元醛、酮：CH₃—C(=O)—H   CH₃—C(=O)—CH₃

二元醛、酮：H—C(=O)—CH₂—C(=O)—H   CH₃—C(=O)—CH₂—C(=O)—CH₃

（三）醛和酮的命名

1. 普通命名法 结构简单的脂肪醛按分子中碳原子个数命名为"某醛"。例如：

CH₃CHO   CH₃CH₂CH₂CHO   CH₃CHCH₂CHO（有CH₃支链）   CH₃—(CH₂)₁₀—CHO

乙醛　　　　正丁醛　　　　异戊醛　　　　　正十二醛（月桂醛）

结构简单的酮按羰基所连接的两个烃基的名称命名，简单烃基在前，复杂烃基在后。例如：

CH₃—C(=O)—CH₃   CH₃—C(=O)—CH₂CH₃

二甲酮　　　　　甲乙酮

2. 系统命名法 结构复杂的醛、酮常采用系统命名法。

（1）饱和脂肪醛、酮的命名 选择含有羰基的最长碳链为主链，根据主链上碳原子的数目称为"某醛"或"某酮"。给主链碳原子进行编号，醛类从醛基碳开始编号，因醛基处在链端，编号总是为1，所以不用标明醛基的位次；酮则从靠近羰基的一端开始编号，并标明羰基的位次。主链中碳原子的编号也可以用希腊字母表示，与羰基碳直接相连的碳原子用 α 表示，其他碳原子依次用 β、γ 等表示。若主链上有取代基，将取代基的位次及名称写在"某醛"或"某酮"的前面。例如：

CH₃CH₂CH₂CCH₃（C=O）   CH₃CHCH₂CHO（有CH₃支链）   CH₃CCH₂CHCHCH₃（O、CH₃支链）

2-戊酮　　　　　3-甲基丁醛　　　　　　4-甲基-2-己酮
　　　　　　　　（β-甲基丁醛）

（2）芳香醛、酮的命名　以脂肪醛、酮为母体，把芳香烃基作为取代基来命名。例如：

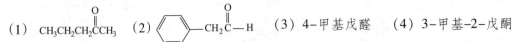

苯甲醛　　　　　　　　　苯乙酮　　　　　　　　　3-苯基丁醛

（3）不饱和醛、酮的命名　选择含有羰基和不饱和键在内的最长碳链作为主链，从靠近羰基的一端开始编号，在名称中标出不饱和键和酮基的位次。

CH₃CH═CHCHO

2-丁烯醛

5-甲基-3-己烯-2-酮

（4）脂环醛、酮的命名　脂环醛的命名与脂肪醛的命名相似，以脂肪醛为母体，把脂环烃基作为取代基来命名；脂环酮的命名与脂肪酮的命名相似，称为"环某酮"，编号总是从羰基开始，使羰基编号最小，然后再考虑使不饱和键和取代基的位次尽量小。例如：

环戊基甲醛　　　　　　2-甲基环己酮　　　　　　1,4-环己二酮

✎ **练一练8-1**

命名或写出下列化合物的结构简式。

答案解析

（1）CH₃CH₂CH₂CCH₃　（2）─CH₂C─H　（3）4-甲基戊醛　（4）3-甲基-2-戊酮

二、醛和酮的物理性质

常温下，除甲醛是气体外，含 12 个碳原子以下的脂肪醛、酮是液体，高级的脂肪醛、酮和芳香酮多为固体。醛、酮分子一般具有较大的极性，因此沸点比分子量相近的烃和醚要高，但比相应的醇要低。醛、酮羰基上的氧可以与水分子中的氢形成氢键，低级的醛、酮（含 4 个碳原子以下的醛、酮）易溶于水，但随着分子中碳原子数目的增加，水中溶解度迅速减小。醛、酮易溶于苯、醚、四氯化碳等有机溶剂。

三、醛和酮的化学性质

醛和酮的特征官能团羰基中的碳原子及氧原子均为 sp^2 杂化，碳氧双键上的电子云偏向氧原子，使羰基碳原子的电子云密度显著降低，容易受亲核试剂进攻而发生亲核加成反应；受羰基吸电子诱导效应的作用，羰基化合物的 α-H 有一定的活性，能发生一系列反应。由于醛羰基的极性比酮羰基的极性大，空间阻碍也较小，因而在相同条件下，醛比酮活泼，有些反应醛可以发生，而酮则不能。其反应主要发生在下列部位。

①羰基的加成反应 还原反应

$$R\text{─}\overset{\displaystyle H}{\underset{\displaystyle H}{C}}\text{─}\overset{\displaystyle O}{C}\text{─}H(R')$$

③α-H反应　②醛的特性反应

（一）亲核加成反应

不同结构的醛、酮发生亲核加成反应的活性不同，其影响因素主要有电子效应和空间效应，羰基碳原子带正电愈多，空间位阻愈小，反应活性愈强。综合影响的结果，不同醛、酮的活性顺序如下。

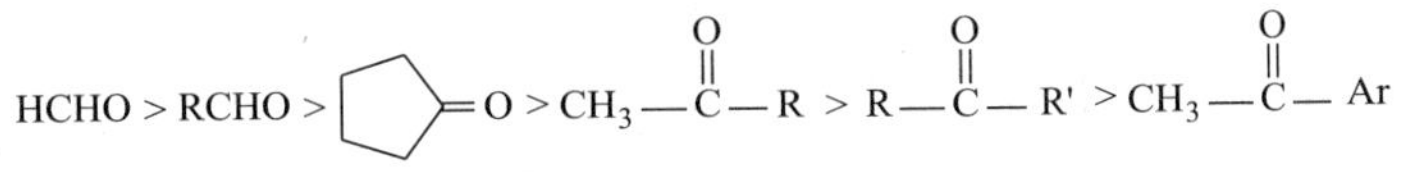

$$HCHO > RCHO > \bigcirc\!\!=\!\!O > CH_3-\overset{O}{\overset{\|}{C}}-R > R-\overset{O}{\overset{\|}{C}}-R' > CH_3-\overset{O}{\overset{\|}{C}}-Ar$$

1. 与氢氰酸的加成 醛、脂肪族甲基酮和含有 8 个碳原子以下的环酮可与氢氰酸发生加成反应，生成 α-羟基腈，又称 α-氰醇。

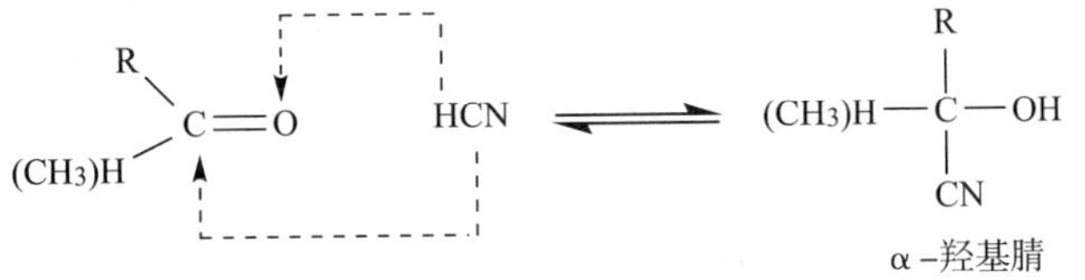

由于氢氰酸极易挥发并有剧毒，因此一般不直接用氢氰酸进行反应。在实验室中，为了操作安全，通常将醛、酮与氰化钾（钠）的水溶液混合，再滴入无机强酸以生成氢氰酸，操作要求在通风橱中进行。

α-羟基腈是很有用的中间体，可进一步水解成 α-羟基酸。由于产物比反应物增加了一个碳原子，所以该反应是有机合成中增长碳链的方法之一。

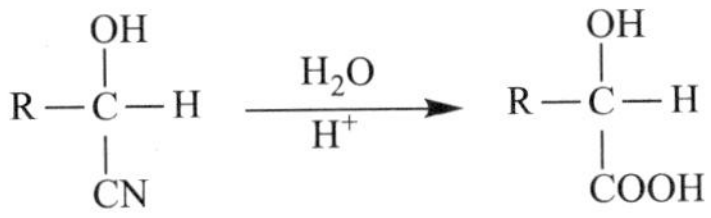

2. 与亚硫酸氢钠的加成 醛、脂肪族甲基酮和含有 8 个碳以下的环酮都能与过量的饱和亚硫酸氢钠溶液发生加成反应，生成 α-羟基磺酸钠。

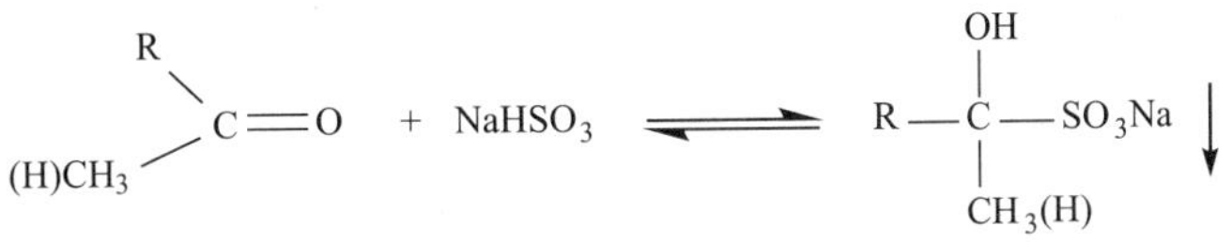

上述反应可逆。α-羟基磺酸钠是不溶于饱和亚硫酸氢钠溶液的冰状晶体，与酸或碱共热，又可得原来的醛或酮。故此反应可用以鉴别、分离、提纯醛或酮。

3. 与氨的衍生物的加成 氨的衍生物是指氨分子中的氢原子被其他基团取代后的产物（如羟胺、肼、苯肼、2,4-二硝基苯肼等），一般用 H_2N-G 表示。醛、酮与氨的衍生物发生缩合反应，得到含有碳氮双键的化合物，其反应通式为：

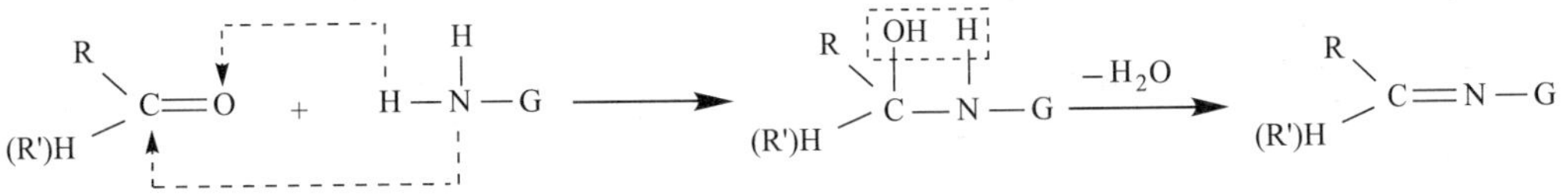

上述反应也可简单表示如下：

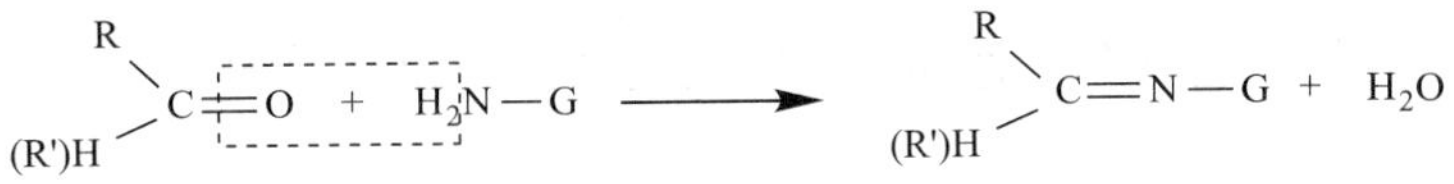

氨的衍生物及其与醛、酮发生缩合反应得到的产物见表 8-1。

表 8-1 氨的衍生物及其与醛、酮反应的产物

氨的衍生物	结构式	产物结构式	产物名称
羟胺	H_2N-OH	$\underset{(R')H}{\overset{R}{>}}C=N-OH$	肟
肼	H_2N-NH_2	$\underset{(R')H}{\overset{R}{>}}C=N-NH_2$	腙
苯肼	$H_2N-NH-\bigcirc$	$\underset{(R')H}{\overset{R}{>}}C=N-NH-\bigcirc$	苯腙
2,4-二硝基苯肼	$H_2N-NH-\bigcirc(NO_2)(NO_2)$	$\underset{(R')H}{\overset{R}{>}}C=N-NH-\bigcirc(NO_2)(NO_2)$	2,4-二硝基苯腙

上述反应的产物多数是固体，且具有固定的晶形和熔点，故测定其熔点就可以推知相应醛或酮的结构，特别是 2,4-二硝基苯肼几乎能与所有的醛、酮迅速反应，产生黄色沉淀，故常用于醛、酮的鉴别。

在药物分析中，常用氨的衍生物鉴定具有羰基结构的药物，所以把氨的衍生物称为羰基试剂。

4. 与醇的加成 醛与醇在干燥氯化氢的催化下，发生加成反应，生成半缩醛。半缩醛和另一分子醇进一步缩合，生成缩醛。缩醛在碱溶液中稳定，在酸的水溶液中易分解恢复成原来的醛（酮）。

由于羰基比较活泼，而缩醛（酮）比较稳定，故在有机合成中，常用此法保护羰基。

$$R-\overset{\overset{O}{\|}}{C}-H \xrightleftharpoons{R'OH,\ 干HCl} R-\overset{\overset{OH}{|}}{\underset{\underset{OR'}{|}}{C}}-H$$

半缩醛

$$R-\overset{\overset{OH}{|}}{\underset{\underset{OR'}{|}}{C}}-H \xrightarrow{\overset{R'OH}{干HCl}} R-\overset{\overset{OR'}{|}}{\underset{\underset{OR'}{|}}{C}}-H \ +\ H_2O$$

缩醛

5. 与格氏试剂的加成 格氏试剂 RMgX 等有机金属化合物中的碳-金属键是强极性键，碳带部分负电荷，金属带部分正电荷。因此与镁直接相连的碳原子具有很强的亲核性，极易与羰基化合物发生亲核加成，所得的加成产物经水解生成醇。有机合成中常用于制备结构复杂的醇。

$$\underset{}{>}C=O \ +\ R-MgX \longrightarrow \overset{OMgX}{\underset{R}{>}}C \xrightarrow{H_3O^+} \overset{OH}{\underset{R}{>}}C \ +\ Mg\overset{OH}{\underset{X}{<}}$$

甲醛与格氏试剂的反应产物，水解后得到比格氏试剂多一个碳原子的伯醇；其他醛与格氏试剂的反应产物，水解后得到仲醇；酮与格氏试剂的反应产物，水解后得到叔醇。

（二）α-氢的反应

醛、酮分子中与羰基直接相连的碳原子称为 α-碳原子，与 α-碳原子相连的氢原子称为 α-氢原子。由于羰基的影响，使 α-碳原子上 C—H 键的极性增强，α-H 变得活泼，具有酸性，所以有 α-H 的醛、酮可发生如下反应。

1. 卤代反应 在酸或碱催化下，醛、酮分子中的 α-H 可被卤素取代，生成 α-卤代醛、酮，卤代反应可停留在一卤代物、二卤代物或三卤代物阶段，利用这个反应可以制备各种卤代醛、酮。例如：

$$CH_3—\overset{\overset{O}{\|}}{C}—CH_3 + Br_2 \xrightarrow{CH_3COOH} CH_3—\overset{\overset{O}{\|}}{C}—CH_2Br + HBr$$

α-C 上含 3 个活泼氢的醛或酮（如乙醛或甲基酮等）与卤素的氢氧化钠溶液（常用次卤酸钠的碱溶液）作用，首先生成 α-三卤代物，然后在碱性溶液中分解成三卤甲烷（卤仿）和羧酸盐，所以该反应又称为卤仿反应。例如：

$$CH_3—\overset{\overset{O}{\|}}{C}—R(H) + X_2 + NaOH \longrightarrow CHX_3\downarrow + (H)R—\overset{\overset{O}{\|}}{C}—ONa + NaX + H_2O$$

如果反应中使用的是碘的碱溶液，则生成碘仿，此反应称为碘仿反应。碘仿为淡黄色晶体，难溶于水，并具有特殊的气味，可用碘仿反应来鉴别乙醛及甲基酮。

$$CH_3—\overset{\overset{O}{\|}}{C}—H(R) + I_2 + NaOH \longrightarrow CHI_3\downarrow + (R)H—\overset{\overset{O}{\|}}{C}—ONa + NaI + H_2O$$

因为次卤酸盐是一种氧化剂，可以使具有 $\left(\begin{array}{c}CH_3—CH—\\ |\\ OH\end{array}\right)$ 结构的醇被氧化成乙醛或甲基酮，故也可发生卤仿反应。所以碘仿反应也可鉴别乙醇、异丙醇等。

$$CH_3—CH_2—OH \xrightarrow{NaIO} CH_3—CHO \xrightarrow{NaIO} HCOONa + CHI_3\downarrow$$

$$R—\overset{\overset{OH}{|}}{CH}—CH_3 \xrightarrow{NaIO} R—\overset{\overset{O}{\|}}{C}—CH_3 \xrightarrow{NaIO} RCOONa + CHI_3\downarrow$$

？想一想

碘仿反应可用于鉴别哪些有机化合物？

答案解析

2. 羟醛缩合反应 具有 α-H 的醛在稀碱的作用下，能和另一分子醛相互作用，生成 β-羟基醛，这类反应称为羟醛缩合反应，又称为醇醛缩合反应。羟醛缩合是有机合成中增长碳链的一种重要方法。

$$CH_3—\overset{\overset{H}{|}}{C}=O \quad + \quad H—\overset{\alpha}{CH_2}CHO \xrightarrow{OH^-} \overset{\beta}{CH_3}CHCH_2CHO$$
$$\underset{OH}{|}$$
$$\beta\text{-羟基丁醛}$$

β-羟基醛受热很容易发生分子内脱水反应，生成 α，β-不饱和醛。

$$CH_3CH—CHCHO \xrightarrow{\triangle} CH_3CH=CHCHO + H_2O$$
$$\overset{|}{\underset{OH\ H}{}}$$

（三）还原反应

醛、酮一般都易发生还原反应，在不同还原剂作用下既可以被还原成醇，也可以被还原成烃。

1. 催化氢化 醛或酮经催化氢化可分别被还原为伯醇或仲醇。

$$R-CHO + H_2 \xrightarrow[\text{或Pt}]{Ni} R-CH_2OH$$

$$\begin{matrix} R \\ \diagdown \\ (R')H \end{matrix} C=O + H_2 \xrightarrow[\text{或Pt}]{Ni} \begin{matrix} R \\ \diagup \\ (R')H \end{matrix} CHOH$$

2. 金属氢化物还原 $NaBH_4$（硼氢化钠）、$LiAlH_4$（氢化铝锂）等还原剂具有较高的选择性，能选择性还原羰基，但不能还原碳碳双键或碳碳叁键。

$$CH_2=CHCH_2CHO \xrightarrow[\text{或}NaBH_4]{LiAlH_4} CH_2=CHCH_2CH_2OH$$

练一练8-2

用化学方法鉴别 2-戊酮和 3-戊酮。

答案解析

（四）氧化反应

醛的羰基碳原子上连有氢原子，很容易被氧化，不仅能被强氧化剂高锰酸钾等氧化，即使弱氧化剂托伦试剂、斐林剂也可以使它氧化。醛氧化时生成同碳原子数的羧酸，酮则不易被氧化。

1. 银镜反应 托伦（Tollens）试剂是由硝酸银碱溶液与氨水制得的银氨配合物的无色溶液。托伦试剂与醛共热，醛被氧化成羧酸，而托伦试剂中的银离子被还原成金属银析出。由于析出的银附着在容器壁上形成银镜，因此该反应叫作银镜反应。酮则不易被氧化。利用托伦试剂可区分醛与酮。

$$(Ar)RCHO + 2[Ag(NH_3)_2]^+ + 2OH^- \xrightarrow{\triangle} (Ar)RCOONH_4 + 2Ag\downarrow + H_2O + 3NH_3$$

2. 斐林反应 斐林（Fehling）试剂包括 A、B 两种溶液，A 是硫酸铜溶液，B 是酒石钾钠和氢氧化钠溶液的混合液。使用时，将两者等体积混合，摇匀后即得氢氢化铜与酒石酸钾钠形成的深蓝色可溶性配合物，即斐林试剂。

斐林试剂能氧化脂肪醛，但不能氧化芳香醛，故可用来区分脂肪醛和芳香醛。斐林试剂与脂肪醛共热时，醛被氧化成羧酸，而二价铜离子则被还原为砖红色的氧化亚铜沉淀。甲醛由于还原能力强，可将二价铜离子还原为单质铜，附着于器壁，形成光亮的铜镜。

$$RCHO + 2Cu^{2+}(\text{配离子}) + 5OH^- \xrightarrow{\triangle} RCOO^- + Cu_2O\downarrow + 3H_2O$$

$$HCHO + 2Cu^{2+}(\text{配离子}) + 6OH^- \xrightarrow{\triangle} CO_3^{2-} + 2Cu\downarrow + 4H_2O$$

（五）与希夫试剂反应

希夫试剂又称品红亚硫酸试剂，将二氧化硫通入品红试剂中，至溶液的红色褪去，得到的无色溶液即希夫（Schiff）试剂。醛与希夫试剂作用显紫红色，而酮则不反应，这一显色反应非常灵敏，因此常用于鉴别醛类化合物。使用这种方法时，溶液中不能存在碱性物质和氧化剂，也不能加热，否则会消耗亚硫酸，使溶液变回品红的红色，出现假阳性反应。

甲醛与希夫试剂作用生成的紫红色物质，遇浓硫酸紫红色不消失，而其他醛生成的紫红色物质遇浓硫酸后褪色，因此可用此方法区分甲醛和其他的醛。

四、与医药有关的醛和酮类化合物

1. 甲醛（HCHO） 俗称蚁醛。甲醛在常温下是无色具有强烈刺激性气味的气体，沸点为 –

21℃，易溶于水。

甲醛能使蛋白质凝固，具有杀菌作用。40%甲醛水溶液称为福尔马林，是医药上常用的消毒剂和防腐剂，可用于外科器械、污染物的消毒，也可用于保存生物标本。甲醛与氨作用生成环六亚甲基四胺，商品名为乌洛托品。乌洛托品为白色结晶粉末，易溶于水，在医药上用作利尿剂及尿道消毒剂。

甲醛极易发生聚合反应，如将甲醛的水溶液慢慢蒸发，就可以得到三聚甲醛或多聚甲醛的白色固体。三聚甲醛加强酸或多聚甲醛加热即可解聚为甲醛。甲醛是重要的有机合成原料，可作为合成酚醛树脂、氨基塑料的合成原料。

目前已确定甲醛是室内环境和食品的污染源之一，对人体健康有很大的危害，世界卫生组织认定其为致癌和致畸形物质。

2. 乙醛（CH₃CHO） 是无色、易挥发、具有刺激性气味的液体，沸点为21℃，能溶于水、乙醇和乙醚。乙醛是重要的化工原料，可用于合成乙醇、乙酸等。

在酸催化下，乙醛也容易聚合生成三聚乙醛。三聚乙醛在医药上称作副醛，具有催眠作用，是较为安全的催眠药。

乙醛分子中的三个 α-H 原子被氯原子取代生成三氯乙醛，三氯乙醛是乙醛的一个重要衍生物，易与水结合生成水合三氯乙醛，简称水合氯醛。水合氯醛为无色晶体，有刺激性气味，味略苦，易溶于水、乙醚和乙醇。10%的水合氯醛溶液在临床上用于治疗失眠、烦躁不安、惊厥等，是比较安全的催眠药和镇静药，但对胃有一定的刺激性。

3. 苯甲醛（C₆H₅CHO） 是最简单的芳香醛，无色液体，沸点为179℃，微溶于水，易溶于乙醇和乙醚中。具有苦杏仁味，俗称苦杏仁油。存在于水果核仁中，苦杏仁中含量较高。

苯甲醛易被氧化，在空气中久置会被氧化成苯甲酸白色晶体。因此在保存苯甲醛时常加入对苯二酚作为抗氧剂。苯甲醛是重要的有机合成化工原料，用来制造药物、染料和香料等。

4. 丙酮（CH₃COCH₃） 是最简单的酮，为无色易挥发、易燃的液体，具有特殊气味。沸点为56.5℃，能与水、乙醚等混溶，并能溶解多种有机物，是一种良好的有机溶剂。糖尿病患者由于代谢紊乱，体内常有过量丙酮产生，丙酮会从尿中排出或随呼吸呼出。

练一练8-3

用化学方法鉴别乙醛和苯甲醛。

答案解析

看一看

甲醛的危害及清除方法

甲醛超标会对人的呼吸系统和神经系统造成一定的损害，出现呼吸不适、胸闷、恶心呕吐等症状；长期过量吸入甲醛可引起白血病；孕妇长期吸入可能导致胎儿畸形。

如何科学有效地清除甲醛呢？可采用以下方法：①通风置换法，主要包括自然通风、风扇吹风、空气净化器等；②活性炭吸附法，活性炭会有很多气孔，能够很好地吸附甲醛；③椰维炭吸附法，椰维炭是活性炭的升级版，其吸附能力比传统碳质材料更强，是一种高效吸附剂；④纳净石吸附法，纳净石中 CLO 净化因子对甲醛具有很强的分解净化作用，可将甲醛、苯系物等分解成水和二氧化碳，并且不会造成二次污染，除甲醛速度是活性炭的10倍；⑤叶光元光触媒分解法，此法可利用光触媒将甲醛分解，叶光元储存的能量可以在无光照条件下提供给光触媒，解决了传统光触媒必须有光才能反应的限制。甲醛固然可怕，但只要我们增强健康防范意识，选对科学的去除方法，除醛就能达到事半功倍的效果。

PPT

第二节　醌

一、醌的定义和命名

（一）醌的定义

醌是一类特殊的环酮，醌分子中存在环己二烯二酮的基本结构。醌型结构有对位和邻位两种。

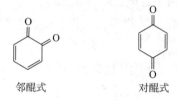

邻醌式　　　　　　对醌式

（二）醌的命名

醌的命名是把醌作为芳烃的衍生物来命名。由苯衍生得到的醌称为苯醌，由萘得到的醌称为萘醌等。两个羰基的位置可用阿拉伯数字标明，或用邻、对、远，或 α、β 等标明，写在醌名字前。母体上如有取代基，可将取代基的位置、数目、名称写在前面。例如：

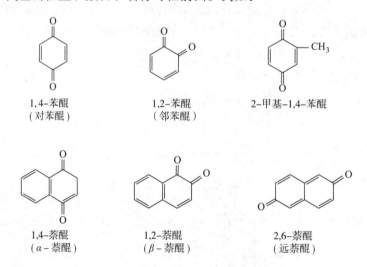

1,4-苯醌　　　　　　1,2-苯醌　　　　　　2-甲基-1,4-苯醌
（对苯醌）　　　　　（邻苯醌）

1,4-萘醌　　　　　　1,2-萘醌　　　　　　2,6-萘醌
（ α – 萘醌）　　　　（ β – 萘醌）　　　　（远萘醌）

二、醌的性质

（一）物理性质

具有醌型构造的化合物通常具有颜色。对位的醌多呈黄色，邻位的醌多呈现红色或橙色，所以它是许多染料和指示剂的母体。对位醌具有刺激性气味，可随水蒸气汽化，邻位醌没有气味，不随水蒸气汽化。

（二）化学性质

从醌的构造来看，其分子中既有羰基，又有碳碳双键和共轭双键，因此可以发生羰基加成、碳碳双键加成以及共轭双键的1,4-或1,6-加成反应。

1. 羰基的加成反应　苯醌可与氨的衍生物发生加成反应。如对苯醌与羟胺反应，先生成对苯醌单肟，再生成对苯醌二肟。例如：

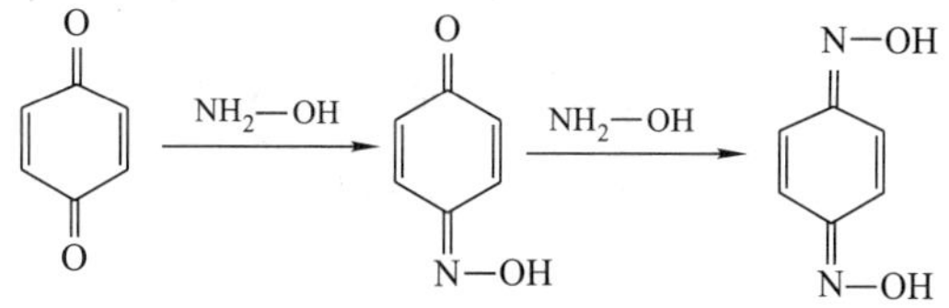

2. 碳碳双键的加成反应　苯醌分子中的碳碳双键可以与一分子或两分子溴加成。例如：

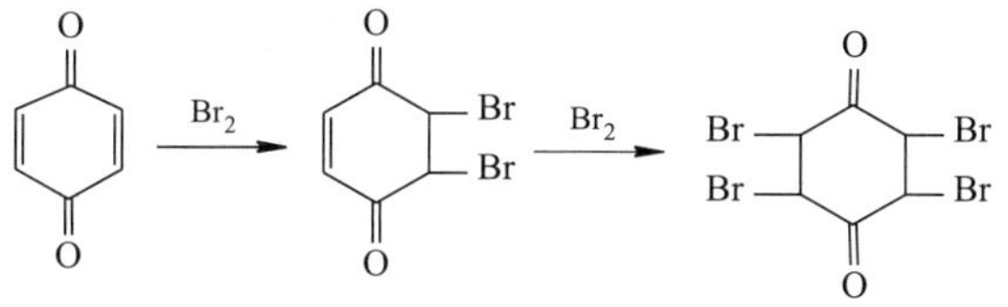

3. 共轭双键的 1,4 和 1,6-加成反应　醌可以与氢卤酸、氢氰酸等发生 1,4-加成反应。例如：

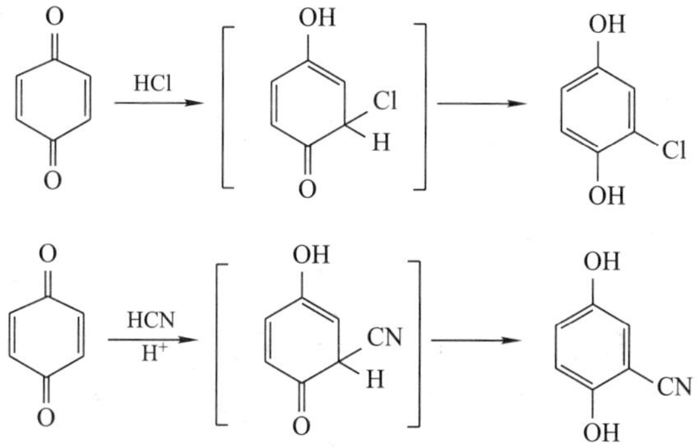

对苯醌在亚硫酸水溶液中很容易被还原为对苯二酚，又称氢醌，此反应即 1,6-加成反应。对苯醌与氢醌可以通过还原与氧化反应相互转变。例如：

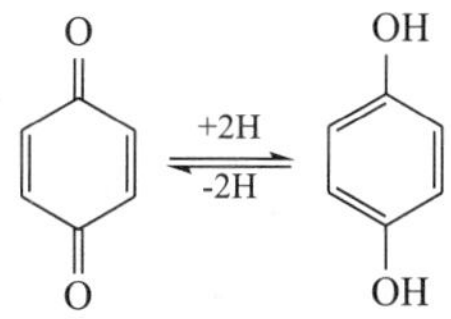

三、与医药有关的醌类化合物

1. 苯醌　有两种异构体，分别是对苯醌和邻苯醌。对苯醌是黄色晶体，熔点为 116℃，能溶于醇和醚。邻苯醌是红色晶体。苯醌类化合物具有一定的生物学活性。

将对苯醌与对苯二酚的乙醇溶液混合，即有深绿色晶体析出，这是由于一分子对苯醌和一分子对苯二酚通过氢键结合成分子化合物，称为醌氢醌。醌氢醌可作为电极测定溶液的氢离子浓度。

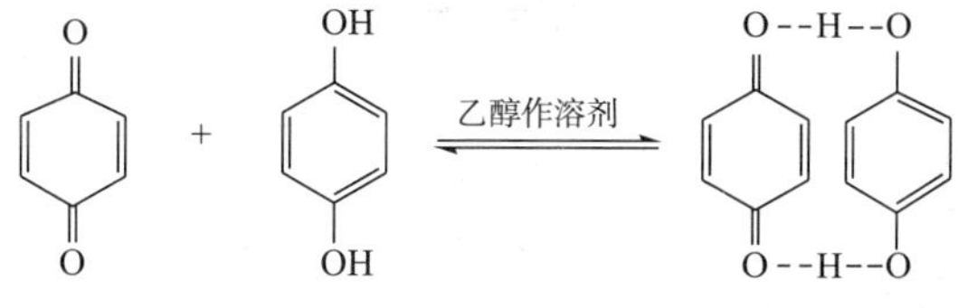

对苯醌　　对苯二酚　　分子化合物

2. 萘醌　理论上萘醌有三种异构体，分别是 α-萘醌、β-萘醌和远萘醌，但目前从自然界得到的均为 α-萘醌类。α-萘醌是黄色晶体，熔点为 125℃，微溶于水，易溶于乙醇和乙醚，有刺激性气味。动植物体内许多化合物都含有 α-萘醌的结构，如维生素 K_1 和维生素 K_2 就是 2-甲基-1,4-萘醌的衍生物，主要作用是促进血液的凝固，所以可用作止血剂。

研究发现，2-甲基-1,4-萘醌具有更强的凝血能力，称为维生素 K_3。它是一种黄色晶体，难溶于水，可溶于植物油或其他有机溶剂。由于维生素 K_3 为脂溶性维生素，因此医药上用的是其可溶于水的亚硫酸氢钠加成物。从中药紫草中分离得到的一系列萘醌类衍生物，具有止血、抗炎、抗菌、抗病毒及抗癌的作用。

2-甲基-1,4-萘醌（维生素K₃） 亚硫酸氢钠甲萘醌

3. 蒽醌 有三种异构体，分别是 1,2-蒽醌、9,10-蒽醌和 1,4-蒽醌，常见的为 9,10-蒽醌及其衍生物。

1,2-蒽醌 9,10-蒽醌 1,4-蒽醌

9,10-蒽醌简称蒽醌，是黄色晶体。蒽醌的衍生物在自然界广泛存在，多数是植物的成分。如最早用作染料的茜素、中药大黄中的有效成分大黄素等，都是蒽醌的多羟基衍生物。

❤ **药爱生命**

药物艾地苯醌是一种醌的衍生物，其商品名为金博瑞，分子式为 $C_{19}H_{30}O_5$，为黄色结晶或结晶性粉末，无臭，极难溶于水，极易溶于三氯甲烷、甲醇或无水乙醇，易溶于醋酸乙酯，难溶于正己烷。是日本武田药品工业株式会社于 1986 年开发上市的一种智能促进药；对线粒体功能有激活作用，对脑功能代谢和脑功能障碍有改善作用，能提高脑内葡萄糖的利用率，促进 ATP 生成；能改善脑内神经递质 5-羟色胺的代谢，具有较强的抗氧化和清除自由基作用。在临床上主要用于治疗与氧化压迫有关的中枢神经系统退化疾病，如帕金森病、阿尔茨海默病、多梗死性痴呆、大脑局部贫血及脑衰等，也用于弗里德赖希共济失调症的治疗。

在了解艾地苯醌的功效后，必须知道该药是处方药，有一定的副作用，因此不能因为自己有脑功能损害方面的疾病就盲目服用药物来进行治疗，必须在医生指导下使用。

目标检测

答案解析

一、单项选择题

1. 可用于表示脂肪酮的通式是（　　）

    A. RCOR′　　　　　　B. RCOOR′　　　　　　C. ROR′　　　　　　D. RCOOH

2. 下列物质中，属于芳香醛的是（　　）

A. CH_3CHO B.   C.   D.

3. 下列试剂能与醛反应显紫红色的是（　　）

     A. Schiff 试剂   B. Fehling 试剂   C. $FeCl_3$ D. $AgNO_3$

4. 能将甲醛、乙醛和苯甲醛区分开的试剂是（　　）

     A. Tollens 试剂   B. Fehling 试剂   C. 羰基试剂   D. Schiff 试剂

5. 醛与 HCN 的反应属于（　　）

     A. 亲电加成反应   B. 亲核加成反应   C. 亲电取代反应   D. 亲核取代反应

6. 在药物分析中，用来鉴别醛和酮的羟胺、苯肼等氨的衍生物被称为（　　）

     A. 卢卡斯试剂   B. 希夫试剂   C. 羰基试剂   D. 托伦试剂

7. 醛与羟胺作用生成（　　）

     A. 肼   B. 腙   C. 苯腙   D. 肟

8. 甲醛与丙基溴化镁作用后，水解得到（　　）

     A. 正丙醇   B. 正丁醇   C. 异丁醇   D. 仲丁醇

9. 在稀酸或稀碱作用下，含 α-H 的醛分子之间发生加成，生成 β-羟基醛的反应称为（　　）

     A. 银镜反应   B. 缩醛反应   C. 碘仿反应   D. 羟醛缩合反应

10. 丁酮加氢能生成（　　）

     A. 丁醇   B. 异丁醇   C. 叔丁醇   D. 2-丁醇

二、命名或写出结构简式

1. $CH_3CH_2CHCH_2CHO$（支链 CH_3）

2. $CH_3-\overset{\overset{O}{\|}}{C}-CH(CH_3)_2$

3. （环己酮结构）

4. $CH_3\overset{\overset{O}{\|}}{C}CH_2-\overset{\overset{O}{\|}}{C}CH_2CH_3$

5. （苯环）$-CH_2COCH_3$

6. CH_3CHCH_2CHO（支链 C_6H_5）

7. $CH_3CH_2\overset{\overset{OH}{|}}{C}H-CHCHO$（支链 CH_3）

8. $CH_3CH=\overset{\overset{CH_3}{|}}{C}CHO$

9. （二苯甲酮结构）

10. （对甲氧基苯甲醛结构，CHO 与 OCH_3）

11. 4-甲基-2-戊酮

12. 丁醛

13. 3-苯基丙烯醛

14. 对溴苯乙酮

15. β-萘醌

16. 4-乙基环己酮

三、完成下列反应式

1. （环己酮）$=O + H_2NNHC_6H_5 \longrightarrow$

2. （苯环）$-\overset{\overset{O}{\|}}{C}-CH_3 + Cl_2 \xrightarrow{H^+}$

3. $CH_3CH_2CHO \xrightarrow{稀NaOH}$

4. $C_6H_5COCH_3 + C_6H_5MgBr \longrightarrow \xrightarrow[H_2O]{H^+}$

四、用化学方法鉴别下列各组化合物

1. 甲醛、乙醛和苯甲醛

2. 苯乙醛、苯乙酮

3. 丙醛、丙酮和丙醇

4. 丙醛、2-戊酮和3-戊酮

五、推断结构

A（$C_5H_{12}O$）氧化后得 B（$C_5H_{10}O$），B 能与2,4-二硝基苯肼反应，并在与碘的碱溶液共热时生成黄色沉淀。A 与浓硫酸共热得 C（C_5H_{10}），C 经高锰酸钾氧化得丙酮及乙酸。试推断 A、B 和 C 的结构并写出其结构式。

（马瑞菊）

书网融合……

重点回顾   微课   习题

第九章　羧酸和取代羧酸

学习目标

知识目标：

1. 掌握　羧酸、羟基酸和羰基酸的定义、分类、命名及主要化学性质。

2. 熟悉　羧酸、羟基酸和羰基酸的物理性质。

3. 了解　与医药相关的羧酸、羟基酸和羰基酸。

技能目标：

能识别羧酸、羟基酸和羰基酸的官能团；能对羧酸、羟基酸和羰基酸进行分类；能熟练地对羧酸、羟基酸和羰基酸进行命名，并写出重要的羧酸、羟基酸和羰基酸的结构式；能写出羧酸、羟基酸和羰基酸典型反应的反应式；会用化学方法鉴别羧酸和羟基酸。

素质目标：

体会羧酸、羟基酸和羰基酸在生产、生活以及医药上的重要作用。

📖 导学情景

情景描述：某高校田径场上，随着"啪"的一声发令枪响，检验系2020级某班的一名男同学就像离弦的箭一样冲出起跑线，在同学们的加油声中，以28.6秒的成绩完成了200米短跑赛。刚到达终点，该男生双腿一软，眼看就要瘫倒下来，马上被同学搀扶到了凳子上休息，男生气喘吁吁地说："不行了，全身酸疼，真想直接趴地上。"大约休息了5分钟，男同学身体肌肉的酸胀感慢慢减弱，没那么累了，又可以为其他同学加油了。

情景分析：运动后身体肌肉会产生酸胀感，是因为肌糖原在缺氧环境下产生乳酸堆积，乳酸会刺激痛觉，而休息过后，乳酸会被分解成二氧化碳和水，疼痛感就会消失。

讨论：乳酸属于什么结构的化合物？在机体内的代谢过程涉及乳酸的什么化学反应原理？

学前导语：乳酸是2-羟基丙酸的俗名，是取代羧酸中常见的一种羟基酸。本章将介绍羧酸及常见取代羧酸的结构、理化性质及其在医药领域中的广泛应用。

第一节　羧　酸

PPT

一、羧酸的定义、分类和命名

（一）羧酸的定义

羧酸属于烃的含氧衍生物，从化学结构上可以看作烃分子中的氢原子被羧基（$-\overset{\overset{O}{\|}}{C}-OH$，简写为—COOH）取代而形成的化合物，可用通式 $_{(Ar)}R-\overset{\overset{O}{\|}}{C}-OH$ 或（Ar）R—COOH 表示，羧基是羧酸的官能团。

（二）羧酸的分类

羧酸的分类方法主要有以下三种。

1. 根据烃基的不同分类　可分为脂肪酸、脂环酸和芳香酸。脂肪酸是羧基所连的烃基为脂肪烃基的羧酸，包括饱和酸和不饱和酸，饱和酸中的烃基是饱和烃基，不饱和酸中的烃基中含有碳碳双键或碳碳叁键；脂环酸是羧基所连的烃基为脂环烃基的羧酸；芳香酸是羧基与芳环相连的羧酸。例如：

　　饱和脂肪酸　　　　　不饱和脂肪酸　　　　　脂环酸　　　　　　芳香酸

2. 根据羧基的数目分类　可分为一元酸、二元酸和多元酸，含两个以上羧基的羧酸为多元酸。例如：

$$CH_3CH_2CH_2COOH \qquad HOOCCH_2CH_2COOH$$

　　　　　　　　一元酸　　　　　　　　　　　二元酸

🔧 **练一练9-1**

指出下列羧酸属于脂肪酸、脂环酸、芳香酸中的哪一类。

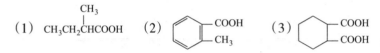

答案解析

（三）羧酸的命名 📱微课1

羧酸的命名与醛相似，只需把"醛"改为"酸"字即可。命名的步骤包括选主链、给主链碳原子编号及写名称三步。

1. 一元饱和酸　选择含羧基在内的最长碳链作为主链，根据主链上碳原子数目先称为"某酸"；从羧基碳原子开始给主链碳原子编号，即羧基碳原子为"1"号碳原子；按照"取代基位次、取代基名称、某酸"的顺序写出名称。例如：

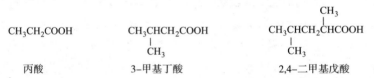

　　　　　CH_3CH_2COOH　　　　　CH_3CHCH_2COOH　　　　　CH_3CHCH_2CHCOOH

　　　　　　　丙酸　　　　　　　3-甲基丁酸　　　　　　2,4-二甲基戊酸

2. 一元不饱和酸　选择同时含有羧基和不饱和键在内的最长碳链作为主链，根据主链上碳原子的数目先称作"某烯酸"或"某炔酸"；从羧基碳原子开始给主链碳原子编号；按照"取代基位次、取代基名称、双键或叁键位次、某烯酸（或某炔酸）"的顺序写出名称。例如：

CH_3CH=CHCOOH　　　　　CH_2=CHCHCOOH　　　　　CH≡CCH_2COOH

　　2-丁烯酸　　　　　　2-甲基-3-丁烯酸　　　　　3-丁炔酸

3. 一元脂环酸和芳香酸　以脂肪酸为母体，将脂环或芳环作为取代基，从与羧基相连的碳原子开始编号，应注意尽量使环上取代基的位次最小。例如：

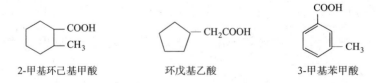

　　2-甲基环己基甲酸　　　　　环戊基乙酸　　　　　3-甲基苯甲酸

4. 多元酸 命名多元脂肪酸时，应选择含羧基最多的最长碳链作为主链，根据羧基数目将母体称为"某二酸"或"某三酸"等。命名多元脂环酸或芳香酸时，将脂环或芳环作为取代基，羧酸为母体进行命名。例如：

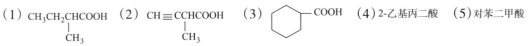

HOOCCH₂COOH	HOOCCHCH₂COOH		
	CH₃		
丙二酸	2-甲基丁二酸	1,3-环己基二甲酸	1,2-苯二甲酸（邻苯二甲酸）

练一练9-2

命名或写出下列羧酸的结构简式。

(1) CH₃CH₂CHCOOH (2) CH≡CCHCOOH (3) ◯—COOH (4) 2-乙基丙二酸 (5) 对苯二甲酸

答案解析

二、羧酸的物理性质

常温下，含1～3个碳原子的一元饱和羧酸为有刺鼻性气味的液体，能与水混溶；含4～9个碳原子的羧酸为有令人不愉快气味的油状液体，其中，含4～5个碳原子的羧酸与水混溶，含6～9个碳原子的羧酸微溶或难溶于水；含10个碳原子以上的高级羧酸为无臭无味的固体，不溶于水。

羧酸的沸点比相对分子质量相近的醇高，如甲酸（相对分子质量46）的沸点为100.6℃，而乙醇（相对分子质量45）的沸点为78℃，这是由于羧酸分子间可以形成氢键缔合成二聚体，羧酸分子间的这种氢键缔合得比醇分子间的氢键更牢固。

$$R-C \begin{smallmatrix} O--H-O \\ O-H--O \end{smallmatrix} C-R$$

三、羧酸的化学性质

羧酸的化学性质主要表现在官能团羧基上，虽然羧基从结构上看是羟基和羰基的结合，但是由于羰基的 π 键与羟基中氧原子的未共用电子对形成 p–π 共轭体系，造成了羰基碳原子的正电性降低，羰基失去了其典型性质，同时，羟基氧原子的电子云密度降低，氢原子的解离程度增大，羧酸的酸性大于醇。因此，羧酸的化学性质并不是简单的羰基和羟基性质的结合，而是具有自身独特的性质，羧酸的化学性质主要表现在五个方面，如下所示。

脱羧反应
α-H被取代 → 羰基被还原
羧羟基被取代 氢氧键断裂显酸性

（一）酸性

羧酸中羟基上的氢原子在水溶液中能解离成 H⁺，显示出明显的酸性，其酸性比碳酸、酚类都强。羧酸不仅能与强碱 NaOH 反应，也能与较弱的碱 Na₂CO₃甚至更弱的碱 NaHCO₃反应，生成羧酸钠。由于

101

苯酚不能与 $NaHCO_3$ 反应，利用此性质可将羧酸和苯酚进行区分。

$$RCOOH \rightleftharpoons RCOO^- + H^+$$

$$RCOOH + NaOH \longrightarrow RCOONa + H_2O$$

$$RCOOH + Na_2CO_3 \longrightarrow RCOONa + CO_2\uparrow + H_2O$$

$$RCOOH + NaHCO_3 \longrightarrow RCOONa + CO_2\uparrow + H_2O$$

羧酸盐与强无机酸反应，可转换为羧酸，而羧酸盐的水溶性大于羧酸，因此分离和纯化羧酸或从动植物体内提取含羧基的化合物可利用此反应。

$$RCOONa + HCl \longrightarrow RCOOH + NaCl$$

一般情况下，由于烷基的给电子诱导效应，一元饱和羧酸中随着碳原子数目的增加，羧酸的酸性减弱，酸性比较如下：

$$HCOOH > CH_3COOH > CH_3CH_2COOH$$

低级二元羧酸的酸性大于一元羧酸，因为一个羧基会对另一个羧基产生吸电子诱导效应，但是随着碳原子数目的增加，这种效应逐渐减弱，酸性也逐渐减弱，酸性比较如下：

$$HOOCCOOH > HCOOH > HOOCCH_2COOH > HOOCCH_2CH_2COOH$$

？ 想一想

如何分离苯甲酸、苯甲醇和苯酚？

答案解析

（二）羧羟基的取代反应

由于羧酸分子中羟基和羰基之间存在 $p-\pi$ 共轭，羧基中的羰基碳正电性降低，故羧基中的羰基不如醛、酮中的羰基活泼，但是，在一定条件下，羰基同样可被亲核试剂进攻，使羟基中的碳氧键断裂，羟基被取代，通常可被卤素（—X）、酰氧基（$\overset{O}{\underset{\parallel}{RCO}}$—）、烷氧基（—OR）和氨基（—$NH_2$）取代，分别生成酰卤、酸酐、酯和酰胺（统称为羧酸衍生物）。

1. 生成酰卤 羧酸分别与亚硫酰氯（$SOCl_2$）、三卤化磷（PX_3）、五卤化磷（PX_5）反应生成酰卤，这是制备酰卤的一般方法。例如：

$$RCOOH + SOCl_2 \longrightarrow RCOCl + SO_2\uparrow + HCl\uparrow$$

$$RCOOH + PX_3 \longrightarrow RCOX + H_3PO_3$$

$$RCOOH + PX_5 \longrightarrow RCOX + POX_3 + HX\uparrow$$

2. 生成酸酐 除甲酸外的羧酸在乙酸酐、P_2O_5 等脱水剂存在的条件下加热，2 分子羧酸发生分子间脱水生成酸酐。例如：

$$2RCOOH \xrightarrow[\triangle]{脱水剂} R\overset{O}{\overset{\parallel}{C}}O\overset{O}{\overset{\parallel}{C}}R + H_2O$$

该法通常用于合成相对分子质量较大的酸酐。很多二元酸直接加热，发生分子内脱水反应，可生成五元或六元环状酸酐。如可通过加热戊二酸生成环状的戊二酸酐，通过直接加热邻苯二甲酸直接生成邻苯二甲酸酐。例如：

$$\text{CH}_2\text{-COOH} \quad \xrightarrow{300^\circ\text{C}} \quad \text{(酸酐)} \quad + \text{H}_2\text{O}$$

酰氯和酸酐都是具有高度活性的化合物，是广泛应用于药物合成的酰化试剂。

3. 生成酯　羧酸和醇在浓硫酸的催化作用下，羧酸脱去羟基，醇脱去氢原子，发生酯化反应，生成酯，酯也可发生水解反应生成羧酸和醇，因此酯化反应是可逆反应。

$$\text{RCOOH} + \text{R}'\text{O}^{18}\text{H} \longrightarrow \text{RCO}^{18}\text{OR}' + \text{H}_2\text{O}$$

4. 生成酰胺　向羧酸中通入氨生成羧酸的铵盐，铵盐加热失水生成酰胺。例如：

$$\text{RCOOH} + \text{NH}_3 \longrightarrow \text{RCOONH}_4 \xrightarrow{\triangle} \text{RCONH}_2 + \text{H}_2\text{O}$$

（三）还原反应

羧酸中的羰基难以被催化氢化法还原，但在强还原剂四氢铝锂（LiAlH_4）的作用下，以无水乙醚作为溶剂，最后水解可得到产物伯醇。

$$\text{RCOOH} \xrightarrow[\text{乙醚}]{\text{LiAlH}_4} \xrightarrow{\text{H}_2\text{O}} \text{RCH}_2\text{OH}$$

在工业生产中，以自然界丰产的高级脂肪酸还原制备醇是一种非常方便的方法。

（四）α-H 的取代反应

由于羧基吸电子效应的影响，羧酸分子中的 α-H 具有一定的活性，在少量红磷或三卤化磷的作用下，α-H 被卤素取代生成 α-卤代酸。

$$\text{RCH}_2\text{COOH} + \text{X}_2 \xrightarrow[\text{或PX}_3]{\text{P}} \underset{\overset{|}{\text{X}}}{\text{RCHCOOH}} + \text{HX}$$

（五）脱羧反应

羧酸分子失去羧基生成二氧化碳的反应称为脱羧反应。一元羧酸难以脱羧，但羧酸钠与碱石灰（NaOH 和 CaO 混合物）共热，可发生脱羧反应生成少 1 个碳原子的烷烃，此反应通常用于实验室制备低级烷烃。如将乙酸钠与碱石灰共热可制备得到甲烷。例如：

$$\text{CH}_3\text{COONa} + \text{NaOH} \xrightarrow[\triangle]{\text{CaO}} \text{CH}_4\uparrow + \text{Na}_2\text{CO}_3$$

羧酸分子中，同一碳上连有羧基和吸电子基（如—COOH、RCO—、—X、—NO_2）的化合物均容易发生脱羧反应，生成少 1 个碳原子的羧酸或酮。

$$\text{HOOC-COOH} \xrightarrow{\triangle} \text{HCOOH} + \text{CO}_2\uparrow$$

$$\text{HOOCCH}_2\text{COOH} \xrightarrow{\triangle} \text{CH}_3\text{COOH} + \text{CO}_2\uparrow$$

$$\text{CH}_3\text{COCH}_2\text{COOH} \xrightarrow{\triangle} \text{CH}_3\text{COCH}_3 + \text{CO}_2\uparrow$$

👁 看一看

生物脱羧反应

脱羧反应在生物体内的许多生物化学变化中占有十分重要的地位，人体内的脱羧反应称为生物脱羧，是在脱羧酶的催化作用下发生的。如生物体内常见的代谢产物中间体3-丁酮酸可在酶的催化作用下脱羧。催化3-丁酮酸的酶含有氨基，氨基首先与3-丁酮酸中的酮基作用，发生亲核加成反应生成亚胺酸，亚胺酸不稳定，而后发生质子转移形成羧基负离子，羧基负离子发生脱羧，最终生成丙酮和酶。

$$\text{酶—NH}_2 + \underset{\substack{\parallel \\ O}}{CH_3CCH_2COOH} \longrightarrow \underset{\substack{\parallel \\ N\text{—酶}}}{CH_3CCH_2COOH} \xrightarrow[-H_2O]{-CO_2} \underset{\substack{\parallel \\ O}}{CH_3CCH_3} + \text{酶—NH}_2$$

四、与医药有关的羧酸类化合物 📱微课2

1. 甲酸（HCOOH） 是最简单的羧酸，俗称"蚁酸"，是无色而有刺激性气味的液体，有腐蚀性，能刺激皮肤引起肿痛，存在于蜂类、蚁类和毛虫的分泌物中。甲酸结构中既含有羧基又含有醛基，故甲酸除了具有羧酸的性质，还具有强还原性，如与醛一样可以发生银镜反应、斐林反应以及被高锰酸钾氧化，使之褪色；可用作消毒剂和防腐剂，12.5g/L 水溶液俗称"蚁精"，用以治疗风湿病。

2. 乙酸（CH₃COOH） 俗称"醋酸"，为无色具有刺激性气味的液体，是食醋的主要成分，含量一般在 $60 \sim 80g/L$，有腐蚀作用，蒸气对眼和鼻有刺激作用。医药上常将 $5 \sim 20g/L$ 的乙酸水溶液用于灼伤或烫伤感染的创面清洗剂。另外，乙酸具有消肿治癣、预防感冒的作用。

3. 乙二酸（HOOC—COOH） 是最简单的二元酸，俗名"草酸"，无色晶体，以盐的形式存在于草本植物中。草酸是具有强还原性的羧酸之一，在分析化学中常用来标定高锰酸钾滴定液的浓度。草酸在人体内能与钙离子结合生成草酸钙形成肾结石，同时降低钙的利用率。生活中，草酸水溶液常用于厕所、地板等的除垢。

4. 苯甲酸（ ⬡—COOH **）** 是最简单的芳香酸，俗名"安息香酸"，在医药和食品上常用于防腐剂，可作为药物制备苯甲酸水杨酸软膏。

第二节 取代羧酸

PPT

取代羧酸是羧酸分子中烃基上的氢原子被其他原子或原子团取代而形成的化合物，可用通式 $\underset{L}{(Ar)RCH—COOH}$ 表示，—L 通常为卤素（—X）、羟基（—OH）、羰基（—CO—）和氨基（—NH₂），相应的取代羧酸为卤代酸 $\underset{X}{(Ar)RCH—COOH}$、羟基酸 $\underset{OH}{(Ar)RCH—COOH}$、羰基酸 $\underset{\substack{\parallel \\ O}}{(Ar)RC—COOH}$ 和氨基酸 $\underset{NH_2}{(Ar)RCH—COOH}$。其中，羟基酸、羰基酸和氨基酸在医药学中比较常见，本章重点讲解羟基酸和羰基酸。氨基酸是组成蛋白质的基本单元，将在第十五章进行讲解。

一、羟基酸

（一）羟基酸的定义、分类和命名

羟基酸是羧酸分子中烃基中的氢原子被羟基取代后形成的化合物，或表达为分子中同时含有羧基和羟基的化合物。

羟基酸根据羟基的不同，可分为醇酸和酚酸，醇酸中的羟基是醇羟基，酚酸中的羟基是酚羟基；根据羧基和羟基的相对位置不同，若羟基分别位于 α-碳、β-碳和 γ-碳上，相应的羟基酸则分别为 α-羟基酸、β-羟基酸和 γ-羟基酸。例如：

$$CH_3CHCH_2COOH \quad | \quad OH$$
醇酸

$$\text{酚酸}$$

$$CH_3CH_2CHCOOH | OH$$ α-羟基酸

$$CH_3CHCH_2COOH | OH$$ β-羟基酸

$$CH_2CH_2CH_2COOH | OH$$ γ-羟基酸

羟基酸的命名是以羧酸为母体，羟基为取代基进行命名，羟基的位置可用数字"2、3……"，也可用希腊字母"α、β、γ……"来表示。由于许多羟基酸是天然产物，因此也常根据其来源而采用俗名。常见的羟基酸如下：

$$CH_3CHCOOH | OH$$
2-羟基丙酸
α-羟基丙酸
乳酸

$$CH_2CH_2COOH | OH$$
3-羟基丙酸
β-羟基丙酸

$$HOOCCH_2CHCOOH | OH$$
2-羟基丁二酸
α-羟基丁二酸
苹果酸

$$HOOCCHCHCOOH | OH OH$$
2,3-二羟基丁二酸
α,β-二羟基丁二酸
酒石酸

2-羟基苯甲酸
邻羟基苯甲酸
水杨酸

3,4,5-三羟基苯甲酸
没食子酸

👁 看一看

乳酸在医药学中的应用

乳酸，无色澄清或微黄色的黏性液体，是使人体产生疲劳的物质之一，是体内丙酮酸与氢结合的产物。医药上，乳酸蒸气可灭杀空气中的细菌，常用于病房、手术室、实验室等场所的消毒；乳酸通过聚合反应得到的高分子物质聚乳酸是一种良好的生物可降解塑料，可纺丝成线作为医用手术缝合线，缝口愈合后无须拆线即可自动降解为无毒的二氧化碳和水而被人体吸收；乳酸可制备成乳酸盐作为药物使用，如乳酸钙是补钙药，用于治疗佝偻病，乳酸钠在临床上常用于纠正酸中毒。

（二）羟基酸的性质

醇酸如酒石酸、苹果酸均是白色固体，大多易溶于水，常用于食品和饮料中的酸味调节剂，酚酸多为白色或褐色针状固体，微溶于水，熔点较高。

羟基酸具有羟基和羧基的一般性质，如醇羟基能发生氧化反应、酯化反应、脱水反应等；酚羟基能使 $FeCl_3$ 溶液显色；羧基具有酸性，能发生酯化反应等，但其性质并不是简单的羟基和羧基性质的加和，羟基的吸电子诱导效应使得羟基酸表现出一些特殊的化学性质，主要表现在以下三个方面。

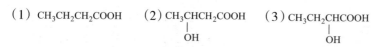

1. 酸性 羟基酸中的羟基是吸电子基，对羧基产生吸电子诱导效应，致使羟基酸的酸性大于羧基，同时，羟基离羧基越远，诱导效应越弱，羟基酸的酸性就越弱，因此，酸性强弱顺序为 α-羟基酸 > β-羟基酸 > γ-羟基酸 > 羧酸。

酚酸中，由于羟基与苯环之间既有吸电子诱导效应，又有给电子共轭效应，因此，几种酚酸异构体的酸性各有不同，强弱顺序为：

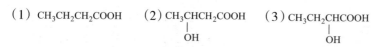

练一练9-3

比较下列羟基酸和羧酸的酸性强弱。

（1）$CH_3CH_2CH_2COOH$　　（2）$CH_3\underset{\underset{OH}{|}}{CH}CH_2COOH$　　（3）$CH_3CH_2\underset{\underset{OH}{|}}{CH}COOH$

答案解析

2. 氧化反应 醇酸分子中的羟基由于受羧基的影响而更容易发生氧化反应，较弱的氧化剂如托伦试剂、稀硝酸，不能氧化醇，但是可以氧化羟基酸，生成酮酸，如乳酸能被氧化成丙酮酸，β-羟基丁酸能被氧化成 β-丁酮酸。例如：

$$CH_3\underset{\underset{OH}{|}}{CH}COOH \xrightarrow[\text{或稀硝酸}]{\text{托伦试剂}} CH_3\overset{\overset{O}{\|}}{C}COOH$$

$$CH_3\underset{\underset{OH}{|}}{CH}CH_2COOH \xrightarrow{\text{稀硝酸}} CH_3\overset{\overset{O}{\|}}{C}CH_2COOH$$

3. 脱水反应 醇酸受热易发生脱水反应，且羟基和羧基的相对位置不同，脱水方式及产物也不同。
α-醇酸受热，一分子的醇羟基与另一分子羧基上的羟基发生两分子间交叉脱水，生成六元环状交酯。例如：

$$\underset{OH}{\overset{R\quad OH}{\diagup}} + \underset{HO}{\overset{HO\quad O}{\diagup}} R \xrightarrow{\triangle} \text{(六元环状交酯)}$$

β-醇酸受热，醇羟基和 α-H 发生消除反应，分子内脱水，生成不饱和羧酸。例如：

$$CH_3\overset{\beta}{C}H\overset{\alpha}{C}H_2COOH \xrightarrow{\triangle} CH_3CH=CHCOOH$$
$$\quad\underset{OH}{|}$$

γ-醇酸和 δ-醇酸受热，羧基上的羟基与醇羟基发生分子内脱水，生成五元环状 γ-丁内酯或六元环

状 δ-戊内酯，其中，γ-醇酸比 δ-醇酸易脱水，室温下即可发生，因此，γ-醇酸难以稳定存在，只有成盐后才能稳定。例如：

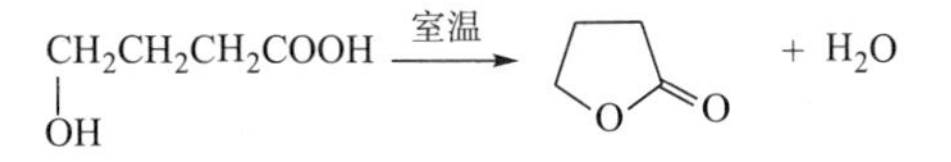

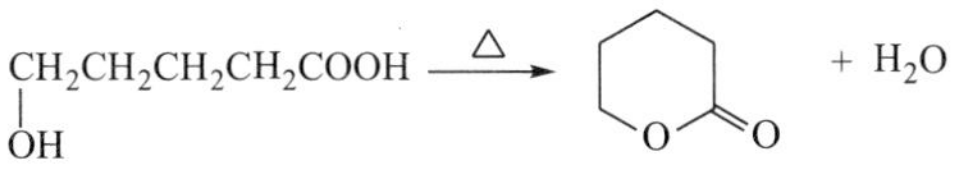

药爱生命

阿司匹林作为医药史上的三大经典药物之一，100 多年以来，在人类发展史中发挥了不可替代的作用。阿司匹林的化学名称为乙酰水杨酸，是水杨酸与乙酸酐在浓硫酸的催化作用下加热，通过酰化反应以后得到的产物：

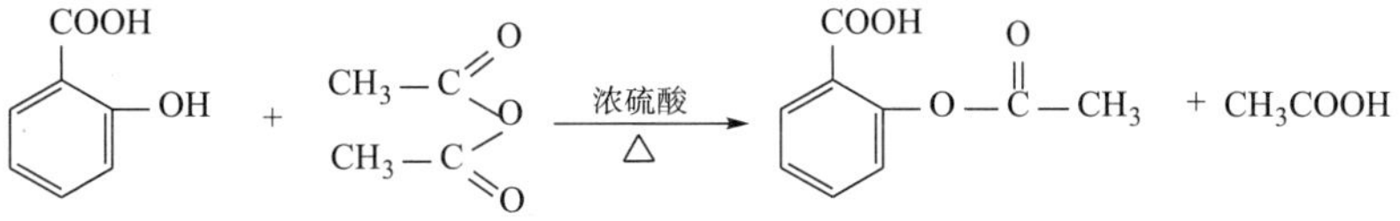

阿司匹林能缓解轻度或中度疼痛，如牙痛、头痛、神经痛、肌肉酸痛及痛经；亦用于感冒、流感等发热疾病的退热，治疗风湿痛等；对血小板聚集有抑制作用，能阻止血栓形成，用于预防心血管疾病。

阿司匹林的发展史是药物界的传奇，它最早被发现于公元前 1000 多年前，人类食用柳树皮用以治疗关节炎。1828 年，科学家从柳树皮中提取出有效成分，将其命名为水杨酸（邻羟基苯甲酸），但是水杨酸味苦，极为难吃，且对胃有严重刺激。1898 年，德国拜尔公司化学家发明了阿司匹林，极大降低了其副作用，在全世界范围内发挥了极大的作用。

科学发展到今天，阿司匹林已经被制备成各种剂型，且其毒副作用越来越小，它的新作用也不断被发现，是药物中"老药新用"的典型。

二、羰基酸

（一）羰基酸的定义、分类和命名

羰基酸是分子中同时含有羧基和羰基的化合物，分为醛酸和酮酸，常见的为酮酸。

类似于羟基酸，根据羧基和酮基的相对位置不同，酮酸可分为 α-酮酸、β-酮酸和 γ-酮酸。例如：

酮酸的命名应选择含羧基和羰基在内的最长碳链作为主链，称为"某酮酸"，从羧基碳原子开始对主链碳原子进行编号，酮基的位置可用数字"2、3……"，也可用希腊字母"α、β、γ……"来表示。例如：

（二）酮酸的性质

酮酸具有羰基和羧基的一般性质，如羰基能被还原成仲羟基、能与羰基试剂发生亲核加成反应；羧基具有酸性，能发生酯化反应等，但酮酸的性质并不是简单的羰基和羧基性质的加和，羰基的吸电子诱导效应使得酮酸表现出一些特殊的化学性质，主要表现在以下三个方面。

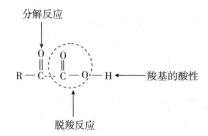

1. 酸性　与羟基酸中的羟基类似，酮酸中的羰基也是吸电子基，且吸电子能力比羟基强，所以酮酸酸性强于羟基酸，但是，羰基离羧基越远，吸电子诱导效应越弱，酮酸的酸性就越弱，如 α-酮酸、β-酮酸、γ-酮酸的酸性依次减弱。

练一练9-4

比较下列羧酸、羟基酸和酮酸的酸性强弱。

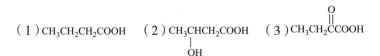

答案解析

2. 分解反应　α-酮酸与浓硫酸共热，发生分解反应，生成少 1 个碳原子的羧酸和一氧化碳。例如：

$$RCCOOH \xrightarrow[\triangle]{浓H_2SO_4} RCOOH + CO\uparrow$$

β-酮酸与浓碱共热，在 α-碳原子和 β-碳原子之间发生分解反应，生成两分子羧酸盐，此反应又称为 β-酮酸的酸式分解。例如：

$$RCCH_2COOH \xrightarrow[\triangle]{NaOH} RCOONa + CH_3COONa + H_2O$$

3. 脱羧反应　α-酮酸与稀硫酸共热，或被弱氧化剂托伦试剂氧化，可发生脱羧反应生成少 1 个碳原子的醛。例如：

$$RCCOOH \xrightarrow[150℃]{稀硫酸} RCHO + CO_2\uparrow$$

β-酮酸受热容易脱羧，生成少 1 个碳原子的酮，此反应又称为 β-酮酸的酮式分解。例如：

$$RCCH_2COOH \xrightarrow{\triangle} RCCH_3 + CO_2\uparrow$$

看一看

酮　体

丙酮、β-羟基丁酸、β-丁酮酸在医学上合称为酮体，是脂肪酸在体内不完全代谢的中间产物，正常情况下能进一步分解为二氧化碳和水。正常人血液中的酮体含量一般低于 10mg/L，每昼夜从尿液中排出约 40mg，但是糖尿病患者因糖代谢发生紊乱，血液中酮体的含量可升至 3～4g/L，因此临床上常通过检验糖尿病患者尿液中的酮体含量来诊断患者是否患有糖尿病。

检验酮体常使用亚硝酰铁氰化钠的氨水溶液与尿液反应，若出现紫色环，说明有酮体存在。

目标检测

答案解析

一、单项选择题

1. 羧酸的官能团是（　　）

　A. 羰基　　　　　　　B. 羟基　　　　　　　C. 醛基　　　　　　　D. 羧基

2. 下列羟基酸属于 α-羟基酸的是（　　）

　A. 乳酸　　　　　　　　　　　　　　B. 2-甲基-3-羟基丁酸

　C. 2-羟基苯甲酸　　　　　　　　　　D. 乙酰水杨酸

3. 下列物质具有还原性的是（　　）

　A. 醋酸　　　　　　　B. 丙酸　　　　　　　C. 甲酸　　　　　　　D. 丙酮

4. 下列化合物沸点最高的是（　　）

　A. 乙烷　　　　　　　B. 乙醛　　　　　　　C. 乙醇　　　　　　　D. 乙酸

5. 下列物质能使高锰酸钾溶液褪色的是（　　）

　A. 乙酸　　　　　　　B. 丙酸　　　　　　　C. 草酸　　　　　　　D. 丙酮酸

6. 常用于纠正临床上酸中毒的物质是（　　）

　A. 乳酸　　　　　　　B. 乳酸钠　　　　　　C. 苹果酸　　　　　　D. 枸橼酸

7. 乳酸受热发生脱水反应，生成的主要产物是（　　）

　A. 交酯　　　　　　　B. 五元环内酯　　　　C. 六元环内酯　　　　D. 以上均不是

8. 3-羟基丁酸受热发生脱水反应的本质是（　　）

　A. 分子间脱水　　　B. 分子间交叉脱水　　　C. 取代反应　　　　　D. 消除反应

9. 邻苯二甲酸受热后的主要产物是（　　）

　A. 苯甲酸　　　　　　B. 邻苯二甲酸酐　　　C. 苯　　　　　　　　D. 不反应

10. 下列物质不属于酮体的是（　　）

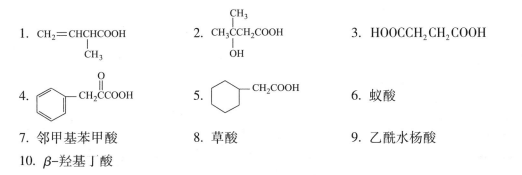

二、命名或写出结构简式

1. $CH_2{=}CHCHCOOH$ （下标 CH_3）　　2. CH_3CHCH_2COOH（CH_3 上、OH 下）　　3. $HOOCCH_2CH_2COOH$

4. （苯环）—$CH_2\overset{O}{\overset{\|}{C}}COOH$　　5. （环己基）—CH_2COOH　　6. 蚁酸

7. 邻甲基苯甲酸　　　　8. 草酸　　　　9. 乙酰水杨酸

10. β-羟基丁酸

三、完成下列反应式

1. $CH_3COOH + NaOH \longrightarrow$

2. $HCOOH + CH_3CH_2OH \xrightarrow[\triangle]{\text{浓硫酸}}$

3. $HOOCCOOH \xrightarrow{\triangle}$

4. $\underset{\underset{OH}{|}}{CH_3CH_2CHCOOH} \xrightarrow{\text{托伦试剂}}$

5. 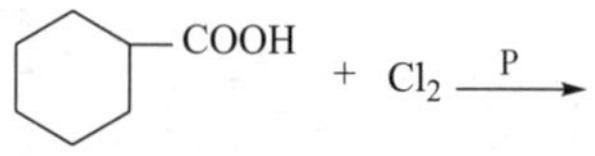 环己基-COOH $+ Cl_2 \xrightarrow{P}$

6. $\underset{\underset{OH}{|}}{CH_3CHCH_2COOH} \xrightarrow{\triangle}$

7. 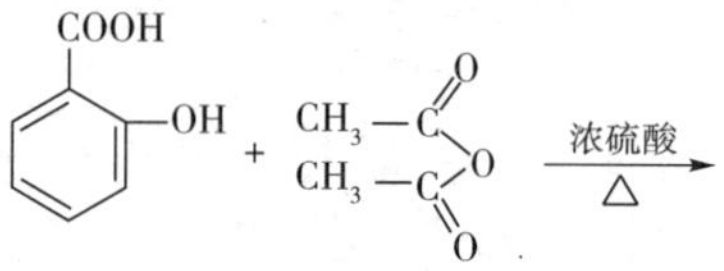 邻羟基苯甲酸 $+$ 乙酸酐 $\xrightarrow[\triangle]{\text{浓硫酸}}$

8. $\underset{\underset{O}{\|}}{CH_3CCH_2COOH} \xrightarrow{\triangle}$

四、用化学方法鉴别下列各组化合物

1. 甲酸、乙酸和乙二酸

2. 苯甲酸和水杨酸

五、推断结构

化合物 A、B、C 的分子式均为 $C_3H_6O_2$，A 能与碳酸氢钠反应放出二氧化碳，B、C 则不能，但能在氢氧化钠溶液中加热，发生水解，B 水解后的产物能发生碘仿反应，C 则不能。试推断 A、B、C 的结构式。

（张　洁）

书网融合……

重点回顾　　　微课1　　　微课2　　　习题

第十章 羧酸衍生物和油脂

学习目标

知识目标：

1. 掌握 羧酸衍生物的定义、分类、结构、命名和主要化学性质。

2. 熟悉 羧酸衍生物的物理性质；油脂的组成、结构、命名和性质。

3. 了解 与医药相关的羧酸衍生物。

技能目标：

能识别羧酸衍生物的官能团；能对羧酸衍生物进行分类；能熟练地对羧酸衍生物进行命名，并写出重要的羧酸衍生物的结构式；能写出羧酸衍生物典型反应的反应式；会用化学方法鉴别羧酸衍生物。

素质目标：

体会羧酸衍生物在生产、生活以及医药上的重要作用；增强环保意识、安全意识和健康意识。

📖 **导学情景**

情景描述：阿司匹林在100多年前被发明出来以后，就开始用于治疗感冒、风湿、关节疼痛等疾病，后来美国医学家发现其可用于治疗心脑血管疾病，防止心脑血栓形成，一度被人们视为"神药"。

情景分析：阿司匹林可快速抑制血小板聚集，对延缓疾病发展有一定作用。但当心脏不适和胸闷胸痛发生时，应立即呼叫和拨打急救电话120，在急救专业人员或医生的指导下用药，不要自行服用阿司匹林。

讨论：阿司匹林属于什么结构的化合物？如何正确服用阿司匹林？阿司匹林有哪些副作用？

学前导语：阿司匹林是乙酰水杨酸的俗名，乙酰水杨酸属于羧酸衍生物。本章将介绍羧酸衍生物的结构、理化性质及其在医药领域中的广泛应用。

第一节 羧酸衍生物

PPT

一、羧酸衍生物的定义、分类和命名 📱微课

（一）羧酸衍生物的定义

羧酸衍生物是指羧酸分子中羧基中的羟基被其他原子或原子团取代后生成的化合物。重要的羧酸衍生物有酰卤、酸酐、酯和酰胺。

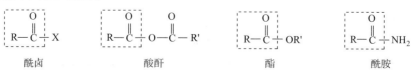

羧酸分子中去掉羟基后剩余的基团称为酰基。例如：

$$CH_3 - \overset{\overset{\displaystyle O}{\|}}{C} - \qquad CH_3CH_2\overset{\overset{\displaystyle O}{\|}}{C} - \qquad C_6H_5\overset{\overset{\displaystyle O}{\|}}{C} -$$

乙酰基 　　　　　丙酰基 　　　　　苯甲酰基

（二）羧酸衍生物的分类和命名

1. 酰卤 由酰基和卤原子组成，其通式为 $\overset{\overset{\displaystyle O}{\|}}{R-C-X}$ 或 RCOX（X＝F、Cl、Br、I）。酰卤的命名是将酰基的名称加上卤素的名称，称为"某酰卤"。例如：

$$CH_3 - \overset{\overset{\displaystyle O}{\|}}{C} - Cl \qquad H_3CHC\overset{\overset{\displaystyle O}{\|}}{C} - Cl \atop \quad\;\; CH_3 \qquad C_6H_5\overset{\overset{\displaystyle O}{\|}}{C} - Br$$

乙酰氯 　　　　　2-甲基丙酰氯 　　　　　苯甲酰溴

2. 酸酐 由酰基和酰氧基组成，其通式为 $R-\overset{\overset{\displaystyle O}{\|}}{C}-O-\overset{\overset{\displaystyle O}{\|}}{C}-R'$ 或 RCOOCOR'。酸酐的名称由相应的羧酸加"酐"组成。若 R 和 R′相同为单酐，称为"某酸酐"；若 R 和 R′不相同为混酐，称为"某某酸酐"；二元羧酸分子内失水形成环状酐为环酐或内酐。例如：

乙酸酐 　　　　　乙丙酸酐 　　　　　顺丁烯二酸酐 　　　　　邻苯二甲酸酐

3. 酯 由酰基和烃氧基组成，其通式为 $R-\overset{\overset{\displaystyle O}{\|}}{C}-OR'$ 或 RCOOR′。酯的命名由相应的羧酸和烃基的名称组合，称为"某酸某酯"；若是分子内形成的酯，则以"内酯"命名。例如：

$$CH_3 - \overset{\overset{\displaystyle O}{\|}}{C} - OC_2H_5 \qquad CH_3 - \overset{\overset{\displaystyle O}{\|}}{C} - OCH_2C_6H_5$$

乙酸乙酯 　　　　　乙酸苯甲酯 　　　　　δ-戊内酯

由多元醇和羧酸形成的酯，命名时则醇的名称在前，羧酸的名称在后，称为"某醇某酸酯"。例如：

乙二醇二乙酸酯 　　　　　丙三醇三硬脂酸酯

4. 酰胺 是由酰基和氨基（包括取代氨基—NHR、—NR$_2$）组成，其通式为 $R-\overset{\overset{\displaystyle O}{\|}}{C}-NH_2$ 或 RCONH$_2$。酰胺的名称由酰基和胺组成，称为"某酰胺"。如有取代氨基，则在取代基名称前加"N"标明。例如：

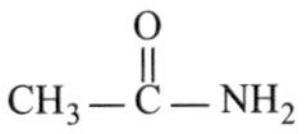

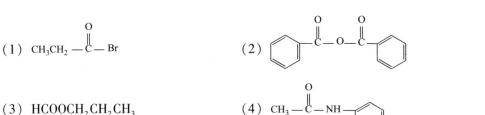

乙酰胺 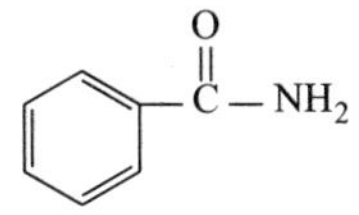　　　　　　　苯甲酰胺 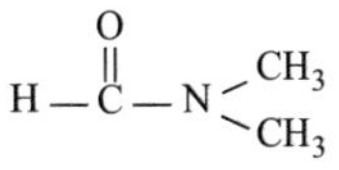　　　　　　N,N-二甲基甲酰胺

氮原子上连有两个酰基的酰胺称为酰亚胺；环状酰胺称为内酰胺。例如：

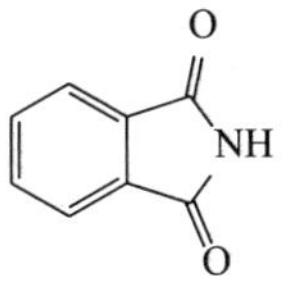

邻苯二甲酰亚胺 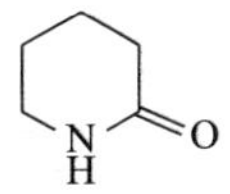　　　　　　　　　δ-戊内酰胺

✍ 练一练10-1

指出下列物质属于哪一类羧酸衍生物，并对其命名。

答案解析

（1）CH₃CH₂—$\overset{O}{\overset{\|}{C}}$—Br

（2）

（3）HCOOCH₂CH₂CH₃

（4）CH₃—$\overset{O}{\overset{\|}{C}}$—NH—

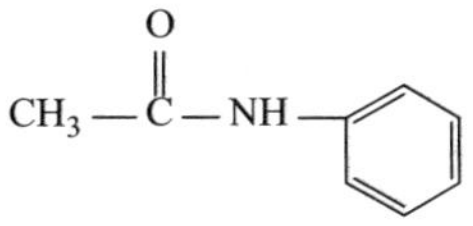

二、羧酸衍生物的物理性质

酰氯是无色的液体或低熔点的固体，具有强烈刺激性气味。因其分子间不能产生氢键缔合，所以酰氯的沸点比相应的羧酸低。

低级酯是具有芳香气味的无色液体，存在于植物的花、果中；高级酯为蜡状固体。酯的相对密度比水小，难溶于水而易溶于乙醇等有机溶剂，酯本身也是一种有机溶剂。酯的沸点比相应的羧酸和醇都低。

低级酸酐是具有刺激性气味的无色液体，高级酸酐为无色无味的固体，酸酐的沸点比分子量相近的羧酸低。酸酐难溶于水而易溶于有机溶剂。

酰胺除甲酰胺为液体外，所有的酰胺均为固体。因酰胺能形成分子间氢键，因而熔点和沸点较相应的羧酸高。低级酰胺可溶于水，N，N-二甲基甲酰胺、N，N-二甲基乙酰胺等可与水混溶，它们是非常好的非质子极性溶剂。

三、羧酸衍生物的化学性质

由于羧酸衍生物分子中酰基所连的基团都是极性基团，因此它们有相似的化学性质。但因羧酸衍生物的酰基所连接的原子或基团不同，所以它们的反应活性存在差异，其强弱顺序为酰卤 > 酸酐 > 酯 > 酰胺。

（一）水解反应

酰卤、酸酐、酯和酰胺发生水解反应，生成相应的羧酸。羧酸衍生物进行水解反应的活性次序为酰卤 > 酸酐 > 酯 > 酰胺。

$$R-\overset{\overset{\displaystyle O}{\|}}{C}\!\!\mathop{+}\!\!X$$

$$R-\overset{\overset{\displaystyle O}{\|}}{C}-O-\overset{\overset{\displaystyle O}{\|}}{C}-R'$$

$$R-\overset{\overset{\displaystyle O}{\|}}{C}-OR'$$

$$R-\overset{\overset{\displaystyle O}{\|}}{C}-NH_2$$

$+H-OH$

$\xrightarrow{\quad}$ HX

$\xrightarrow{\triangle}$ R'COOH

$\xrightarrow[\triangle]{H^+\text{或}OH^-}$ R'OH

$\xrightarrow[\triangle]{H^+\text{或}OH^-}$ NH$_3$

$+\ R-\overset{\overset{\displaystyle O}{\|}}{C}-OH$

酰卤与水发生剧烈的放热反应，酸酐易与热水反应。酯的水解反应比较困难，在酸或碱的催化下加热才能进行，酯在酸的催化下的水解反应是可逆反应；酯在碱性条件下的水解反应又称为皂化反应。

$$H_3C-\overset{\overset{\displaystyle O}{\|}}{C}-O-\overset{\overset{\displaystyle O}{\|}}{C}-CH_3 + H_2O \xrightarrow{\triangle} H_3C-\overset{\overset{\displaystyle O}{\|}}{C}-OH + H_3C-\overset{\overset{\displaystyle O}{\|}}{C}-OH$$

$$H_3C-\overset{\overset{\displaystyle O}{\|}}{C}-O-C_2H_5 + H_2O \xrightarrow[\triangle]{NaOH} H_3C-\overset{\overset{\displaystyle O}{\|}}{C}-ONa + C_2H_5OH$$

❓ 想一想

许多酯类和酰胺类药物都容易水解，在使用和贮存该药物时，该如何控制条件防止药物的水解？

答案解析

（二）醇解反应

酰卤、酸酐和酯都能与醇作用生成酯。

$$R-\overset{\overset{\displaystyle O}{\|}}{C}\!\!\mathop{+}\!\!X$$

$$R-\overset{\overset{\displaystyle O}{\|}}{C}-O-\overset{\overset{\displaystyle O}{\|}}{C}-R'$$

$$R-\overset{\overset{\displaystyle O}{\|}}{C}-OR'$$

$+H-OR''$

$\xrightarrow{\quad}$ HX

$\xrightarrow[\triangle]{H^+\text{或}OH^-}$ R'COOH + $R-\overset{\overset{\displaystyle O}{\|}}{C}-OR''$

$\xrightarrow[\triangle]{H^+\text{或}OH^-}$ R'OH

酯的醇解反应常应用于合成药物及其中间体。例如局部麻醉药物盐酸普鲁卡因的合成。

苯环结构：对位取代，上COOC$_2$H$_5$，下NH$_2$

$+\ HOCH_2CH_2N(C_2H_5)_2 \xrightarrow{HCl}$ 苯环：上COOCH$_2$CH$_2$N(C$_2$H$_5$)$_2$·HCl，下NH$_2$ $+\ C_2H_5OH$

盐酸普鲁卡因

乙酰氯或乙酸酐与水杨酸的酚羟基也能发生类似的醇解反应，得到解热镇痛药阿司匹林。

苯环：上COOH，邻位OH $+\ (CH_3CO)_2O \xrightarrow{\text{浓}H_2SO_4}$ 苯环：上COOH，邻位OCOCH$_3$ $+\ CH_3COOH$

乙酰水杨酸（阿司匹林）

（三）氨解反应

酰卤、酸酐和酯都能与氨或胺（氮原子上至少有一个氢原子）作用，生成酰胺。因氨或胺的亲核性比水、醇强，所以羧酸衍生物的氨解比水解、醇解更容易。

$$
\begin{array}{l}
R-\overset{\overset{O}{\|}}{C}-X \\[4pt]
R-\overset{\overset{O}{\|}}{C}-O-\overset{\overset{O}{\|}}{C}-R'+H-NH_2 \\[4pt]
R-\overset{\overset{O}{\|}}{C}-OR'
\end{array}
\quad
\begin{array}{l}
\xrightarrow{\quad} NH_4X \\[4pt]
\xrightarrow{\triangle} R'COONH_4 + R-\overset{\overset{O}{\|}}{C}-NH_2 \\[4pt]
\xrightarrow{\text{室温}} R'OH
\end{array}
$$

羧酸衍生物的氨解反应是制取酰胺的一条途径，常用于药物合成，例如制备解热镇痛药对乙酰氨基酚（扑热息痛）。

对氨基苯酚　$+ (CH_3CO)_2O \xrightarrow{CH_3COOH}$　对乙酰氨基酚（扑热息痛）　$+ CH_3COOH$

（四）异羟肟酸铁盐反应

酸酐、酯和酰伯胺都能与羟胺发生酰化反应生成异羟肟酸，异羟肟酸与三氯化铁作用，得到红紫色的异羟肟酸铁。

$$
\begin{array}{l}
R-\overset{\overset{O}{\|}}{C}-O-\overset{\overset{O}{\|}}{C}-R' \\[4pt]
R-\overset{\overset{O}{\|}}{C}-OR' \\[4pt]
R-\overset{\overset{O}{\|}}{C}-NH_2
\end{array}
\quad + H-NHOH \quad
\begin{array}{l}
\longrightarrow R'COOH \\[4pt]
\longrightarrow R'OH \quad + \quad R-\overset{\overset{O}{\|}}{C}-NHOH \\[4pt]
\longrightarrow NH_3
\end{array}
$$

羟胺　　　　　　　　　　　　　　異羟肟酸

$$
3R-\overset{\overset{O}{\|}}{C}-NHOH + FeCl_3 \longrightarrow 3(R-\overset{\overset{O}{\|}}{C}-NHO)_3Fe + 3HCl
$$

异羟肟酸铁盐（红紫色）

酰卤、N-或N,N-取代酰胺不发生该显色反应，酰卤必须转变为酯才能进行反应，异羟肟酸铁反应可用于羧酸衍生物的鉴定。

练一练10-2

2015年10月，中国药学家屠呦呦因从中药中分离出青蒿素应用于疟疾治疗而获得诺贝尔生理学或医学奖。青蒿素的结构式如下：

答案解析

思考如何用化学方法检验青蒿素，并写出相应的反应方程式和反应现象。

（五）酯缩合反应

具有 α-H 的酯在强碱（如醇钠）作用下，与另一分子酯发生类似于羟醛缩合的反应，生成 β-羰基酸酯的反应，称为克莱森酯缩合反应。例如乙酸乙酯在乙醇钠作用下发生酯缩合反应，生成乙酰乙酸乙酯（β-丁酮酸乙酯）。

$$CH_3\overset{O}{\overset{\|}{C}}\boxed{OC_2H_5} + H\boxed{CH_2\overset{O}{\overset{\|}{C}}OC_2H_5} \xrightarrow[\text{②}H^+]{\text{①}C_2H_5ONa} CH_3\overset{O}{\overset{\|}{C}}CH_2\overset{O}{\overset{\|}{C}}OC_2H_5 + C_2H_5OH$$

乙酰乙酸乙酯（β-丁酮酸乙酯）

两个都含有 α-活泼氢的不同酯在强碱作用下可进行交叉酯缩合反应，将得到四种不同的产物，难于分离。因此一般进行交叉酯缩合反应时，只用一个含有活泼氢的酯和一个不含活泼氢的酯进行缩合，就可得到较单纯的产物。

练一练10-3

完成下列反应式。

答案解析

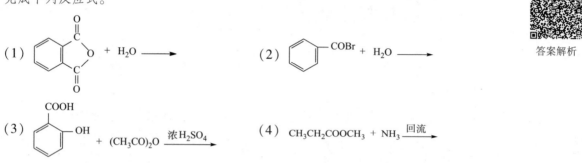

（1） （结构式） + H₂O ⟶

（2） （结构式）—COBr + H₂O ⟶

（3） （结构式） + (CH₃CO)₂O $\xrightarrow{\text{浓}H_2SO_4}$

（4） $CH_3CH_2COOCH_3 + NH_3 \xrightarrow{\text{回流}}$

（六）酰胺的特性

1. 酸碱性　酰胺一般为中性物质，由于酰胺分子中的氮原子与酰基形成 p-π 共轭体系，氮上的孤电子对离域，电子云向羰基偏移，使其电子云密度降低，因而碱性减弱，酰胺呈中性。当氮原子与两个酰基相连，形成酰亚胺时，表现为弱酸性，能与氢氧化钠等强碱作用生成相应的酰亚胺盐。例如：

（结构式）NH + NaOH ⟶ （结构式）N⁻Na⁺ + H₂O

2. 脱水反应　伯酰胺与强脱水剂共热或高温加热，分子内脱水生成腈。这是制备腈的方法之一。常用脱水剂有五氧化二磷和亚硫酰氯等。

$$RCONH_2 \xrightarrow[\triangle]{P_2O_5} RC{\equiv}N + H_2O$$

3. 与亚硝酸反应　伯酰胺与亚硝酸反应，氨基被羟基取代，生成羧酸，并放出氮气。

$$RCONH_2 + HNO_2 \longrightarrow RCOOH + N_2\uparrow + H_2O$$

4. 霍夫曼降解反应　伯酰胺与卤素的碱性溶液作用，脱去羰基，生成少 1 个碳原子的伯胺，此反应称为霍夫曼降解反应。

$$RCONH_2 + Br_2 + 4NaOH \longrightarrow RNH_2 + 2NaBr + Na_2CO_3 + H_2O$$

四、与医药有关的羧酸衍生物

1. 乙酸酐（$CH_3\overset{O}{\underset{}{C}}O\overset{O}{\underset{}{C}}CH_3$）　又称醋（酸）酐，是有刺激性气味的无色液体，熔点 -73℃，沸点 141℃，易溶于乙醚、苯和氯仿，微溶于水。乙酐是重要的乙酰化剂。乙酐是重要的医药化工原料，可用于制造香料、纤维、药物等。

2. 乙酸乙酯（$CH_3\overset{O}{\underset{}{C}}OC_2H_5$）　是可燃性的无色液体，有水果香味，熔点 -83.6℃，沸点 77℃，微溶于水，溶于乙醇、乙醚和三氯甲烷等有机溶剂。蒸气能形成爆炸性混合物，爆炸极限为 2.2% ~ 11.2%。可用作清漆、人造革、硝酸纤维素塑料等的溶剂，也可用于制造染料、药物、香料。

3. 丙二酸二乙酯（$C_2H_5\overset{O}{\underset{}{C}}OCH_2\overset{O}{\underset{}{C}}OC_2H_5$）　是一种无色芳香液体，熔点 -50℃，沸点 199.3℃，不溶于水，易溶于醇、醚和其他有机溶剂中。能发生 α-活泼氢的反应，是制备巴比妥类药物的原料，也是有机合成中合成酮及羧酸的重要原料。

4. 乙酰乙酸乙酯（$CH_3\overset{O}{\underset{}{C}}CH_2\overset{O}{\underset{}{C}}OC_2H_5$）　俗名"三乙"，是一种重要的有机合成原料，为无色或微黄色透明液体，有果香味。广泛应用于食用香精中；制药工业用于制造氨基吡啉、维生素 B 等。乙酰乙酸乙酯具有特殊的结构，分子中含有羰基和酯基两种官能团。所以通常情况下，乙酰乙酸乙酯既表现出羰基的性质，如能与氢氰酸、羰基试剂等发生加成反应，显示出甲基酮的性质；又能表现出酯的性质，如发生水解反应。同时，在吸电子的羰基和酯基的双重影响下，亚甲基上的 α-H 变得更为活泼，所以乙酰乙酸乙酯主要表现出酮式-烯醇式的互变异构和 α-活泼氢的取代反应等方面的特性。反应方程式如下：

酮式92.5%　　　　　　　　　　烯醇式7.5%

α-取代乙酰乙酸酯

5. 对氨基苯磺酰胺　简称磺胺，是磺胺类药物的母体，为白色至淡黄色结晶粉末，具有酸碱两性，可溶于酸或碱液中。磺胺类药物具有抗菌谱广、性质稳定、口服吸收良好等优点，目前使用较多的有磺胺嘧啶、磺胺甲硝唑等。

磺胺　　　　　　　　　　　　　磺胺嘧啶

6. 脲（$H_2N\overset{O}{\underset{}{C}}NH_2$）　是碳酸的酰胺，可以看成碳酸分子中的两个—OH 分别被氨基取代。

脲是哺乳动物体内蛋白质代谢的最终产物，存在于尿液中，因此俗称尿素。脲是白色结晶，熔点 132℃，易溶于水和乙醇中。脲的用途广泛，除了大量用作氮肥外，还是合成药物及塑料等的原料。临床上尿素注射液对降低颅内压和眼内压有显著疗效，可用于治疗急性青光眼和脑外伤引起的脑水肿。

脲具有酰胺的化学性质，由于脲分子中的两个氨基连在同一个羰基上，所以又有一些特殊的性质。

（1）水解反应　脲与酰胺一样，在酸、碱或脲酶的催化下可发生水解。

$$
H_2N-\overset{\overset{\displaystyle O}{\|}}{C}-NH_2 + H_2O \longrightarrow
\begin{cases}
\xrightarrow{H^+} NH_4^+ + CO_2\uparrow \\
\xrightarrow{OH^-} NH_3\uparrow + CO_3^{2-} \\
\xrightarrow{\text{尿素酶}} NH_3\uparrow + CO_2\uparrow
\end{cases}
$$

（2）弱碱性　脲与浓硝酸或草酸反应析出白色的不溶性盐，此性质可用于从尿液中分离提取尿素。

$$
NH_2-\overset{\overset{\displaystyle O}{\|}}{C}-NH_2 + HNO_3 \longrightarrow NH_2-\overset{\overset{\displaystyle O}{\|}}{C}-NH_2 \cdot HNO_3\downarrow
$$
硝酸脲

（3）与亚硝酸反应　脲与亚硝酸反应定量放出氮气，能测定尿素的含量，还能用来破坏和除去亚硝酸。

$$
NH_2-\overset{\overset{\displaystyle O}{\|}}{C}-NH_2 + 2HNO_2 \longrightarrow CO_2\uparrow + 2N_2\uparrow + 3H_2O
$$

（4）缩二脲的生成及缩二脲反应　将脲缓缓加热到其熔点以上时，两个脲分子之间脱去一分子氨，发生缩合反应生成缩二脲。

$$
NH_2-\overset{\overset{\displaystyle O}{\|}}{C}-NH-H + H_2N-\overset{\overset{\displaystyle O}{\|}}{C}-NH_2 \xrightarrow{\triangle} H_2N-\overset{\overset{\displaystyle O}{\|}}{C}-NH-\overset{\overset{\displaystyle O}{\|}}{C}-NH_2 + NH_3\uparrow
$$
缩二脲

缩二脲是无色晶体，难溶于水，易溶于碱性溶液。在缩二脲的碱溶液中加入少量的硫酸铜溶液，溶液呈紫红色，此反应称为缩二脲反应。凡分子中含有两个或两个以上肽键的化合物都能发生缩二脲反应。如多肽、蛋白质等都能发生缩二脲反应。

💗 药爱生命

青霉素又被称为青霉素G、盘尼西林、青霉素钠等。它是指分子中含有青霉烷、能破坏细菌的细胞壁，并在细菌细胞的繁殖期起杀菌作用的一类抗生素，是由青霉菌中提炼出的抗生素。青霉素属于β-内酰胺类抗生素。其结构式如下：

青霉素是很常用的抗菌药品。但每次使用前必须做皮试，以防过敏。临床使用中，应该避免高温、酸碱以及重金属离子的侵袭。应该做到现用现配，否则放置时间过长，也会引起青霉素的分解，导致过敏。青霉素类抗生素常见的过敏反应在各种药物中居首位，发生率最高可达5%~10%，主要为皮肤反应，表现为皮疹、血管性水肿，最严重者为过敏性休克，多在注射后数分钟内发生，症状为呼吸困难、发绀、血压下降、昏迷、肢体强直，最后惊厥，抢救不及时可造成死亡。所以，药是良药，可不要乱用。治疗或长期用药需遵医嘱！

第二节 油 脂

PPT

一、油脂的组成和结构

油脂是油和脂肪的总称，广泛存在于动植物体中。室温下为液态的油脂称为油，如菜籽油、花生油、芝麻油等，而在室温下为固态或半固态的油脂称为脂肪，如猪油、牛油、羊油等。油脂是动植物体的重要组成成分，也是人体的主要营养物质之一。

油脂是由 1 分子甘油与 3 分子高级脂肪酸发生酯化作用形成的酯，医学上称为甘油三酯。其结构通式为：

$$
\begin{array}{ll}
& \quad\;\; O \\
& \quad\;\; \| \\
CH_2-O-C-R_1 \\
& \quad\;\; O \\
& \quad\;\; \| \\
CH-O-C-R_2 \\
& \quad\;\; O \\
& \quad\;\; \| \\
CH_2-O-C-R_3
\end{array}
\qquad
\begin{array}{ll}
& \quad\;\; O \\
& \quad\;\; \| \\
CH_2-O-C-C_{15}H_{31} \\
& \quad\;\; O \\
& \quad\;\; \| \\
CH-O-C-C_{15}H_{31} \\
& \quad\;\; O \\
& \quad\;\; \| \\
CH_2-O-C-C_{15}H_{31}
\end{array}
$$

甘油三酯 　　　　　　　　　 三软脂酸甘油酯（甘油三软脂酸酯）

式中，R_1、R_2、R_3 分别是脂肪酸的烃基，它们都相同时，称为单甘油酯（如甘油三软脂酸酯）；不完全相同时，称为混甘油酯。天然的油脂多为混甘油酯。甘油三酯的命名可按多元醇的命名法称为"甘油某酸酯"。如果是混甘油酯，则命名时用 α、β 和 α' 标明脂肪酸的位次。

组成油脂的脂肪酸种类很多，绝大多数是直链的含偶数碳原子的高级脂肪酸（表 10-1），包括饱和脂肪酸和不饱和脂肪酸。多数脂肪酸能在人体内合成，但是亚油酸、亚麻酸不能合成，必须由食物提供，而花生四烯酸人体只能合成少量，多数需从食物中获取，故这三者又称为必需脂肪酸。

表 10-1 常见高级脂肪酸

类型	名称	结构式
饱和脂肪酸	软脂酸（十六碳酸）	$CH_3(CH_2)_{14}COOH$
	硬脂酸（十八碳酸）	$CH_3(CH_2)_{16}COOH$
	花生酸（二十碳酸）	$CH_3(CH_2)_{18}COOH$
不饱和脂肪酸	油酸（9-十八碳烯酸）	$CH_3(CH_2)_7CH=CH(CH_2)_7COOH$
	亚油酸（9,12-十八碳二烯酸）	$CH_3(CH_2)_4CH=CHCH_2CH=CH(CH_2)_7COOH$
	亚麻酸（9,12,15-十八碳三烯酸）	$CH_3CH_2(CH=CHCH_2)_2CH=CH(CH_2)_7COOH$
	花生四烯酸（5,8,11,14-二十碳四烯酸）	$CH_3(CH_2)_4(CH=CHCH_2)_4CH_2CH_2COOH$
	EPA（5,8,11,14,17-二十碳五烯酸）	$CH_3(CH_2)_4(CH_2CH=CH)_6(CH_2)_2COOH$
	DHA（4,7,10,13,16,19-二十二碳六烯酸）	$CH_3(CH_2)_4(CH_2CH=CH)_6(CH_2)_2COOH$

👁️看一看

对人体有益的不饱和脂肪酸

DHA 和 EPA 都是对人体非常重要的多不饱和脂肪酸，在深海鱼油中含量较多，是无色至淡黄色油状液体，有刺鼻腥臭味。DHA俗称脑黄金，三文鱼中含量最多，是大脑和视网膜的重要构成成分，在人体大脑皮层中含量高达20%，在眼睛视网膜中所占比例最大，约占50%，因此，对胎婴儿智力和视力发育至关重要。EPA被称为血管清道夫，具有疏导清理心脏血管的作用，可防止多种心血管疾病的发生。

二、油脂的性质

天然油脂常因含有色素和维生素等而有不同的气味和颜色。油脂比水轻，难溶于水，易溶于有机溶剂。天然油脂是混合物，无固定的熔点和沸点。

（一）皂化反应

油脂在酸、碱或酶的作用下可发生水解反应，如在碱性溶液下水解，生成1分子甘油和3分子高级脂肪酸盐。

$$
\begin{array}{l}
CH_2-O-\overset{\overset{O}{\|}}{C}-R_1 \\
CH-O-\overset{\overset{O}{\|}}{C}-R_2 + 3NaOH \xrightarrow{\triangle} \\
CH_2-O-\overset{\overset{O}{\|}}{C}-R_3
\end{array}
\quad
\begin{array}{ll}
CH_2-OH & R_1COONa \\
CH-OH + & R_2COONa \\
CH_2-OH & R_3COONa
\end{array}
$$

高级脂肪酸盐是肥皂的基本成分，故油脂在碱性溶液中的水解反应又称为皂化反应。使1g油脂完全皂化所需要的氢氧化钾的毫克数称为皂化值。根据皂化值的大小可以判断油脂相对分子质量的高低，还可以检验油脂是否掺有其他物质，并指示使一定质量油脂完全皂化时所需的碱量。

👁 看一看

肥皂的去污原理及乳化作用

肥皂常作为洗涤用品或医药上的乳化剂。肥皂之所以能去除油污，是由其结构决定的。肥皂分子的结构可分为两部分，一部分是极性的易溶于水的亲水基（羧酸钠盐—COO⁻Na⁺），另一部分是非极性的不溶于水的憎水基或亲油基（链状的烃基—R），憎水基具有亲油的性质［图10-1（a）］。在洗涤过程中，污垢中的油滴溶于肥皂分子的烃基，而易溶于水的羧酸钠盐部分则暴露在油滴外面分散于水中，这样油滴被肥皂分子包围起来，悬浮在水中形成乳浊液［图10-1（b）］，从而达到洗涤的目的。这种油滴分散在肥皂水中的现象叫作乳化，具有乳化作用的物质叫作乳化剂。

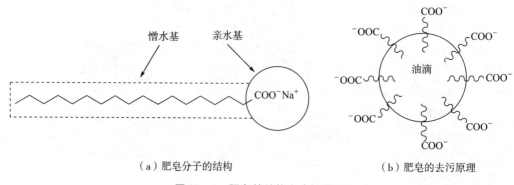

（a）肥皂分子的结构　　　　　　　（b）肥皂的去污原理

图10-1　肥皂的结构和去污原理

（二）加成反应

1. 加氢　含不饱和脂肪酸较多的油脂通过催化加氢，可以转化为含饱和脂肪酸较高的油脂。经氢化后，液态的油变为半固态或固态的脂肪。因此，油脂的催化氢化也叫作油脂的硬化。硬化后的油脂便于储存和运输。

2. 加碘 油脂中所含不饱和脂肪酸的碳碳双键可与碘发生加成反应，100g 油脂与碘加成时，所需碘的克数叫碘值。根据碘值，可以判断油脂的不饱和程度。

（三）酸败

油脂在空气中放置过久，就会变质，产生难闻的气味，这种现象称为油脂的酸败。油脂酸败的主要原因是空气中的氧气、水分或微生物的作用，使油脂中的不饱和键被氧化、水解而产生有刺激性臭味的低分子醛、酮和游离脂肪酸等。中和 1g 油脂中的游离脂肪酸所需氢氧化钾的毫克数，称为油脂的酸值。酸值越大，说明油脂酸败程度越严重，通常酸值大于 6.0 的油脂不宜食用。

皂化值、碘值和酸值是油脂品质分析中三个重要的理化指标，国家对不同油脂的皂化值、碘值和酸值有严格的规定。

目标检测

答案解析

一、单项选择题

1. $CH_3CH_2CH_2OCOCH_3$ 的名称是（　　）

   A. 丙酸乙酯 　　B. 甲酸正丁酯 　　C. 正丁酸甲酯 　　D. 乙酸正丙酯

2. 乙酰水杨酸的通用名是（　　）

   A. 水杨酸 　　B. 阿司匹林 　　C. 乳酸 　　D. 酒石酸

3. 羧酸衍生物水解的共同产物是（　　）

   A. 醇 　　B. 氨 　　C. 羧酸 　　D. 酸酐

4. 不能作为酰化试剂的是（　　）

   A. 乙酸 　　B. 乙酸酐 　　C. 甲酸乙酯 　　D. 乙酰氯

5. 2020 年版《中国药典》鉴别阿司匹林的方法之一：取本品适量加水煮沸，放冷后加入 $FeCl_3$ 试液 1 滴，即显紫色。产生该现象的原因是（　　）

   A. 阿司匹林水解生成的乙酸与 Fe^{3+} 生成紫色配合物

   B. 阿司匹林水解后生成的水杨酸与 Fe^{3+} 生成紫色配合物

   C. 阿司匹林羧基与 Fe^{3+} 生成紫色配合物

   D. 以上都不是

6. $CH_3OOCCH_2COOCH_2CH_3$ 完全水解后的产物是（　　）

   A. $HOOCCH_2COOH$

   B. $HOOCCH_2COOCH_2CH_3 + CH_3OH$

   C. $CH_3OOCCH_2COOH + CH_3CH_2OH$

   D. $HOOCCH_2COOH + CH_3OH + CH_3CH_2OH$

7. 下列化合物中，能使 $FeCl_3$ 显色的是（　　）

   A. 乙酸乙酯 　　B. 丙二酸二乙酯 　　C. 乙酰乙酸乙酯 　　D. 丙二酸甲乙酯

8. 下列两个化合物的关系是（　　）

A. 碳链异构   B. 位置异构   C. 顺反异构   D. 互变异构

9. 测定油脂不饱和程度常采用的方法是（ ）

     A. 加氢   B. 加溴   C. 加碘   D. 加氯化氢

10. 下列试剂中，能使油脂彻底水解的是（ ）

     A. 氢氧化钠   B. 盐酸   C. 氯化钠   D. 乙醇

二、命名或写出结构简式

1. ⌬—COOCH$_2$CH$_3$ 2. CH$_3$CCH$_2$COC$_2$H$_5$ (两个 O)   3. ⌬—CH$_2$CONH$_2$

4. CH$_3$COOCOCH$_3$ 5. 邻苯二甲酸酐   6. N-乙基乙酰胺

7. 乙二酸二乙酯   8. 乙酰水杨酸   9. 乙酰溴

三、完成下列反应式

1. ⌬—COCl + H$_2$O ⟶

2. ⌬(—COOH，—OH) + (CH$_3$CO)$_2$O $\xrightarrow{\text{浓 } H_2SO_4}$

3. ⌬—COOCH$_3$ + CH$_3$CH$_2$CH(CH$_3$)CH$_2$OH $\xrightarrow[\triangle]{H^+}$

4. ⌬—CH$_2$CONH$_2$ + Br$_2$ + NaOH ⟶

5. CH$_3$COOC$_2$H$_5$ + HCOOC$_2$H$_5$ $\xrightarrow[(2) H_3O^+]{(1) C_2H_5ONa/C_2H_5OH}$

6.
$$\begin{array}{l} CH_2-O-\overset{O}{\overset{\|}{C}}-C_{17}H_{35} \\ CH-O-\overset{O}{\overset{\|}{C}}-C_{17}H_{35} \\ CH_2-O-\overset{O}{\overset{\|}{C}}-C_{17}H_{35} \end{array} + 3NaOH \xrightarrow{\triangle}$$

四、用化学方法鉴别下列各组化合物

1. 乙酰氯、乙酸乙酯和乙酸

2. 缩二脲、乙酰胺和乙酰乙酸乙酯

五、推断结构

化合物 A、B、C 的分子式均为 $C_3H_6O_2$，其中 A 能与 Na_2CO_3 反应放出 CO_2，B 与 C 则不能。B 与 C 在碱性溶液中加热均可发生水解，B 水解的产物能与托伦试剂发生银镜反应，而 C 水解的产物则不能。试推断 A、B、C 的结构式。

（叶群丽）

书网融合……

📑 重点回顾   ⓔ 微课   📋 习题

第十一章　对映异构

导学情景

情景描述：20 世纪 60 年代初期，西德的一家制药厂生产了一种安眠药——沙利度胺（也称"反应停"），其对抑制妊娠呕吐有明显的疗效，当时各国争相上市，使用极为广泛。1961 年 10 月，在西德妇产科学术会议上，学者对沙利度胺引起的海豹形畸胎进行了报告，最终导致 1956～1961 年共诞生了 6000～8000 个畸形胎儿，这就是震惊世界的反应停事件。

情景分析：研究发现，沙利度胺作为一个手性化合物，其 R-构型有抑制妊娠反应活性，而 S-构型有致畸性。这也加强了人们对手性化合物作为药物的认识。

讨论：什么是手性？什么是手性化合物？

学前导语：很多药物具有手性，手性药物的对映体在人体内的药理活性、代谢过程及其毒性具有明显的差异。本章将介绍旋光性、手性化合物、对映异构体等概念，旋光异构体的理化性质及其在医药领域中的广泛应用。

第一节　物质的旋光性

PPT

一、偏振光和旋光性

光（自然光）是一种电磁波，其振动方向垂直于光波前进的方向。自然光是含有各种波长的光线组成的光束，可在与前进方向垂直的各个平面上任意方向振动（图 11 - 1）。

1. 平面偏振光　当自然光透射尼科尔（Nicol）棱镜（一种方解石晶体制成的偏振仪器，只允许和棱镜晶轴平行振动的光线通过）时，一部分光线被阻挡，不能透射，只有和棱镜的晶轴平行振动的光线可以透过。透过棱镜的光只在某一个平面上振动，这种只在一个平面上振动的光称作平面偏振光，简称偏振光（图 11 - 2）。偏振光前进的方向和其质点振动的方向所构成的平面称为振动面。

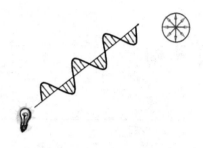

图 11-1 自然光

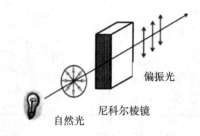

偏振光

尼科尔棱镜

自然光

图 11-2 偏振光的形成

2. 旋光性 是指物质能使偏振光的振动面旋转的性能。具有旋光性的物质叫作旋光性物质或者光学活性物质。自然界中有许多物质具有旋光性或光学活性。例如，在两个晶轴相互平行的尼科尔棱镜之间放入乙醇、丙酮等物质的溶液时，通过第二个尼科尔棱镜观察仍能见到最大强度的光，视场光强不变，说明它们不具有旋光性；但在两个晶轴相互平行的尼科尔棱镜之间放入葡萄糖、果糖或乳糖等物质的溶液时，通过第二个尼科尔棱镜观察，视场光强减弱，只有将第二个尼科尔棱镜顺时针或逆时针旋转一定角度之后，才能恢复原来最大强度的光，即葡萄糖、果糖或乳糖等将偏振光的偏振面旋转了一定的角度，说明它们具有旋光性。

3. 旋光度 指偏振光的偏振面被旋光性物质所旋转的角度，用 α 表示。光学活性物质旋光度的大小，可用旋光仪测定。

二、旋光仪 📱微课1

旋光仪主要由 1 个光源、2 个尼科尔棱镜、1 个盛放样品的盛液管和 1 个能旋转的刻度盘组成（图 11-3）。其中第 1 个棱镜是固定的，称为起偏镜，第 2 个棱镜可以旋转，称为检偏镜。

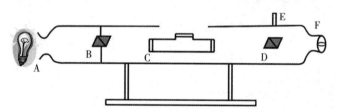

A. 光源；B. 起偏镜；C. 样品管；D. 检偏镜；E. 刻度盘；F. 目镜

图 11-3 旋光仪的结构示意图

❓ 想一想

旋光仪是如何测定待测样品旋光度的？

答案解析

旋光仪的工作原理：测定旋光度时可将被测物质装在盛液管里，如果从面对光线射入的方向观察，能使偏振光的偏振面按顺时针方向旋转的旋光性物质称为右旋体，用符号 " + " 或 "d" 表示；反之，则称为左旋体，用符号 " – " 或 "l" 表示（图 11-4）。

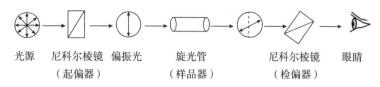

光源　尼科尔棱镜　偏振光　　旋光管　　　　尼科尔棱镜　　眼睛
　　　　（起偏器）　　　　　（样品器）　　　（检偏器）

图 11 - 4　旋光仪的工作原理示意图

三、比旋光度

物质的旋光度大小除了与物质本身的特性有关外，还与测定时所用溶液的浓度、盛液管的长度、测定时的温度、光的波长以及所用溶剂等因素有关。对于某一物质来说，用旋光仪测得的旋光度并不是固定不变的，故旋光度不是物质固有的物理常数。因此，为了能比较物质旋光性能的大小，消除这些不可比因素的影响，通常采用比旋光度 $[\alpha]_{\lambda}^{t}$ 来描述物质的旋光性。比旋光度的定义：在一定温度下，盛液管长度为 1dm，待测物质的浓度为 1g/ml，光源波长为 589nm 时所测得的旋光度。旋光度与比旋光度之间的关系可用下式表示：

$$[\alpha]_{\lambda}^{t} = \frac{\alpha}{c \times l}$$

式中，t 为测定时的温度（℃），一般是室温；λ 为光源波长，常用钠光灯（D）作为光源，波长为589nm；α 为实验所测得的旋光度；c 为待测溶液的浓度（g/ml），纯液体化合物可用密度；l 为盛液管长度（dm）。

比旋光度和物质的熔点、沸点、密度等一样，是旋光性物质的固有物理常数，有关数据可在手册或文献中查到。通过旋光度的测定，可以计算出物质的比旋光度。利用比旋光度可以进行旋光性物质的定性鉴别及含量和纯度的分析。

练一练11-1

某葡萄糖的水溶液，在 20℃用钠光灯作为光源，于 1dm 长的盛液管内，测得其旋光度是 +3.4°，从手册中查得其比旋光度是 $[\alpha]_{D}^{20} = +52.5°$，求该溶液的质量浓度。

答案解析

第二节　对映异构现象

PPT

一、手性分子和旋光性 微课2 微课3

1. 手性　如果把左手放在一面镜子前，可以看到镜子里的镜像与右手一样。同样的道理，将右手放在镜子前，可以看到镜子里的镜像与左手一样，所以左手和右手具有互为实物与镜像的关系，但两者不能重合（图 11 - 5、图 11 - 6）。因此，把这种物体与其镜像不能重合的性质称为手性。

图 11 - 5　左手的镜像是右手

图 11 - 6　左手和右手不能重合

练一练11-2

你所熟悉的下列物件中，哪些具有手性？

（1）玻璃漏斗　　　（2）蒸馏烧瓶　　　（3）手套　　　（4）你的脚

答案解析

自然界中一部分化合物具有旋光性，而大多数化合物则不具有旋光性。研究结果显示，物质是否具有旋光性，与物质分子的结构有关，具有旋光性的物质分子都是手性分子。

👁 看一看

有趣的手性

从天文学到地球科学，从化学到生物学，几乎处处都有手性的身影。太阳系的所有天体（包括小行星）都是按照右旋方向旋转的，称为右旋定则；2000年8月发生在大西洋的阿尔贝飓风，其螺旋具有手性特征；在植物学中，手性也是一个重要的形态特征。绝大多数攀缘植物都是沿着主干往右缠绕的，但也有少部分是往左缠绕的，如香忍冬；自然界中也不乏具有手性的植物，如薄草、牵牛；此外，生活中以及艺术中也不乏手性现象。2002年6月13日，Nature发表了加拿大科学家Jesson和Barrett研究茄属植物刺萼龙葵的花柱手性的论文，指出两个等位基因中的一个控制花柱的左右，其中向右是显性的。这项工作对于揭示生物形态手性的起源或许具有重要的启示作用。

2. 手性碳原子　在很多有机化合物手性分子中往往含有这样一个碳原子，它与4个完全不同的原子或者原子团相连接，我们把这种连接4个不同原子或者原子团的碳原子称为手性碳原子或不对称碳原子，用 C^* 表示。如乳酸、丙氨酸和甘油醛等分子中都含有手性碳原子。

$$\underset{\underset{\text{乳酸}}{|}}{CH_3\overset{*}{C}HCOOH}\quad\quad \underset{\underset{\text{丙氨酸}}{|}}{CH_3\overset{*}{C}HCOOH}\quad\quad \underset{\underset{\text{甘油醛}}{|}}{CH_2OH\overset{*}{C}HCHO}$$
$$OH\quad\quad\quad\quad NH_2\quad\quad\quad\quad OH$$

练一练11-3

下列分子中有无手性碳原子？若有，请用 * 号标出。

（1）$CH_3CH_2CH_3$　　　　　　（2）$CH_3CH_2CHClCH_3$　　　　　（3）$CH_2BrCH_2CH_2CH_2Cl$

（4）$CH_3CHICHClCH_2Cl$　　　（5）$CH_3CH_2OCH_2CH_2CH_3$　　　（6）$CH_3CH_2CH_2CH_2Br$

答案解析

3. 对映体　乳酸分子与其镜像二者不能完全重合，因此乳酸是具有旋光性的物质，手性碳原子相连的4个不同原子或原子团有两种不同的空间排列方式，即有两种不同的构型。这种构造相同，构型不同，互为实物和镜像关系而不能重合的一对立体异构体，叫作对映异构体，简称对映体（图11-7）。

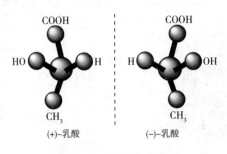

图11-7　乳酸的对映体

在非手性环境中，对映体的性质没有区别，如熔点、沸点、溶解度、反应速率等；而在手性环境中，则呈现出不同的性质，如反应速率。

4. 外消旋体 乳酸的来源不同，其旋光度也不同，人体肌肉剧烈运动之后产生的乳酸为右旋乳酸，用（＋）-乳酸表示；另一种葡萄糖发酵而产生的乳酸为左旋乳酸，用（－）-乳酸表示；（＋）-乳酸和（－）-乳酸是一对对映体，它们的旋光能力相同，但旋光方向相反。由等量的左旋体和右旋体组成的物质，无旋光性，称为外消旋体。如从酸奶中得到的乳酸是由等量的（＋）-乳酸和（－）-乳酸组成的，无旋光性，是外消旋乳酸，用（±）-乳酸表示。在非手性条件下合成手性化合物时，得到的都是外消旋产物。

但要注意，手性碳原子只是手性分子一个重要的结构特征，判断一个化合物是否具有手性，关键要看该分子中是否存在对称因素。如果在一个分子中找不到任何对称因素，则该分子就是手性分子，具有旋光性。若存在对称因素，该分子则能与自己的镜像重合，就不具有手性，无旋光性。

对称因素包括对称面、对称中心和对称轴，其中应用较多的是对称面和对称中心。对称面是指把分子分成实物与镜像关系的假想平面（图11-8）；对称中心是设想分子中有一个点，从分子的任何一个原子或基团向该点引一条直线并延长出去，若在距离该点等距离处总会遇到相同的原子或基团，则这个点就为分子的对称中心（图11-9）。

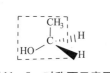

图11-8 对称面示意图

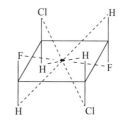

图11-9 对称中心示意图

二、含一个手性碳原子的化合物

含有一个手性碳原子的化合物必定是手性分子，有一对对映体，分别为左旋体和右旋体。

（一）构型的表示

分子的构型是三维的（立体的），而纸面是二维的（平面的）。在二维的纸面上表示三维的分子构型，通常可用透视式或费歇尔投影式。

1. 透视式 乳酸分子两种构型的透视式（图11-10）。在这种表示法中，手性碳原子在纸面上，用实线相连的原子或基团表示处在纸面上，用楔形实线相连的原子或基团表示处在纸面的前面，用虚线相连的原子或基团表示处在纸面的后面。这种表示式清晰、直观，但书写较麻烦。

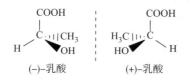

图11-10 乳酸分子两种构型的透视式

2. 费歇尔投影式 是采用投影的方法将分子的构型表示在纸面上（图11-11）。投影的规则如下。
（1）手性碳原子置于纸面内，用横竖两线的交点代表这个手性碳原子。
（2）横向的两个原子或基团指向纸面的前面，竖向的两个原子或基团指向纸面的后面。

投影时，通常把含手性碳原子的主链放在竖直方向，把编号最小的碳原子的相应基团放在上端。

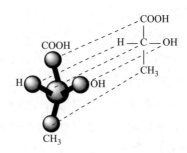

图 11-11　乳酸分子的费歇尔投影式

使用费歇尔投影式时，要注意投影式不能离开纸面翻转，可以在纸面上旋转180°，但不能旋转90°或270°，否则构型就会改变。

（二）构型的标记

手性分子有相对构型和绝对构型两种构型标记方法。

1. D/L 构型标记法　D 是拉丁语 Dextro 的字首，意为"右"，L 是拉丁语 Laevo 的字首，意为"左"。在有机化学发展早期，科学家还没有实验手段可以测定分子中的原子或原子团在空间的排列情况，为了避免混淆，费歇尔选择以甘油醛作为标准，对对映异构体的构型进行了一种人为的规定。指定羟基位于投影式右侧的甘油醛命名为 D-构型；羟基位于投影式左侧的甘油醛命名为 L-构型。其他旋光性物质的构型，与甘油醛相关联进行确定。如下所示：

$$\begin{array}{c} CHO \\ H\!-\!\!\!-\!\!\!-\!OH \\ CH_2OH \end{array} \qquad \begin{array}{c} CHO \\ HO\!-\!\!\!-\!\!\!-\!H \\ CH_2OH \end{array}$$

D-(+)-甘油醛　　　L-(-)-甘油醛

由于这样确定的构型是相对于标准物质而言的，所以称为相对构型。需要注意的是，手性碳原子的 D/L 构型是人为规定的，D 型不一定是右旋的，L 型也不一定是左旋的，旋光方向必须通过实验确定。

2. R/S 构型标记法　由于有些化合物不易与甘油醛关联，因此 D/L 法有一定的局限性，除氨基酸和糖类仍采用这种标记法外，其他一般采用 R/S 标记法。R/S 标记法是根据与手性碳原子所连接的四个不同的原子或基团在空间的排列顺序来标记的（图 11-12）。方法如下：首先将手性碳原子连接的四个不同的原子或基团 a、b、c、d 按次序规则由大到小排列，假设它们的优先顺序为 a > b > c > d（" > "表示"优先于"）。然后将排在最后的原子或基团 d 放在距离观察者最远的位置，观察其余三个原子或者基团，如果 a→b→c 为顺时针方向，则其构型用 R 表示，称为 R-型；如果 a→b→c 为逆时针方向，则其构型用 S 表示，称为 S-型。　　微课4

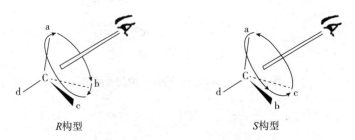

R构型　　　　　　　　　　　S构型

图 11-12　R/S 构型标记法

例如，用 R/S 构型法标记下面的 2-氯丁烷构型。将手性碳原子所连接的四个原子或基团排列成序：$Cl > C_2H_5 > CH_3 > H$。从离氢原子最远处观察，$Cl \rightarrow C_2H_5 \rightarrow CH_3$ 为顺时针方向，所以为 R 构型。

R 构型

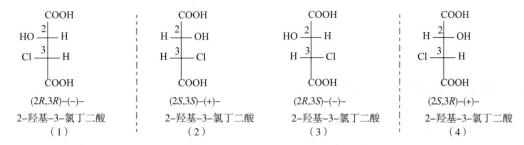

R-甘油醛	S-甘油醛	R-甘油醛	S-甘油醛
（1）	（2）	（3）	（4）

对于一个给定的费歇尔投影式，判断 R/S 构型时，必须根据投影原则建立立体形象，再根据上述规则判断，比较麻烦，人们又总结了一些简便的平面观察方法来进行判断，具体如下：当最小的原子或基团在横键上时，只看其他三个原子或基团在平面上的排列顺序，如果是顺时针方向，所代表的构型就是 S-型，逆时针方向是 R-型，如上述的（1）和（2）；当最小基团在竖键上时，观察的结果与实际相同，即顺时针方向的构型是 R-型，逆时针方向是 S-型。如上述的（3）和（4）。因此，对于给定的费歇尔投影式，R/S 构型的判断，可以按照下述"小窍门"标记其构型，即"小横反"和"小竖同"。

按照 R/S 构型标记法确定的构型不依赖于任何标准物，所以称为绝对构型标记法。

应该指出的是，构型与旋光性没有必然联系。也就是说，R 构型的化合物可能是右旋的，也可能是左旋的，S 构型的化合物可能是左旋的，也可能是右旋的。

三、含两个手性碳原子的化合物

根据化合物中两个手性碳原子所连接的四个原子或基团是否相同，可分为下列两种情况。

（一）含有两个不同手性碳原子的化合物

$(2R,3R)$-$(-)$- 2-羟基-3-氯丁二酸 （1）	$(2S,3S)$-$(+)$- 2-羟基-3-氯丁二酸 （2）	$(2R,3S)$-$(-)$- 2-羟基-3-氯丁二酸 （3）	$(2S,3R)$-$(+)$- 2-羟基-3-氯丁二酸 （4）

含有两个不同手性碳原子的化合物有四种立体异构体（两对对映体）。上述（1）和（2）、（3）和（4）互为对映体；等量的（1）和（2）、（3）和（4）分别组成两种外消旋体；（1）和（3）或（4）、（2）和（3）或（4）之间，不互为实物和镜像的关系，称为非对映异构体（两种不是对映体的立体异构体称为非对映异构体，简称非对映体）。

在一般情况下，对映体除了旋光方向相反外，其他物理性质均相同。但非对映体的旋光方向可能相同，也可能不同，比旋光度不同，其他物理性质如熔点等也不同。

分子中手性碳原子数越多，立体异构体数目也越多，其数目与手性碳原子数有如下关系：立体异构体数 $= 2^n$（n 为不相同的手性碳原子数）。

（二）含有两个相同手性碳原子的化合物

2,3-二羟基丁二酸（酒石酸）分子中的两个手性碳原子是相同的，也就是每个手性碳原子所连接的四个原子或基团都是—OH、—COOH 、—CHOHCOOH、—H。它似乎也有两对对映体：

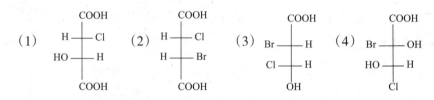

(2R,3R)–(+)–　　　(2S,3S)–(–)–　　　(2R,3S)–(–)–　　　(2S,3R)–(–)–
2,3–二羟基丁二酸　2,3–二羟基丁二酸　2,3–二羟基丁二酸　2,3–二羟基丁二酸
　　（1）　　　　　　　（2）　　　　　　　（3）　　　　　　　（4）

上述（1）和（2）互为对映体，等量的（1）和（2）组成外消旋体。（3）和（4）似乎也是一对对映体，但是，将（3）在纸面上转动180°以后，正好和（4）完全重合，说明（3）和（4）是同一种分子（同一种化合物）。在（3）或（4）分子中有一个对称面，其没有旋光性。这是因为分子内的两个手性碳原子的构型相反，其旋光度大小相等、方向相反，因而旋光性恰巧在分子内部互相抵消而没有旋光性，这种化合物称为内消旋体，用 meso 或 i 表示。因此，分子中含有两个相同手性碳原子的酒石酸，仅有三种立体异构体：左旋体、右旋体和内消旋体。内消旋体和左旋体或右旋体间是非对映异构体。凡分子中含有相同手性碳原子的化合物，其立体异构体数目都小于 2^n（n 是手性碳原子数）。

外消旋体和内消旋体都没有旋光性，但二者有本质上的区别。外消旋体是混合物，可以采用一定的方法把它拆分成左旋体和右旋体；而内消旋体则是一种纯净的物质。

从内消旋酒石酸这个例子可以看出，化合物分子含有不止一个手性碳原子时，该分子有可能不是手性分子。所以，分子中是否含有手性碳原子并不是分子是否具有手性的必要和充分条件。

✖ 练一练11–4

写出下列结构中手性碳原子的构型。

答案解析

(1) H—C—Cl HO—C—H COOH/COOH
(2) H—C—Cl H—C—Br COOH/COOH
(3) Br—C—H Cl—C—H COOH/OH
(4) Br—C—OH HO—C—H COOH/Cl

四、旋光异构体的性质差异

旋光仪异构体的化学性质几乎是完全相同的。一对对映体，除了旋光方向相反以外，其他物理性质（如熔点、沸点、相对密度、比旋光度大小、在非手性试剂的溶解度）都基本相同。非对映体之间不仅旋光性不同，其他物理性质也差异较大。外消旋体不同于任意两种物质的混合物，具有固定熔点，且熔点范围很窄。例如酒石酸的部分物理常数见表 11 – 1。

表 11 – 1　酒石酸的部分物理常数

名称	$[\alpha]_D^{20}$	熔点（℃）	溶解度（g/100g 水）
（–）–酒石酸	– 12	170	139
（+）–酒石酸	+12	170	139
（±）–酒石酸	0	204	20. 6
meso–酒石酸	0	140	125

旋光异构体之间更为重要的区别在于它们对生物体的作用不同，不同构型的旋光异构体之间往往

有不同的生理活性或者不同的药理活性。旋光异构体的药理作用，有以下四种情形：①对映体的药理作用完全相同，如丙胺卡因左旋体和右旋体均具有相似的麻醉作用；②对映体中有一个有作用，一个无作用，如左旋多巴具有治疗震颤麻痹综合征的作用，右旋多巴无此作用；③对映体中有一个作用强，一个作用弱，如氧氟沙星的左旋体抗菌作用强，右旋体抗菌作用较弱；④对映体的药理作用不同，如沙利度胺右旋体具有镇静和缓解孕妇呕吐的作用，沙利度胺左旋体具有致畸作用。

♥ 药爱生命

绝大多数药物都具有手性，手性药物之所以具有生理活性，是因为药物与生物体内的受体相互作用，而受体都具有一定的立体结构，药物的立体结构与受体的立体结构相适应，药物才能发挥作用，产生特定的药理作用，否则，不但不能发挥作用，甚至还会产生毒性。

前文提到的震惊世界的"反应停"事件给数以万计的家庭和个人造成了巨大的创伤和痛苦，也使人类初次认识到了药物的手性，手性药物制备技术也成为不少化学家青睐的领域。任何事物都有两面性，沙利度胺草率上市虽有过错，但在某种程度上也促使了现代药物审批制度的不断完善，从而避免了类似的悲剧再度发生。

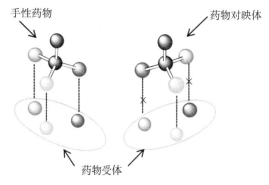

图 11-13 手性药物作用示意图

目标检测

答案解析

一、单项选择题

1. 在有机化合物分子中与 4 个不同的原子或基团相连接的碳原子称为（ ）

    A. 手性碳原子   B. 非手性碳原子   C. 叔碳原子   D. 仲碳原子

2. 下列化合物中具有旋光性的是（ ）

    A. 2-戊醇   B. 丁酸   C. 丙醛   D. 丁二酸

3. （±）-乳酸是（ ）

    A. 内消旋体   B. 外消旋体   C. 顺反异构体   D. 对映异构体

4. 下列叙述中不正确的是（ ）

    A. 分子与其镜像不能重合的特征叫作手性

    B. 没有手性碳原子的分子一定是非手性分子，必无旋光性

    C. 无任何对称因素的分子必定是手性分子

    D. 具有对称面的分子都是非手性分子

5. 2-氯丁烷的投影式为 ，其构型是（ ）

    A. R-型   B. S-型   C. Z-型   D. E-型

6. 对映异构是一种重要的异构现象，它与物质的（ ）有关

    A. 化学性质   B. 物理性质   C. 旋光性   D. 可燃性

7. 在化合物 $CH_3CHBrCH_2OH$ 分子中第二个碳原子属于（ ）

A. 伯碳原子   B. 不饱和碳原子   C. 叔碳原子   D. 手性碳原子

8. 甘油醛的投影式为 $\begin{array}{c} CHO \\ H\!-\!\!|\!-\!OH \\ CH_2OH \end{array}$ ，其构型是（　　）

A. R-型   B. S-型   C. Z-型   D. E-型

9. 下列化合物中具有对映异构体的是（　　）

A. $CH_3CH(OH)CH_2CH_3$ B. $HOCH_2CH_2CH_2CH_2OH$

C. $CH_3CH_2CH_2CH_2OH$ D. $CH_3CH_2CH_2CH_2CH_3$

10. 下列费歇尔投影式中符合（R）-2-甲基-1-氯丁烷构型的是（　　）

A. $\begin{array}{c} CH_2CH_3 \\ H\!-\!\!|\!-\!CH_3 \\ CH_2Cl \end{array}$ B. $\begin{array}{c} CH_2Cl \\ H\!-\!\!|\!-\!CH_3 \\ CH_2CH_3 \end{array}$ C. $\begin{array}{c} CH_3 \\ H\!-\!\!|\!-\!CH_2Cl \\ CH_2CH_3 \end{array}$ D. $\begin{array}{c} CH_2Cl \\ CH_3\!-\!\!|\!-\!H \\ CH_2CH_3 \end{array}$

二、判断题

1. 手性分子与其镜像互为对映异构体。（　　）

2. 不含有对称因素的分子都是手性分子。（　　）

3. 手性分子中必定含有手性碳原子。（　　）

4. 没有手性碳原子的分子一定是非手性分子，无旋光性。（　　）

5. 外消旋体是纯净物，内消旋体为混合物。（　　）

三、命名或写出结构

1. $\begin{array}{c} CH_3 \\ H\!-\!\!|\!-\!Cl \\ CH_2CH_3 \end{array}$ 2. $\begin{array}{c} COOH \\ H\!-\!\!|\!-\!OH \\ CH_3 \end{array}$ 3. $\begin{array}{c} CHO \\ HO\!-\!\!|\!-\!Br \\ CH_3 \end{array}$ 4. $\begin{array}{c} COOH \\ H\!-\!\!|\!-\!Cl \\ Br\!-\!\!|\!-\!CH_3 \\ COOH \end{array}$

5. （R）-2-甲基-2-羟基丁酸   6. （2R,3S）-2,3-二羟基丁二酸

四、推断结构

旋光化合物 A（C_6H_{10}），能与硝酸银氨溶液生成白色沉淀 B（C_6H_9Ag）。将 A 催化加氢生成 C（C_6H_{14}），C 没有旋光性。试推断 A、B 和 C 的构造式。

（张景正）

书网融合……

📖 重点回顾   e 微课1   e 微课2   e 微课3   e 微课4   ⏱ 习题

第十二章　有机含氮化合物

学习目标

知识目标：

1. **掌握**　硝基化合物和胺的命名、主要化学性质及重要应用；重氮盐的制备。
2. **熟悉**　硝基化合物、胺的物理性质；重氮和偶氮化合物。
3. **了解**　硝基化合物和胺的结构、分类；重氮盐的化学性质。

技能目标：

能识别硝基化合物、胺、重氮化合物、偶氮化合物的官能团；能对胺进行分类；能熟练地对硝基化合物、胺进行命名，并写出重要的硝基化合物、胺、重氮盐的结构式；能写出硝基化合物、胺、重氮盐典型反应的反应式；会用化学方法鉴别各类胺。

素质目标：

体会硝基化合物、胺、重氮盐在生产、生活以及医药上的重要作用；增强环保意识、安全意识和健康意识。

导学情景

情景描述：八月的一天，某运输公司用一辆卡车运输苯胺，因天气酷热，随车的一名装卸工爬到敞篷车厢内，坐在苯胺桶上。当天下午，这个工人就感到不适，嘴唇发黑发紫，人已处于不能自控的状态。经医院抢救，全身换了三次血液，命是保住了，人却痴呆了。

情景分析：苯胺的蒸气在炎热的条件下溢出，人体出汗之后，湿润且溢出油脂的皮肤很容易吸收苯胺。

讨论：苯胺属于什么结构的化合物？为什么苯胺会导致装卸工中毒？

学前导语：苯胺属于芳香胺类化合物。本章将介绍硝基化合物、胺、重氮盐的结构、理化性质及其在医药领域中的广泛应用。

有机含氮化合物是指含有氮原子和碳原子直接相连结构的化合物，主要包括硝基化合物、胺、重氮和偶氮化合物等。

第一节　硝基化合物

PPT

一、硝基化合物的定义和命名

（一）硝基化合物的定义

硝基化合物是烃分子中的氢原子被硝基取代的化合物，可用通式（Ar）R—NO_2表示，硝基（—NO_2）是硝基化合物的官能团。根据烃基种类不同，可分为脂肪族硝基化合物和芳香族硝基化合物。

（二）硝基化合物的命名

硝基化合物的命名与卤代烃的命名相似。将硝基作为取代基，以烃为母体来命名。例如：

CH₃CH₂NO₂   CH₃CHNO₂   CH₃ $-$ C $-$ NO₂
                                   | |
                                  CH₃   CH₃

硝基乙烷   硝基异丙烷   2-甲基-2-硝基丙烷

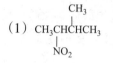 NO₂   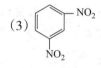 NO₂

硝基环己烷   硝基苯   2,4,6-三硝基甲苯

练一练12-1

命名或写出下列硝基化合物的结构简式。

(1) CH₃CHCHCH₃   (2) CH₃ $-$ C $-$ CH₂NO₂   (3) [m-二硝基苯结构]
         | |
        NO₂   CH₃

                                                                 答案解析

(4) 2-硝基甲苯   (5) α-硝基萘   (6) 对二硝基苯

二、硝基化合物的物理性质

脂肪族硝基化合物一般为无色液体，芳香族硝基化合物除了单环一取代硝基化合物为高沸点的液体外，多数为淡黄色固体。硝基化合物难溶于水，但能与大多数有机物互溶，并能溶解大多数无机盐（形成配合物），故液体硝基化合物常用作某些有机反应（如傅－克反应）的溶剂。由于硝基具有较高的极性，所以硝基化合物的沸点和熔点较高。硝基化合物大多具有特殊气味，个别有香味，可用作香料，但是大多数硝基化合物具有毒性，易引起肝脏、中枢神经、血液等中毒，使用时要注意防护。多数硝基化合物不稳定，遇光、热或振动易爆炸分解，可用作炸药（如三硝基甲苯）。

三、硝基化合物的化学性质 🄴微课1

硝基与羰基的结构相似，是一个不饱和的极性基团。硝基化合物的性质主要与硝基有关，主要发生的反应如下。

[结构图：α-H显弱酸性；还原反应；还原反应；间位取代]

(一) 弱酸性

由于—NO₂是强吸电子基，从而导致含有 α-H 的硝基化合物具有弱酸性。

	CH₃NO₂	CH₃CH₂NO₂	CH₃CHNO₂ (CH₃)
pK_a	10.2	8.5	7.8

有 α-H 的硝基化合物与 NaOH 溶液作用生成钠盐而溶于水，钠盐酸化后，又可重新生成硝基化合物，从水中分离。无 α-H 的硝基化合物则不溶于 NaOH 溶液，可利用这一性质分离和提纯含有 α-H 的

硝基化合物。

（二）硝基的还原反应

1. 脂肪族硝基化合物　在强还原条件下（常用还原剂：Fe + HCl、Zn + HCl、$SnCl_2$ + HCl、H_2/Ni），硝基被还原为胺基。

$$R-NO_2 \xrightarrow{[H]} R-NH_2 \quad \text{伯胺}$$

2. 芳香族硝基化合物　在不同条件下还原得到不同的产物。

（1）在酸性或中性介质中，硝基苯还原生成苯胺或羟基苯胺。

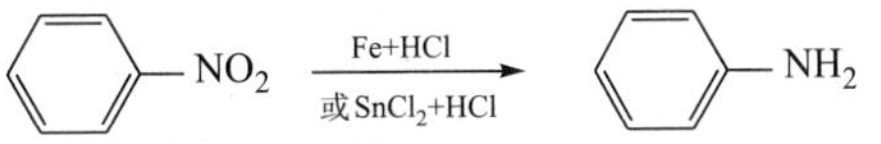

苯胺

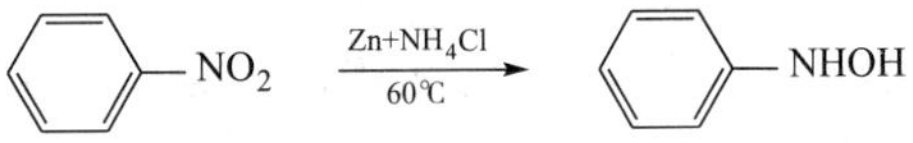

羟基苯胺

（2）在碱性介质中，硝基苯的还原能力降低，生成偶氮苯、氢化偶氮苯等中间体。

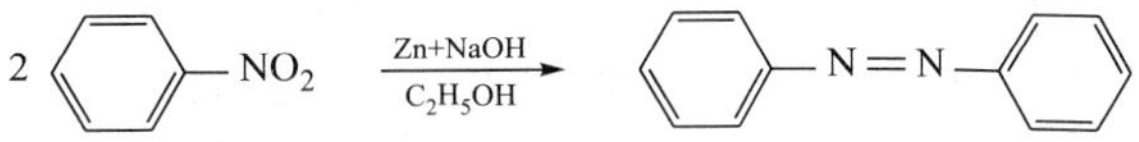

偶氮苯

（3）用催化氢化法还原，硝基苯生成苯胺。

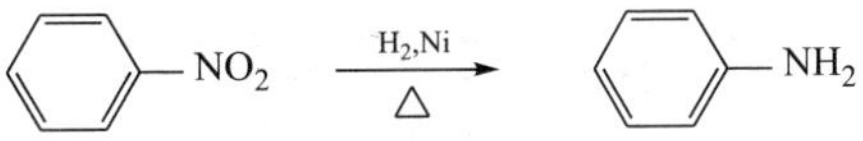

苯胺

由于催化氢化法在产品质量和产率等方面均优于化学还原法，且对环境污染小，因此目前生产苯胺常用此方法。

（三）芳环上的取代反应

硝基是间位定位基，能使苯环钝化。因此芳香族硝基化合物卤代、硝化、磺化取代反应都比苯困难，且生成间位取代产物。

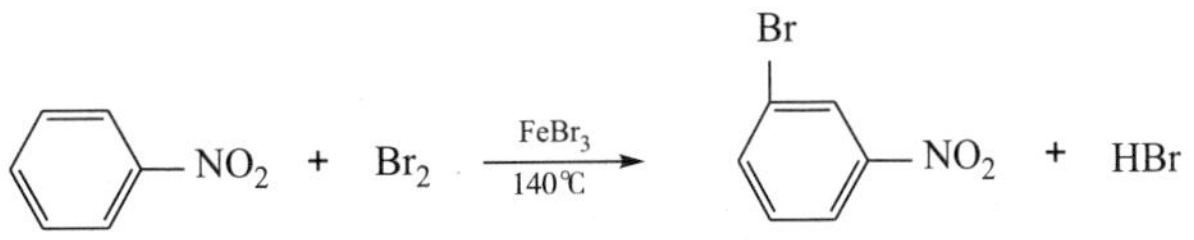

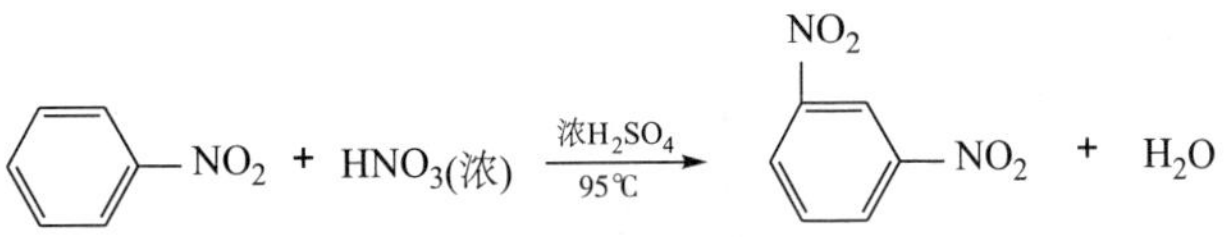

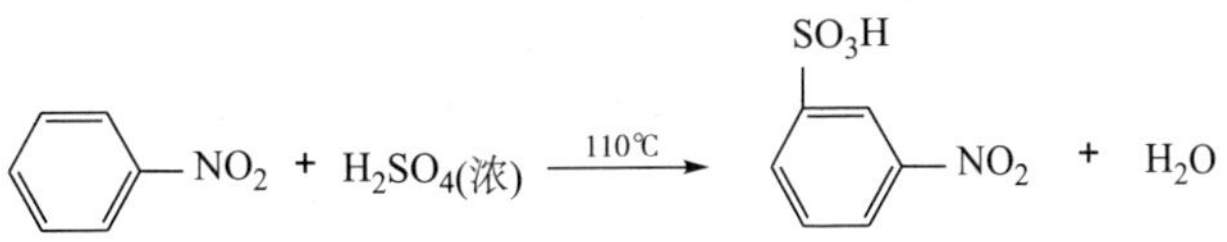

药爱生命

硝基是药物化学中常见且独特的官能团之一，在许多抗肿瘤药、抗生素、抗结核药、抗寄生虫药、镇静药、杀虫剂和除草剂中都可以发现硝基。硝基具有很强的吸电子能力，可在分子内产生局部缺电子位点，并与生命系统中存在的蛋白质、氨基酸、核酸和酶等生物亲核试剂经亲核加成、电子转移或络合发生相互作用。因此，一直以来硝基化合物都是药物化学研究的热点。另一方面，利用硝基的还原性可设计前药，硝基药物在体内通过酶促还原产生活性药物分子并最终诱导生物效应。然而，不得不正视的是，含有硝基的药物往往会引起严重的不良反应和毒性，包括致癌性、肝毒性、致突变性和骨髓抑制。出于这个原因，硝基常被视为警报结构，这一定程度上阻碍了其治疗效用的探索。但芳香族和杂芳族硝基化合物的选择性毒性也可以用作一些化学疗法的基础，比如针对细菌、寄生虫或肿瘤细胞中毒而不伤害宿主的正常细胞。总体而言，硝基既是一种好的药效团，也是一种毒性警示结构。

四、与医药有关的硝基化合物

1. 硝基苯 是淡黄色油状液体，熔点 5.7℃，沸点 210.9℃，有苦杏仁味，难溶于水，能溶于苯、乙醚、乙醇。能通过呼吸道和皮肤进入血液中，破坏血红素输送氧的能力，有很大的毒性。

2. 2,4,6-三硝基甲苯 简称 TNT，淡黄色针状晶体，熔点 80.6℃，几乎不溶于水，微溶于乙醇，溶于苯、甲苯和丙酮，有毒。TNT 是一种重要的炸药，熔点较低，熔融方便，易同其他成分混合，是既便宜又安全的猛烈炸药。

3. 2,4,6-三硝基苯酚 俗称苦味酸，是黄色针状或块状晶体，熔点 121.8℃，有毒，味极苦。能溶于热水、乙醇、苯及乙醚，难溶于冷水，水溶液呈酸性。苦味酸用于制造硫化染料和炸药，也是检验生物碱的重要试剂。

👁 **看一看**

硝基对酚、羧酸酸性的影响

苯环上酚羟基和羧基受硝基强吸电子效应的影响，能使酚、羧酸的酸性增强，以邻、对位上的硝基对酚羟基和羧基的影响较大。例如：

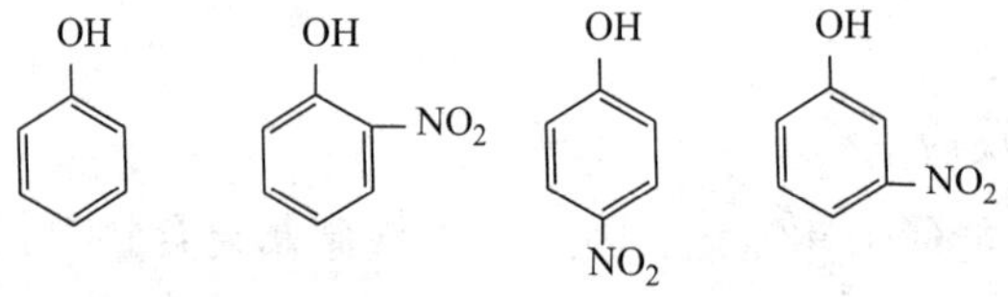

| pK_a | 10.0 | 7.21 | 7.16 | 8.0 |

| pK_a | 4.17 | 2.21 | 3.40 | 3.46 |

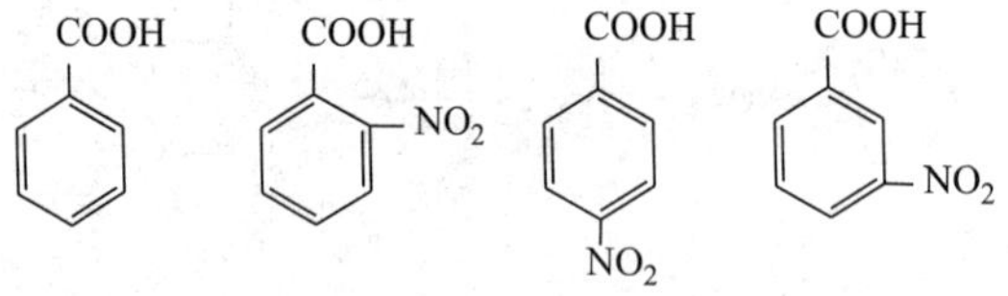

苯环上的硝基数目越多，则对苯环上羟基或羧基的酸性影响越大。例如：

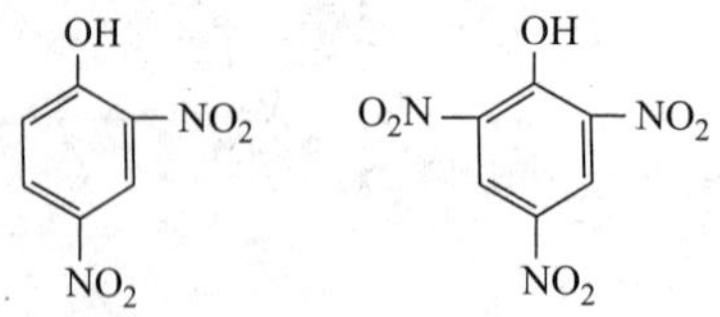

| pK_a | 4.09 | 0.71 |

其中，2,4,6-三硝基苯酚的酸性已接近无机强酸。

PPT

第二节 胺

一、胺的定义、分类和命名

（一）胺的定义

胺可以看作氨分子的烃基衍生物，即氨分子中的氢原子被烃基取代后的衍生物称为胺。胺类化合物具有多种生理作用，在医药上用作退热、镇痛、局部麻醉、抗菌、驱虫等药物。

（二）胺的分类

1. 根据氮原子所连烃基的种类分类 可分为脂肪胺和芳香胺，氮原子与脂肪烃基相连称为脂肪胺；氮原子直接与芳香环相连称为芳香胺。例如：

CH_3NH_2 CH_3NHCH_3 苯环—NH_2 苯环—$N(CH_3)_2$

脂肪胺   脂肪胺   芳香胺 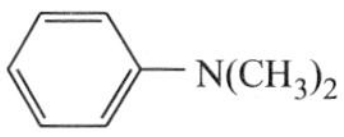   芳香胺

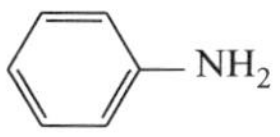

2. 根据氮原子所连烃基的数目分类 可分为伯胺、仲胺、叔胺。

（1）**伯胺** 氮原子与 1 个烃基相连，通式为（Ar）R—NH_2，官能团为氨基（—NH_2）。例如：

CH_3NH_2 $CH_3CH_2NH_2$ 苯环—NH_2 苯环—CH_2NH_2

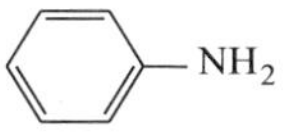

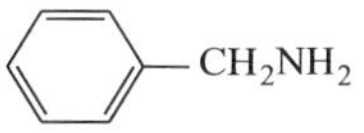

（2）**仲胺** 氮原子与 2 个烃基相连，通式为（Ar）R—NH—R（Ar），官能团为亚氨基（—NH—）。例如：

$CH_3CH_2NHCH_3$ CH_3NHCH_3 苯环—$NHCH_3$

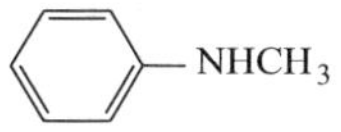

（3）**叔胺** 氮原子与 3 个烃基相连，通式为(Ar)R—N—R(Ar)（N上连R(Ar)），官能团为次氨基或叔氮原子（—N—）。例如：

$CH_3CH_2\overset{\underset{\displaystyle CH_3}{|}}{N}CH_3$ $CH_3\overset{\underset{\displaystyle CH_3}{|}}{N}CH_3$ 苯环—$\overset{\underset{\displaystyle CH_3}{|}}{N}CH_3$ 苯环—$\overset{\underset{\displaystyle CH_3}{|}}{N}CH_2CH_3$

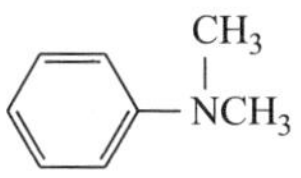

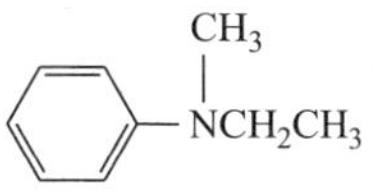

当氮原子与 4 个烃基相连时，称为季铵，可看成铵根离子（NH_4^+）中的四个氢原子被烃基取代后所形成。季铵类化合物包括季铵盐（$R_4N^+X^-$）和季铵碱（$R_4N^+OH^-$）。

3. 根据氨基的数目分类 可分为一元胺、二元胺和多元胺。例如：

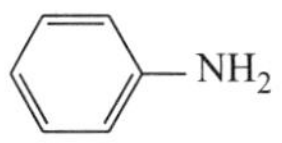

苯环—NH_2 $H_2N-CH_2CH_2-NH_2$ $H_2N-CH_2\overset{\underset{\displaystyle NH_2}{|}}{C}HCH_2-NH_2$

一元胺   二元胺   三元胺

？ 想一想

氨、胺、铵三个字有什么区别？

答案解析

（三）胺的命名 微课2

1. 简单胺 采用习惯命名法，根据氮原子所连烃基种类是否相同可分成两类。

（1）**氮原子所连烃基种类相同** 以胺为母体，烃基作为取代基，称为"某胺"。当氮原子上所连烃基相同时，用中文数字"二""三"等表示相同烃基的数目；若所连烃基不同，则按基团的次序规则由小到大写出。例如：

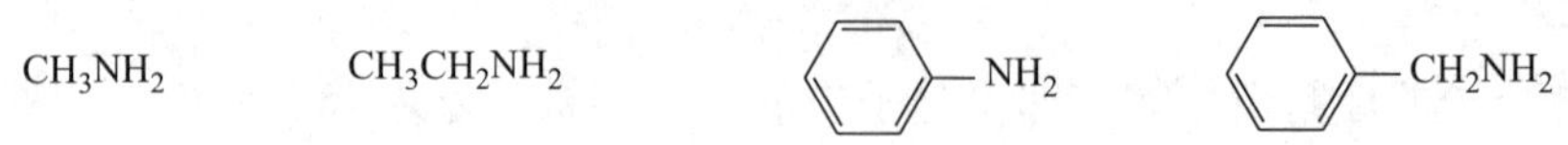

CH₃NH₂   CH₃CH₂NH₂   ⬡-NH₂   ⬡-CH₂NH₂

甲胺   乙胺   苯胺   苯甲胺或苄胺

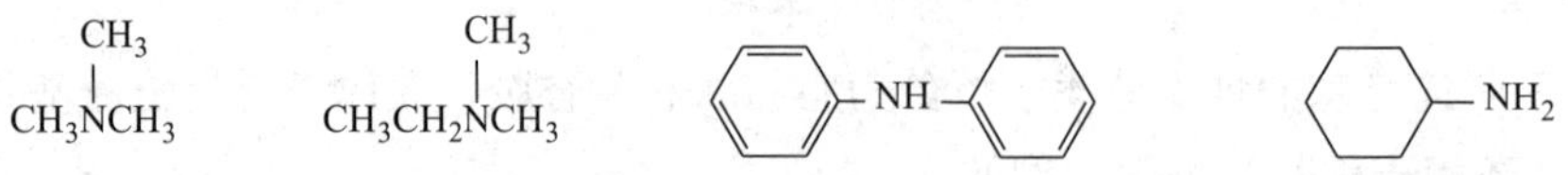

CH₃—N(CH₃)CH₃   CH₃CH₂—N(CH₃)CH₃   ⬡-NH-⬡   ⬡-NH₂

三甲胺   二甲乙胺   二苯胺   环己胺

（2）**氮原子所连烃基种类不同** 当芳香胺的氮原子上连有脂肪烃基时，以芳香胺为母体，在脂肪烃基的前面冠以字母"N–"，表示该脂肪烃基直接连接在氮原子上，而不是连在芳环上。如果两个脂肪烃基相同，则合并且以"N，N–二"表示烃基位置。例如：

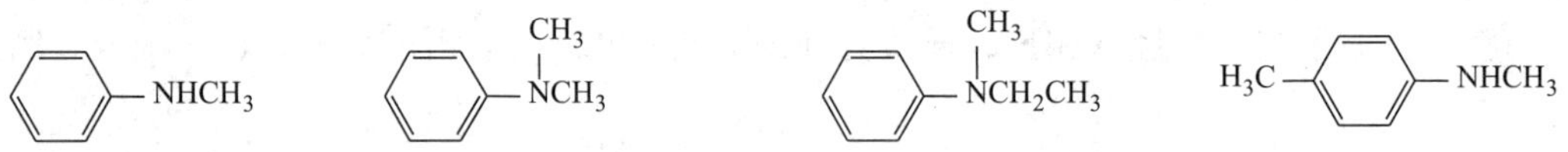

⬡-NHCH₃   ⬡-N(CH₃)CH₃   ⬡-N(CH₃)CH₂CH₃   H₃C-⬡-NHCH₃

N-甲基苯胺   *N,N*-二甲基苯胺   *N*-甲基-*N*-乙基苯胺   *N*-甲基对甲苯胺

2. 复杂胺 采用系统命名法，以烃基为母体，氨基作为取代基。例如：

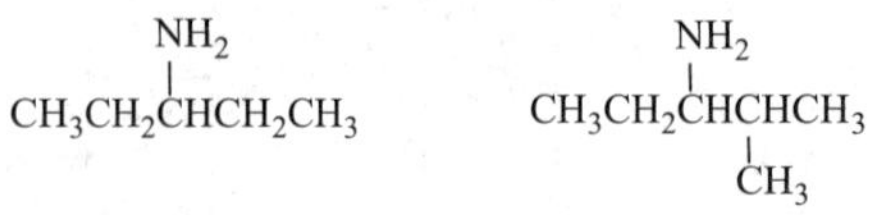

CH₃CH₂CHCH₂CH₃   CH₃CH₂CHCHCH₃
　　　│NH₂　　　　　　　　　　│NH₂　│CH₃

3-氨基戊烷   2-甲基-3-氨基戊烷

3. 多元胺 类似于多元醇的命名，根据所含烃基名称及氨基数目进行命名。例如：

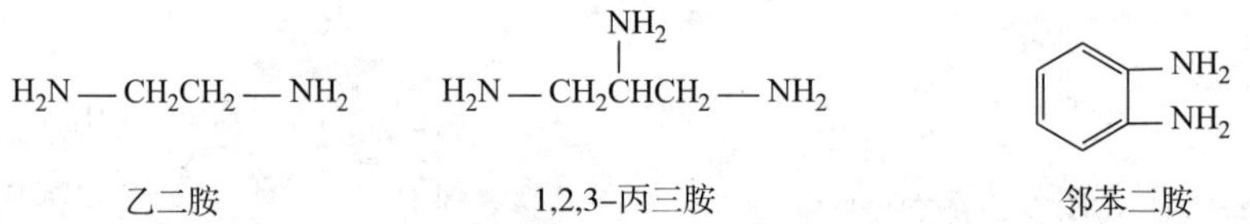

H₂N—CH₂CH₂—NH₂   H₂N—CH₂CHCH₂—NH₂   ⬡(NH₂)(NH₂)
　　　　　　　　　　　　　│NH₂

乙二胺   1,2,3-丙三胺   邻苯二胺

4. 季铵 因其为离子化合物，故按照无机物的命名顺序，先阴离子再阳离子，阳离子部分根据基团由小到大、相同基团合并的规则写出。例如：

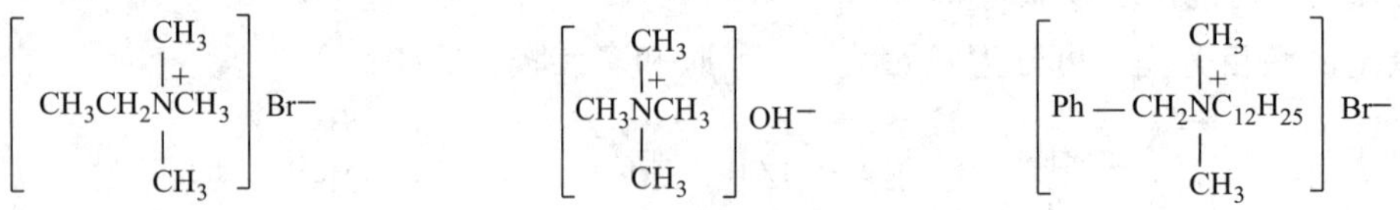

[CH₃CH₂N⁺(CH₃)₃]Br⁻   [CH₃N⁺(CH₃)₃]OH⁻   [Ph—CH₂N⁺(CH₃)C₁₂H₂₅]Br⁻

溴化三甲基乙基铵   氢氧化四甲基铵   溴化二甲基十二烷基苄基铵

✎ **练一练12–2**

命名下列化合物，并指出属于伯、仲、叔胺的哪一类。

答案解析

（1）$CH_3CH_2CH_2NH_2$

（2）[苯环]$-CH_2NHCH_3$

（3）[苯环]$-N \begin{matrix} CH_3 \\ C_2H_5 \end{matrix}$

（4）$CH_3CHCHCH_3$ （上方 CH_3，下方 NH_2）

（5）$CH_3-\overset{CH_3}{\underset{CH_3}{C}}-NH_2$

（6）[苯环，间位双 NH_2]

二、胺的物理性质

（一）脂肪胺

低级脂肪胺中的甲胺、二甲胺、三甲胺和乙胺等在常温下是气体，其余低级胺是易挥发的液体，十二胺以上为固体。低级胺的气味与氨相似，三甲胺有鱼腥味。1,4-丁二胺称为腐胺，1,5-戊二胺称为尸胺，均具有恶臭味且有毒。

具有 N—H 键的伯胺、仲胺分子间能形成氢键缔合，故其沸点比分子量相近的烷烃高，但形成氢键的强度不如醇，沸点比相应的醇低，叔胺不含 N—H 键而不能形成分子间氢键，其沸点与分子量相近的烷烃相近。对碳原子数相同的胺，沸点按伯胺、仲胺、叔胺顺序依次降低。

低级胺均能溶于水（与水形成氢键），但随分子量的升高，水溶性下降；高级胺不溶于水。

（二）芳胺

芳胺为无色、高沸点的液体或低熔点的固体，固体的苯胺取代物中，以对位异构体的熔点最高。芳胺一般难溶于水，易溶于有机溶剂。芳胺能随水蒸气挥发，可用水蒸气蒸馏法分离和提纯。芳胺有特殊气味，且毒性很大，液体芳胺能透过皮肤被吸收，β-萘胺及联苯胺具有强烈的致癌作用。

三、胺的化学性质

胺与氨结构相似，都含有带孤对电子的氮原子，所以它们的化学性质有相似之处。主要发生的反应如下。

（一）碱性及成盐反应 ⓔ 微课3

胺分子中氮原子上的孤对电子能接受质子，因此胺在水溶液中呈碱性。

$$(Ar)RNH_2 + H_2O \rightleftharpoons (Ar)RNH_3^+ + OH^-$$

1. 碱性　在水溶液中，胺的碱性强弱与氮原子上所连烃基的结构和数目有关。季铵碱属于强碱。脂肪胺的碱性比氨气的碱性强，当氮原子上连有同种脂肪烃基但数目不同时，脂肪仲胺碱性最强。芳香胺的碱性比氨气的碱性弱，且连接芳基越多碱性越弱。在判断具体胺类化合物碱性强弱时，要根据每种胺的 pK_b 来比较，pK_b 越小的碱性越强。例如：甲胺、二甲胺、三甲胺、氨气、苯胺在水溶液中的 pK_b 分别为3.4、3.3、4.2、4.7、9.4，则碱性强弱关系为二甲胺 > 甲胺 > 三甲胺 > 氨气 > 苯胺。

2. 成盐反应　胺具有碱性，在乙醚溶液中与强酸作用形成稳定的铵盐而沉淀析出，铵盐遇强碱又游离出胺。

$$RNH_2 + HX \xrightarrow{\text{乙醚}} RN\overset{+}{H_3}X^- \downarrow \xrightarrow{\text{NaOH}} RNH_2$$

可利用胺的这一性质提纯胺类化合物。同时铵盐为离子型化合物，在水中溶解度较大，所以也常用酸性水溶液来提取胺类化合物。

由于芳胺的碱性较弱，所以只有苯胺与二苯胺才能与强酸成盐。

练一练12-3

指出下列物质的碱性强弱顺序并解释原因。

苯胺、二苯胺、三苯胺、N-甲基苯胺、N, N-二甲基苯胺

pK_b	9.4	13.2	中性	9.2	8.9

答案解析

(二) 酰化反应和磺酰化反应

1. 酰化反应　伯胺或仲胺均能跟酰卤、酸酐和酯作用生成酰胺，此反应称为酰化反应。提供酰基的试剂被称为酰化剂。反应时，氨基氮原子上的氢原子被酰基取代，使胺分子中引入一个酰基，生成酰胺。叔胺因氮原子上无氢原子，所以不能发生此类反应。例如：

$$R_1NH_2 + R_2-\overset{\overset{\displaystyle O}{\|}}{C}-X \longrightarrow R_2-\overset{\overset{\displaystyle O}{\|}}{C}-NHR_1 + HX$$

大多数胺是液体，经酰化后生成的酰胺是具有一定熔点的固体，而且比较稳定，在强酸或强碱的水溶液中加热易水解生成原来的胺。因此酰化反应常用于胺类的分离、提纯和鉴定。另外，此反应在有机合成上还常用来保护芳环上活泼的氨基，使其在反应过程中免被破坏。

2. 磺酰化反应　伯胺或仲胺能与苯磺酰氯在碱性条件下作用，生成相应难溶的苯磺酰胺，这一反应称为兴斯堡反应，叔胺与苯磺酰氯不能发生反应。其中，伯胺生成的苯磺酰胺的氮原子上还有一个氢原子，受苯磺酰基的强吸电子诱导效应的影响显示弱酸性，可在反应体系的碱性溶液中生成盐而溶解。仲胺生成的苯磺酰胺，由于氮原子上已经没有氢原子，所以不能溶于碱性溶液而呈固体析出。叔胺不反应。利用该反应可以鉴别和分离伯胺、仲胺和叔胺。

$$\left.\begin{array}{c} RNH_2 \\ R_2NH \\ R_3N \end{array}\right\} + \underset{}{\boxed{}}-SO_2Cl \longrightarrow \left\{\begin{array}{c} \boxed{}-SO_2NHR \downarrow \\ \boxed{}-SO_2NR_2 \downarrow \\ \text{不反应} \end{array}\right. \xrightarrow{\text{NaOH}} \left[\boxed{}-SO_2NR\right]^- Na^+$$

不反应

(三) 与醛、酮的缩合反应

伯胺能与醛或酮发生加成反应，进而脱水，形成含有碳氮双键的化合物，这类化合物往往呈现出一定的颜色且多为沉淀，称为希夫碱。例如：

$$RNH_2 + CHO-\boxed{}-N(CH_3)_2 \xrightarrow[-H_2O]{\triangle} R-N=CH-\boxed{}-N(CH_3)_2$$

由于某些希夫碱具有特殊的生理活性，近年来逐渐引起医药界的重视。

(四) 与亚硝酸反应

脂肪伯胺、芳香伯胺与亚硝酸的反应都生成重氮盐，脂肪伯胺重氮盐极不稳定，定量地放出氮气。

芳香伯胺重氮盐在低温条件下较稳定，但在 5℃ 以上时，分解而放出氮气。此反应能定量地放出氮气，可用于伯胺的定量测定。

$$ArNH_2 \xrightarrow[\text{低温}]{NaNO_2+HX} Ar\overset{+}{N_2}\overset{-}{X} + NaCl + H_2O$$

$$Ar\overset{+}{N_2}\overset{-}{X} + H_2O \xrightarrow{\triangle} ArOH + N_2\uparrow + HX$$

脂肪仲胺或芳香仲胺与亚硝酸反应，都生成黄色油状液体或固体的 N-亚硝基胺。N-亚硝基胺与酸共热可分解为原来的仲胺，利用此性质可分离或提纯仲胺。N-亚硝基胺的毒性很强，具有致癌作用。

$$\underset{N\text{-甲基苯胺}}{\text{〔苯环〕}-NHCH_3} + HNO_2 \longrightarrow \underset{N\text{-甲基-}N\text{-亚硝基苯胺}}{\text{〔苯环〕}-\overset{NO}{\underset{}{N}}-CH_3} + H_2O$$

脂肪叔胺与亚硝酸反应生成不稳定的水溶性亚硝酸盐。芳香叔胺与亚硝酸作用时，在芳环上引入亚硝基，生成亚硝基芳香叔胺。亚硝基芳香叔胺在碱性溶液中呈翠绿色，在酸性溶液中由于结构互变而呈橘红色。

$$\underset{N,N\text{-二甲基苯胺}}{\text{〔苯环〕}-N(CH_3)_2} + HNO_2 \longrightarrow \underset{\substack{\text{对亚硝基-}N,N\text{-二甲基苯胺}\\(\text{翠绿色})}}{ON-\text{〔苯环〕}-N(CH_3)_2} + H_2O$$

✎ 练一练12-4

用化学方法鉴别下列各组化合物。

（1）甲胺、二甲胺、三甲胺　　　　（2）苯胺、苯酚、苯甲酸

答案解析

（五）芳环上的取代反应

芳香胺中氨基是很强的邻、对位定位基，易在邻、对位上发生取代反应。

苯胺在水溶液中与溴水的反应很灵敏，可立即生成 2,4,6-三溴苯胺白色沉淀，与苯酚相似，此反应可用于苯胺的定性鉴别和定量分析。

$$\underset{}{\text{〔NH}_2\text{苯环〕}} + 3Br_2 \xrightarrow[\text{室温}]{H_2O} \underset{}{\text{〔Br-NH}_2\text{-Br,Br苯环〕}}\downarrow + 3HBr$$

♥ 药爱生命

　　N-亚硝基化合物包括亚硝胺和亚硝酰胺两大类。亚硝酸盐在 pH 为 1～4 时和胃内胺类物质极易形成 N-亚硝胺。在经检验过的 100 多种亚硝基化合物中，80 多种有致癌作用。食物中过量的 N-亚硝基化合物是在食物贮存过程中或在人体内合成的。在天然食物中，N-亚硝基化合物的含量极微，对人体是安全的。目前发现含 N-亚硝基化合物较多的食物有烟熏鱼、腌制鱼、腊肉、火腿、腌酸菜等。食物中常见的亚硝基化合物多为挥发性，加热煮沸时随蒸汽一起挥发，同时可加快分解使其失去致癌作用。一般煮沸 15～20 分钟，即可消除食物中绝大部分亚硝基化合物。阳光照射也能有效破坏食物或食品中的亚硝基化合物。

四、与医药有关的胺类化合物

1. 甲胺、二甲胺和三甲胺　常温下三者均为无色气体，易溶于水、乙醇、乙醚等，能吸收空气中的水分。它们都是蛋白质分解时的产物，可从天然物中发现，又是重要的有机化工原料，可用于制药等，对皮肤、黏膜有刺激作用。

2. 苯胺　是最简单的芳香胺，无色油状液体，露置于空气中渐被氧化成棕色，易溶于有机溶剂，微溶于水。苯胺是一种重要的化工原料，可用于药物合成。苯胺对血液和神经的毒性很强。

3. 乙二胺　是最简单的二元胺，无色透明黏液，有氨气味，溶于水和乙醇，具有强碱性。同时，能刺激皮肤和黏膜，引起过敏。乙二胺的四乙酸衍生物乙二胺四乙酸几乎能与所有的金属离子配位，是分析化学中最常用的配位剂。同时，乙二胺四乙酸二钠是蛇毒的特效解毒药，因为它可与蛋白质结合，使蛇毒失去活性。

4. 金刚烷胺　是金刚烷的氨基衍生物，结构式如下：

金刚烷胺为伯胺，是一种抗病毒药，能抑制甲型流感病毒。

第三节　重氮和偶氮化合物

PPT

一、重氮化合物

（一）重氮化合物的命名

重氮化合物可分为重氮中性化合物和重氮离子型化合物（又称重氮盐）。重氮中性化合物是指重氮基（—N$_2$）的一个氮原子连接到一个碳原子上的化合物，其命名采用母体烃基加前缀"重氮"的方式。重氮离子型化合物是指有通用结构（Ar）R—N$_2^+$X$^-$的化合物，其命名以负离子"X$^-$"为前缀，加"重氮"两字，再加母体烃基名称。例如：

$$CH_2N_2 \qquad CH_3CH_2-\overset{+}{N}\equiv NCl^- \qquad \text{（苯基）}-\overset{+}{N}\equiv NCl^-$$

重氮甲烷　　　　　氯化重氮乙烷　　　　　氯化重氮苯

（二）重氮盐的生成

在低温和强酸性水溶液中，芳伯胺与亚硝酸作用生成重氮盐的反应称为重氮化反应。例如：

$$\text{（苯基）}-NH_2 \xrightarrow[0\sim5℃]{NaNO_2+HCl} \text{（苯基）}-\overset{+}{N}\equiv NCl^- + NaCl + H_2O$$

（三）重氮盐的性质

重氮盐是离子型化合物，具有盐的性质。纯净的重氮盐是白色固体，溶于水，不溶于有机溶剂。干燥的重氮盐很不稳定，在空气中颜色迅速变深，受热或震动会引起爆炸。重氮盐水溶液在低温较稳定，所以制成的重氮盐在反应液中宜不经分离尽快使用。

重氮盐的化学性质很活泼，可发生许多反应，主要可分成放氮反应和不放氮反应两大类。

1. 放氮反应　重氮盐分子中的重氮基在不同条件下可被卤素、氰基、羟基、氢原子等取代，同时放出氮气，称为放氮反应，又可以称为取代反应。该反应把一些本来难以引入芳环的基团通过这种反应方便地连接到芳环上，能合成许多有用的有机化合物。例如：

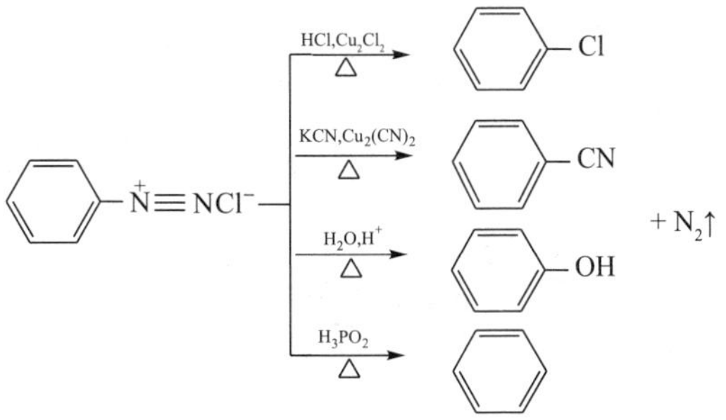

2. 不放氮反应　重氮盐在低温下与酚或芳胺作用，生成有颜色的偶氮化合物，该反应没有氮气生成，称为不放氮反应，又称为偶合反应。

（1）与酚的偶合　重氮盐在弱碱性条件下与苯酚偶合生成对位取代的偶氮化合物。例如：

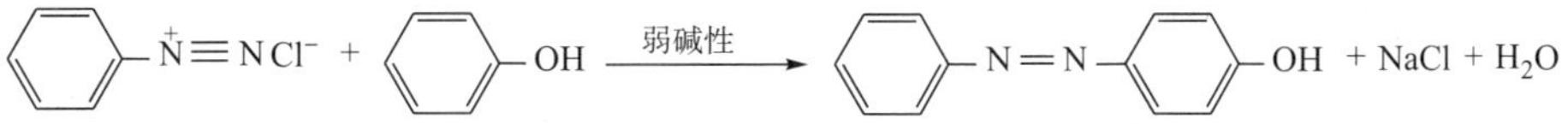

对羟基偶氮苯（橘黄色）

重氮正离子一般进攻酚羟基的对位，在对位被占据时，则进攻酚羟基的邻位。

（2）与胺的偶合　重氮盐在中性或弱酸性溶液中与芳胺作用，重氮正离子进攻芳胺的对位发生偶合，生成有颜色的偶氮化合物。例如：

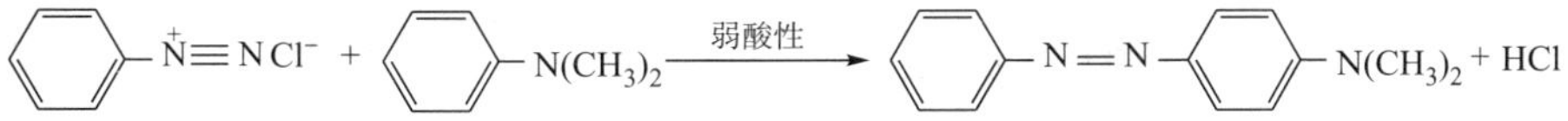

对二甲氨基偶氮苯（黄色）

二、偶氮化合物

偶氮化合物是指官能团—N＝N—的两侧都与烃基相连的化合物，其中的官能团—N＝N—称为偶氮基。命名方法：当官能团两侧连有相同的简单烃基时，称为“偶氮某”；当官能团两侧连有相同的复杂烃基时，将烃基支链的位置和名称放在“偶氮某”前；当官能团两侧连有不同烃基时，以其中一侧的简单烃基为母体，称为“偶氮某”，另一侧的复杂烃基作为取代基放在前面。例如：

$H_3C—N═N—CH_3$

偶氮甲烷

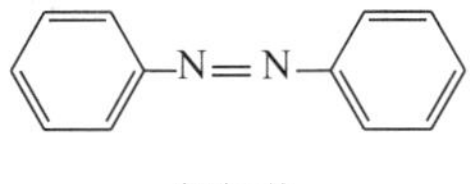

偶氮苯

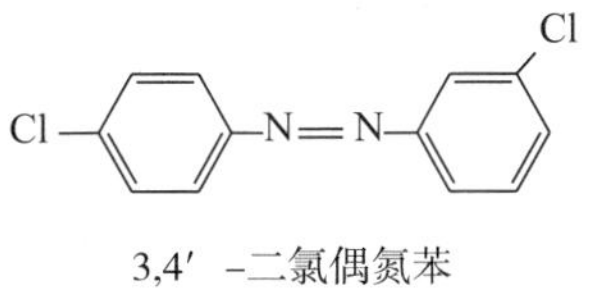

3,4′-二氯偶氮苯

$H_2C═CH—N═N—CH_3$

乙烯基偶氮甲烷

自然界中物质之所以呈现颜色，是因为物质都能吸收一定波长的光，而吸收光的波长与物质的分子结构有关。偶氮化合物是有颜色的固体物质，虽然分子中有氨基等亲水基团，但分子量较大，一般不溶或难溶于水，而溶于有机溶剂。

有的偶氮化合物能牢固地附着在纤维品上，耐洗耐晒，经久不褪色，可以作为染料，称为偶氮染料。有的偶氮化合物能随着溶液的 pH 改变而灵敏地变色，可以作为酸碱指示剂；有的可以凝固蛋白质，能杀菌消毒而用于医药领域；有的能使细菌着色，作为染料用于组织切片的染色剂。例如：

$(CH_3)_2N$—〈〉—$N=N$—〈〉—SO_3Na

甲基橙

胭脂红

答案解析

目标检测

一、单项选择题

1. 下列物质中不能与溴水反应的是（　　）

A. 乙烯　　　　　B. 硝基苯　　　　　C. 苯酚　　　　　D. 苯胺

2. 下列化合物中属于伯胺的是（　　）

A. 乙胺　　　　　B. 二乙胺　　　　　C. 三乙胺　　　　　D. N-乙基苯胺

3. 下列化合物中不能发生酰化反应的是（　　）

A. 甲胺　　　　　B. 二甲胺　　　　　C. 三甲胺　　　　　D. N-甲基苯胺

4. 对于苯胺的叙述，不正确的是（　　）

A. 有剧毒

B. 可发生取代反应

C. 是合成磺胺类药物的原料

D. 可与氢氧化钠成盐

5. 重氮盐的放氮反应不能合成的有机物是（　　）

A. 苯酚　　　　　B. 氯苯　　　　　C. 苯　　　　　D. 苯甲醛

6. 下列胺中碱性最弱的是（　　）

A. 二苯胺　　　　　B. 三苯胺　　　　　C. 二乙胺　　　　　D. 三乙胺

7. 重氮盐与芳胺发生偶合反应，需要提供的介质是（　　）

A. 弱酸性　　　　　B. 强酸性　　　　　C. 强碱性　　　　　D. 弱碱性

8. 在低温下及过量强酸中，下列化合物能与亚硝酸反应生成重氮盐的是（　　）

A. 二甲胺　　　　　B. 三甲胺　　　　　C. 苯胺　　　　　D. N-甲基苯胺

9. 下列物质中能与亚硝酸反应生成N-亚硝基化合物的是（　　）

A. CH_3NH_2　　B. $C_6H_5NHCH_3$　　C. $(CH_3)_2CHNH_2$　　D. $(CH_3)_3N$

10. 下列物质中属于叔胺的是（　　）

A. $(CH_3)_3CNH_2$　　B. $(CH_3)_3N$　　C. $(CH_3)_2NH$　　D. $(CH_3)_2CHNH_2$

二、命名或写出结构简式

1. (结构式: H_3C—苯环带NO_2和NO_2)

2. $C_2H_5NHCH(CH_3)_2$

3. H_3C—〈〉—$N(CH_3)_2$

4. H_3C—〈〉—CH_2NH_2

5. 〈〉—$\overset{+}{N}≡NCl^-$

6. 〈〉—$N=N$—〈〉—CH_3

7. 乙二胺

8. 邻甲基苯胺

9. 苦味酸

三、完成下列反应式

1.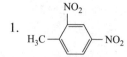

2. 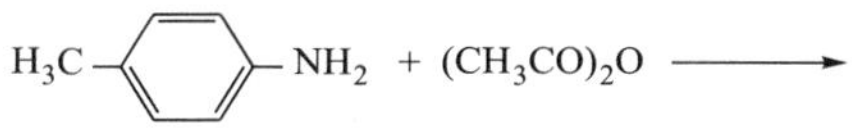 $H_3C-\!\!\!\bigcirc\!\!\!-NH_2$ + $(CH_3CO)_2O$ $\longrightarrow$

3. 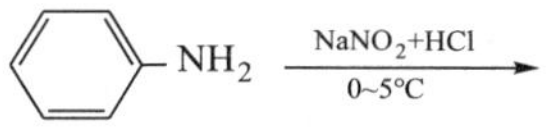 $\bigcirc\!\!\!-NH_2$ $\xrightarrow[\text{0~5℃}]{NaNO_2+HCl}$

4. 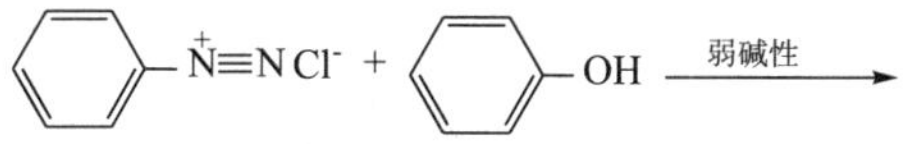 $\bigcirc\!\!\!-\overset{+}{N}\!\!\equiv\!\!N\ Cl^-$ + $\bigcirc\!\!\!-OH$ $\xrightarrow{\text{弱碱性}}$

四、用化学方法鉴别下列各组化合物

1. 苯胺、苯酚和硝基苯

2. 苄胺、苄醇和 N–甲基苯胺

五、推断结构

某化合物 A（C_7H_9N）有碱性，A 的盐酸盐能与 HNO_2 作用生成 B（C_7H_7NCl），B 加热后能放出 N_2，生成对甲苯酚。在弱碱性溶液中，B 与苯酚作用生成具有颜色的化合物 C（$C_{13}H_{12}ON_2$）。试推断 A、B、C 的结构式。

（肖立军）

书网融合……

　重点回顾　　　微课 1　　　微课 2　　　微课 3　　　习题

第十三章 糖 类

学习目标

知识目标：

1. 掌握 糖的定义和分类；重要单糖的结构和主要化学性质。

2. 熟悉 双糖的主要化学性质；淀粉的主要性质。

3. 了解 各种糖的用途；纤维素的组成；糖原的性质及其生理意义。

技能目标：

能识别糖类化合物的结构，并能对其进行分类；能写出重要的单糖的结构式；能写出糖类化合物典型反应的反应式；会用糖类化合物的主要性质鉴别相关有机物。

素质目标：

体会糖类化合物在生产、生活以及医药上的重要作用；增强健康意识。

通过学习我国科学家在糖类研究领域的贡献，激发学生学习和研究有机化学的内动力，培养爱国主义情怀和民族自信心。

📖 导学情景

情景描述： 张大妈是位糖尿病患者，医生让她平时注意控制饮食平衡，每天的主食也要限量，并且严格限制蔗糖及甜食，适当加强体育锻炼，保持良好的心态等。

情景分析： 人和动物的血液中含有葡萄糖（血糖），正常人空腹时的血糖浓度为 $3.9 \sim 6.1\,mmol/L$。血糖含量是临床医学中诊断疾病的一个重要指标。一旦患上糖尿病，就需终身服药；定期检查血糖，保持血糖的平稳，防止并发症的出现。

讨论： 葡萄糖属于什么结构的化合物？为什么糖尿病患者每天的主食也要限量，并且严格限制蔗糖及甜食呢？

学前导语： 葡萄糖在人体内能直接参与新陈代谢过程，是人体进行生命活动所需能量的主要来源，还是合成维生素 C 和葡萄糖酸钙等药物的原料。葡萄糖注射液具有解毒、利尿、强心的作用，临床上用于治疗水肿、心肌炎、血糖过低等。那么除葡萄糖外，还有哪些物质属于糖类化合物呢？它们又有哪些性质呢？

PPT

第一节 单 糖

一、糖类的定义和分类 🇪 微课1

糖类是自然界存在最多、分布最广的一类重要有机化合物，主要来自绿色植物的光合作用。糖类化合物是构成生物体的基本成分之一，也是生物体维持生命活动所需能量的主要来源，是生物体合成其他有机化合物的基本原料。某些糖类化合物还有特殊的生理功能，例如肝脏中的肝素有抗凝血作用，血型物质中的糖与免疫活性有关。

（一）糖类的定义

早期发现的糖都是由 C、H、O 三种元素组成的，且分子中 H 和 O 的原子个数之比均为 2：1，可用通式 $C_n(H_2O)_m$ 来表示，所以糖类最早被称为"碳水化合物"。但后来研究显示，组成符合这个通式的化合物有的并不具有糖的性质，例如甲醛（CH_2O）、乙酸（$C_2H_4O_2$）、乳酸（$C_3H_6O_3$）等。相反，有些分子组成不符合这个通式的化合物却具有糖类的性质，例如脱氧核糖（$C_5H_{10}O_4$）、鼠李糖（$C_6H_{12}O_5$）等；有的糖除含有 C、H、O 三种元素外，还含有 N 或 S 等元素，如 2-氨基葡萄糖中含有 N 元素。因此严格地讲，把糖类称为"碳水化合物"并不恰当，但因沿用已久，迄今仍然在某些学科中使用。

从化学结构特点来看，糖类是多羟基醛或多羟基酮和它们的脱水缩合产物及其衍生物。糖类分子中的官能团主要有三种：羟基（—OH）、醛基（—CHO）或酮基（—CO—）。如葡萄糖是多羟基醛，果糖是多羟基酮，蔗糖是由葡萄糖和果糖脱水而成的缩合物。其中最简单的糖是丙醛糖（又称为甘油醛）和丙酮糖（又称为甘油酮），其结构简式为：

$$\begin{array}{c} CHO \\ | \\ CHOH \\ | \\ CH_2OH \end{array} \qquad\qquad \begin{array}{c} CH_2OH \\ | \\ C=O \\ | \\ CH_2OH \end{array}$$

丙醛糖（2,3-二羟基丙醛，甘油醛）　　　丙酮糖（1,3-二羟基丙酮）

（二）糖类的分类

根据糖类能否水解和水解后的产物不同，可将其分为以下三类。

1. 单糖　是不能水解的多羟基醛或多羟基酮，如葡萄糖、果糖、核糖等。

2. 低聚糖　又称寡糖，是水解后能生成 2~10 个单糖分子的糖，按照水解后能生成单糖的数目可分为二糖（双糖）、三糖、四糖、五糖等。低聚糖中以双糖最为重要，常见的双糖如麦芽糖、蔗糖、乳糖等。

3. 多糖　又称聚糖，是水解后能生成 10 个以上单糖分子的糖，如糖原、淀粉、纤维素等。

低聚糖与多糖之间没有严格界限，低聚糖通常是指有明确结构的化合物。

糖类的名称常根据其来源采用俗名，如蔗糖、葡萄糖、乳糖等就因其来源而得名。

练一练13-1

下列物质中属于糖类的是（　）

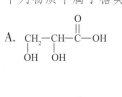

A. $\begin{array}{c} O \\ \| \\ CH_2{-}CH{-}C{-}OH \\ |\quad\ | \\ OH\ \ OH \end{array}$

B. $\begin{array}{c} O \\ \| \\ H_3C{-}CH{-}C{-}OH \\ | \\ OH \end{array}$

C. $\begin{array}{c} O \\ \| \\ CH_2{-}CH_2{-}C{-}OH \\ | \\ OH \end{array}$

D. $\begin{array}{c} CHO \\ | \\ H{-}C{-}H \\ | \\ H{-}C{-}OH \\ | \\ H{-}C{-}OH \\ | \\ CH_2OH \end{array}$

答案解析

二、单糖的结构

常见的单糖一般是含有 3~6 个碳原子的多羟基醛或多羟基酮。我们通常把多羟基醛称为醛糖，多羟基酮称为酮糖。根据分子中碳原子的数目，单糖又可分为丙糖（三碳糖）、丁糖（四碳糖）、戊糖

（五碳糖）、己糖（六碳糖）等。在实际应用时通常把这两种分类方法联用而称为"某醛糖"或"某酮糖"。有些糖的羟基被氢原子或氨基取代后，分别称作去氧糖（如2-脱氧核糖）和氨基糖（如2-氨基葡萄糖），它们也是生物体内重要的糖类。

单糖是构成低聚糖和多糖的基本单位，了解单糖是研究糖类化学的基础。生物体内最为常见的单糖是戊糖和己糖，其中与医学密切相关的是葡萄糖、果糖、核糖和脱氧核糖等。从结构和性质来看，葡萄糖和果糖可作为单糖的代表，因此下面就以这两种己糖为例来讨论单糖的结构。

（一）葡萄糖的结构

1. 葡萄糖的链状结构和构型 葡萄糖的分子式为 $C_6H_{12}O_6$，具有五羟基己醛的基本结构，属于己醛糖。己醛糖的链状结构式为：

$$\underset{OH}{\overset{|}{CH_2}}-\underset{OH}{\overset{*}{\underset{|}{CH}}}-\underset{OH}{\overset{*}{\underset{|}{CH}}}-\underset{OH}{\overset{*}{\underset{|}{CH}}}-\underset{OH}{\overset{*}{\underset{|}{CH}}}-CHO$$

该结构中含有 4 个不同的手性碳原子（C_2、C_3、C_4、C_5），应有 $2^4 = 16$ 个旋光异构体，自然界中的葡萄糖只是 16 个己醛糖之一。葡萄糖分子的开链式结构表示如下：

可简写为 ⋯ 或 ⋯

命名单糖时常需标明其构型，单糖分子的开链结构采用 D、L 标记法，仍然是以甘油醛为标准而定，葡萄糖分子中编号最大的手性碳原子即 C_5 上的羟基在右，故为 D-型。

本章所述单糖未标明构型的均为 D-型糖。在 16 种己醛糖旋光异构体中，自然界存在的只有 D-（+）-葡萄糖、D-（+）-半乳糖和 D-（+）-甘露糖，其余 13 种都是人工合成的。

2. 变旋现象和葡萄糖的环状结构 葡萄糖能被氧化、还原，能形成肟、酯等，这些性质与开链醛式结构是一致的。但是葡萄糖还有一些"异常现象"无法用链状结构解释。

（1）葡萄糖不能使希夫试剂显色，也不能与亚硫酸氢钠加成。

（2）醛在干燥 HCl 作用下可与 2 分子醇作用生成缩醛，而葡萄糖则只能与 1 分子醇作用，生成无还原性的稳定产物（性质类似于缩醛）。

（3）葡萄糖有两种比旋光度（$[\alpha]_D^{20}$）不同的晶体，从冷乙醇中结晶出来的称为 α-型，其新配制的水溶液比旋光度为 +112°；另一种是从热的吡啶中结晶出来的，称为 β-型，其新配制的水溶液比旋光度为 +18.7°。上述两种水溶液的比旋光度都会逐渐变化，并且都在达到 +52.7°时保持恒定，不再改变。某些旋光性化合物在溶液中比旋光度能自行改变，并达到一个恒定值的现象称为变旋现象。

基于上述事实，同时受醛可以与醇加成生成半缩醛这一反应的启示，化学家们推测单糖分子中的醛基和羟基应能发生分子内的加成反应，形成环状半缩醛，这种环状结构已经得到实验证实。开链葡萄糖分子中 C_5 上的羟基与 C_1 羰基加成形成六元含氧环，具有这种六元氧环（与吡喃环相似）的单糖称为吡喃糖；有的单糖分子内加成可形成五元含氧环，具有五元氧环（与呋喃环相似）的单糖称为呋喃糖。

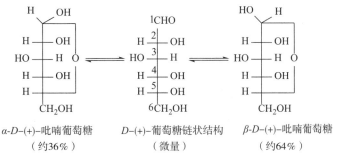

α-D-(+)-吡喃葡萄糖   D-(+)-葡萄糖链状结构   β-D-(+)-吡喃葡萄糖
（约36%）   （微量）   （约64%）

单糖成环时，醛基碳原子 C_1 变成了一个新的手性碳原子，新形成的 C_1 羟基称为半缩醛羟基或苷羟基（亦称为潜在醛基），因此环状结构无论是吡喃型还是呋喃型，都有两种异构体。以直立费歇尔投影式表示 D-型糖的环状结构时，其苷羟基在碳链右侧的称为 α-型，苷羟基在碳链左侧的称为 β-型，它们仅仅是顶端碳原子构型不同，故称为端基异构体或异头物，属于非对映异构体。葡萄糖的两种端基异构体分别为 α-D-(+)-吡喃葡萄糖（可从葡萄糖的冷乙醇溶液中结晶析出）、β-D-(+)-吡喃葡萄糖（可从葡萄糖的热吡啶溶液中结晶析出）。

由于 α-型和 β-型葡萄糖的比旋光度不同，而且在水溶液中，两种环状结构中的任何一种均可通过开链结构相互转变，在趋向平衡的过程中，α-型和 β-型的相对含量不断改变，溶液的比旋光度也随之发生改变，当这种互变达到平衡时，比旋光度也就不再改变，此即葡萄糖产生变旋现象的原因。

α-D-(+)-吡喃葡萄糖 ⇌ 开链式 ⇌ β-D-(+)-吡喃葡萄糖
$[\alpha]_D^{20} = +112°$ $[\alpha]_D^{20} = +18.7°$
（约36%）   （微量）   （约64%）
$[\alpha]_D^{20} = +52.7°$

凡是分子中有环状结构的单糖在溶液中都有变旋现象，例如 D-果糖、D-甘露糖等。

由于在水溶液中葡萄糖的环状结构占绝对优势，开链结构浓度极低，因此凡是涉及羰基的典型可逆反应，如葡萄糖与亚硫酸氢钠或希夫试剂的反应都难以发生。

3. 葡萄糖的哈沃斯式 上述葡萄糖的环状结构是用直立费歇尔投影式表示的，其中碳链直线排列以及过长而又弯曲的氧桥键显然不合理。为了接近真实并形象地表达葡萄糖的氧环结构，常写成下列形式，因为是英国化学家哈沃斯（Haworth）首先提出的，所以称为哈沃斯式。

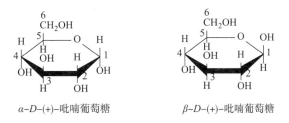

α-D-(+)-吡喃葡萄糖   β-D-(+)-吡喃葡萄糖

将吡喃环式结构改写为哈沃斯式可用下面的方法：先画出含有一个氧原子的六元环，氧原子位于右上端，并标出碳原子的编号，其中1位碳在右边，4位碳在左边。1、2、3、4位碳原子之间的键均用粗线，意为在纸平面之前，5位碳和氧原子在纸平面之后。连在吡喃环式结构碳链左边的原子或原子团（如2位和4位上的氢原子，3位上的羟基）写在环平面的上方，右边的原子或原子团（如2位和4位的羟基、3位上的氢原子），写在环平面的下方（"左上右下"）。

注意：写成哈沃斯式后，5位碳上的羟甲基写在环平面的上方，氢原子在环平面的下方。在葡萄糖的哈沃斯式中，苷羟基在环平面下方者是 α-型，在上方者是 β-型，其他 D-型糖亦如此。

（二）果糖的结构

果糖的分子式为 $C_6H_{12}O_6$，与葡萄糖互为同分异构体，所不同的是二者羰基的位置不同，果糖的羰

基在 C_2 上，属于己酮糖，己酮糖有 8 个旋光异构体。自然界中存在的是 D-(-)-果糖，其开链式结构如下：

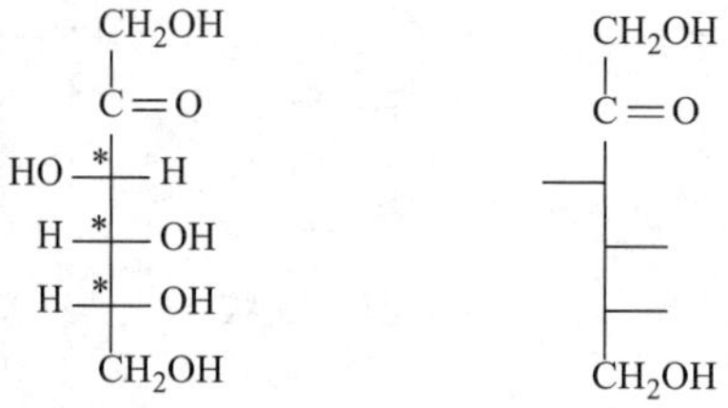

与葡萄糖相似，D-果糖既有链状结构，又存在环状结构。当 D-果糖链状结构中 C_5 或 C_6 上的羟基与酮基加成时，分别形成呋喃环和吡喃环两种环状结构。自然界中以游离态存在的果糖主要是吡喃型；而以结合态存在的果糖（如蔗糖中的果糖）主要是呋喃型。无论是呋喃果糖还是吡喃果糖，又都有各自的 α-型和 β-型。在水溶液中，D-果糖也可以由一种环状结构通过链状结构转变成其他各种环状结构，因此果糖也有变旋现象，达到互变平衡时，其比旋光度为 -92°。果糖的哈沃斯式表示如下：

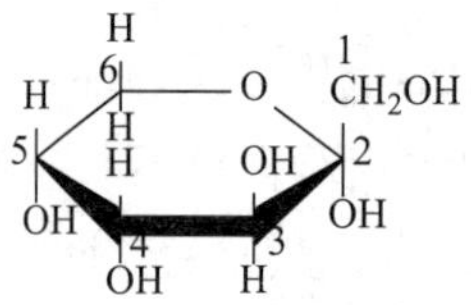

α-D-(-)-吡喃果糖　　　　　　　　β-D-(-)-吡喃果糖

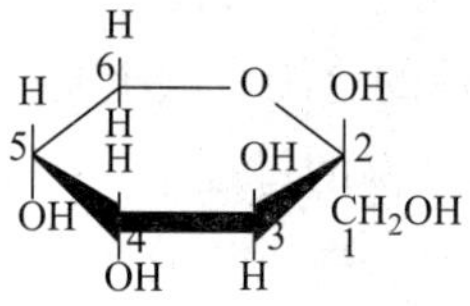

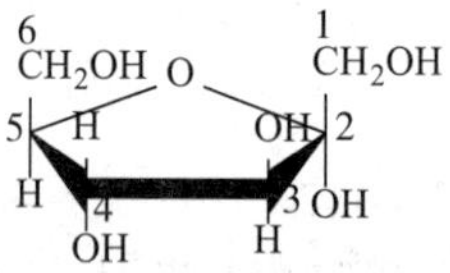

α-D-(-)-呋喃果糖　　　　　　　　β-D-(-)-呋喃果糖

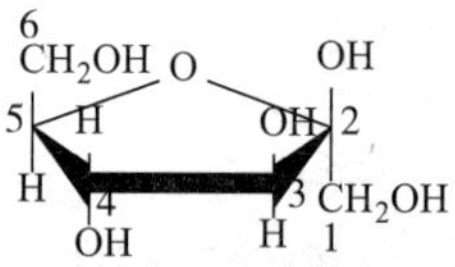

三、单糖的性质

（一）单糖的物理性质

单糖都是无色或白色晶体，具有吸湿性，易溶于水（尤其在热水中溶解度很大），难溶于乙醇等有机溶剂，糖的水溶液浓缩时易形成黏稠的过饱和溶液——糖浆。水-醇混合溶剂常用于糖的重结晶。单糖都有甜味，但甜度各不相同，以果糖为最甜。凡能发生开链结构和环状结构互变的单糖都有变旋现象。

（二）单糖的化学性质

单糖分子中既有羟基又有羰基。其羟基显示一般醇的性质，例如成酯、成醚等。在水溶液中，含羰基的单糖分子浓度很小，所以能与醛、酮反应的试剂不一定都能与单糖反应（如 $NaHSO_3$、HCN 等）。有关羟基的反应主要在环状结构上进行；涉及羰基的反应则在开链结构上进行，此时环状结构通过平衡移动不断转变为开链结构而参与反应。　微课 2

1. 差向异构化　含有多个手性碳原子的旋光异构体，若彼此间只有一个手性碳原子的构型不同而其余都相同，则它们互称为差向异构体。例如 D-葡萄糖和 D-甘露糖只是手性碳原子 C_2 的构型不同，其他手性碳原子的构型完全相同，所以它们互为差向异构体，称为 C_2-差向异构体。此外，葡萄糖和半乳糖只是手性碳原子 C_4 构型不同，属于 C_4-差向异构体。

用稀碱溶液处理 D-葡萄糖、D-甘露糖和 D-果糖中的任何一种，都可得到这三种单糖的互变平衡混合物，这是因为糖在稀碱作用下可形成烯醇式中间体，烯醇式中间体很不稳定，能可逆地进行不同方式的互变异构化，从而实现三种单糖之间的相互转变。生物体内，在酶的催化下，也能发生类似转化。

在上述互变异构化中既有醛糖和酮糖（D-葡萄糖、D-甘露糖与D-果糖）之间的互变异构化，也有差向异构体（D-葡萄糖和D-甘露糖）之间的互变异构化，其中差向异构体之间的互变异构化称差向异构化。

在碱性条件下，酮糖能显示某些醛糖的性质（如还原性），就是因为此时酮糖可异构化为醛糖。

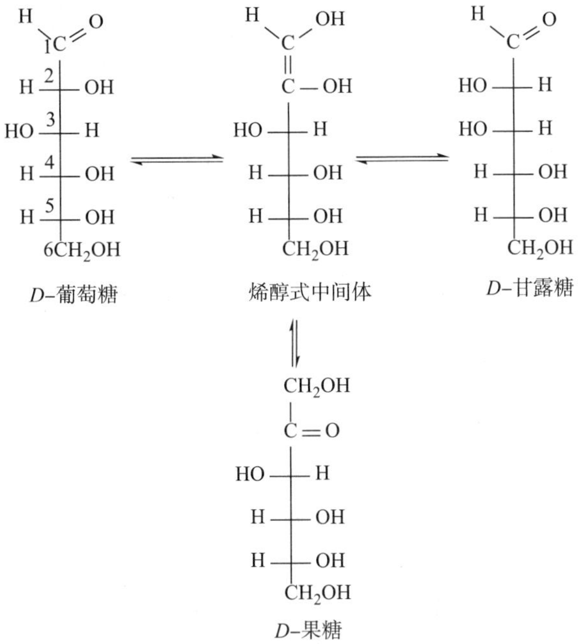

D-葡萄糖　　　　　烯醇式中间体　　　　　D-甘露糖

D-果糖

2. 氧化反应 🅔微课3

（1）与弱氧化剂反应　除丙酮糖外，其余的单糖无论是醛糖或酮糖，都可与碱性弱氧化剂发生氧化反应。常用的碱性弱氧化剂有托伦（Tollens）试剂、斐林（Fehling）试剂和班氏（Benedict）试剂。凡能被弱氧化剂（托伦试剂、斐林试剂和班氏试剂等）氧化的糖类，称为还原糖，不能被弱氧化剂氧化的糖类，称为非还原糖。除丙酮糖为非还原糖外，其余的单糖均为还原糖。

还原糖被托伦试剂氧化产生银镜，与班氏试剂或斐林试剂反应生成砖红色的Cu_2O沉淀。

$$还原糖 + 托伦试剂 \xrightarrow{\triangle} Ag\downarrow（银镜）+ 复杂氧化产物$$

$$还原糖 + 班氏试剂 \xrightarrow{\triangle} Cu_2O\downarrow（砖红色）+ 复杂氧化产物$$

托伦试剂、班氏试剂、斐林试剂常用于单糖的定性或定量测定。

班氏试剂是硫酸铜、碳酸钠和枸橼酸钠配成的碱性溶液，其主要成分是Cu^{2+}和枸橼酸根离子形成的配合物，其优点是比较稳定。其中Cu^{2+}的配离子有弱氧化性，可被还原糖还原生成砖红色的Cu_2O沉淀。过去临床检验中曾用班氏试剂检验尿液中是否含有葡萄糖，并根据生成氧化亚铜沉淀的颜色深浅及量的多少来判断尿糖（尿液中的葡萄糖）的含量。

（2）醛糖与溴水的反应　溴水是一种酸性氧化剂，可选择性地将醛基氧化成羧基，即将醛糖氧化成醛糖酸。由于在酸性条件下糖不发生差向异构化，因此溴水只氧化醛糖而不能氧化酮糖。醛糖溶液中加溴水，稍微加热后，溴水的红棕色即可褪去，因此利用溴水是否褪色可区别醛糖和酮糖。

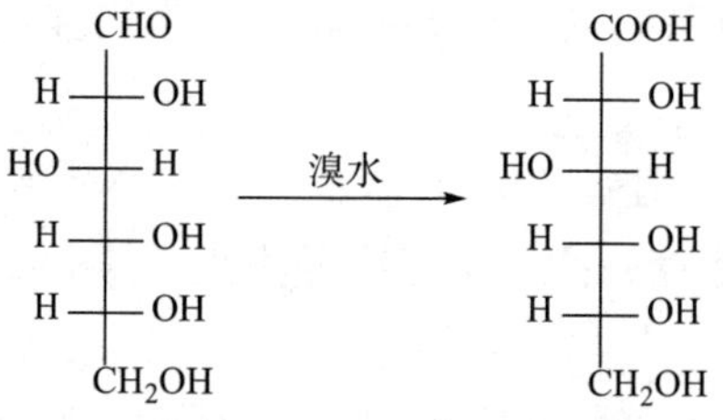

D-葡萄糖 → (溴水) → D-葡萄糖酸

（3）与稀硝酸反应　用强氧化剂如稀硝酸氧化醛糖时，醛基和羟甲基均被氧化成羧基，生成糖二酸。如 D-葡萄糖被硝酸氧化则生成 D-葡萄糖二酸。

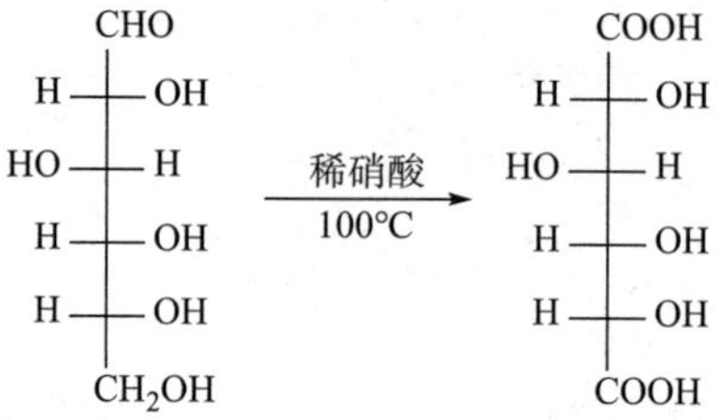

D-葡萄糖 → (稀硝酸 100℃) → D-葡萄糖二酸

酮糖在上述条件下则发生 C_1—C_2 键断裂，生成较小分子的二元酸。

在体内酶的作用下 D-葡萄糖亦可转化为 D-葡萄糖醛酸。在肝脏中 D-葡萄糖醛酸可与一些有毒物质如醇类、酚类化合物结合并由尿液排出体外，起解毒作用。临床上常用的护肝药物"肝泰乐"就是葡萄糖醛酸。

3. 成脎反应　单糖和过量的苯肼一起加热即生成糖脎。生成糖脎是 α-羟基醛或 α-羟基酮的特有反应。糖脎的生成分为三步：单糖先与苯肼作用生成苯腙；α-羟基被苯肼氧化成新的羰基；新的羰基再与苯肼作用生成二苯腙，即糖脎。D-葡萄糖、D-甘露糖、D-果糖与苯肼反应生成糖脎的总反应如下：

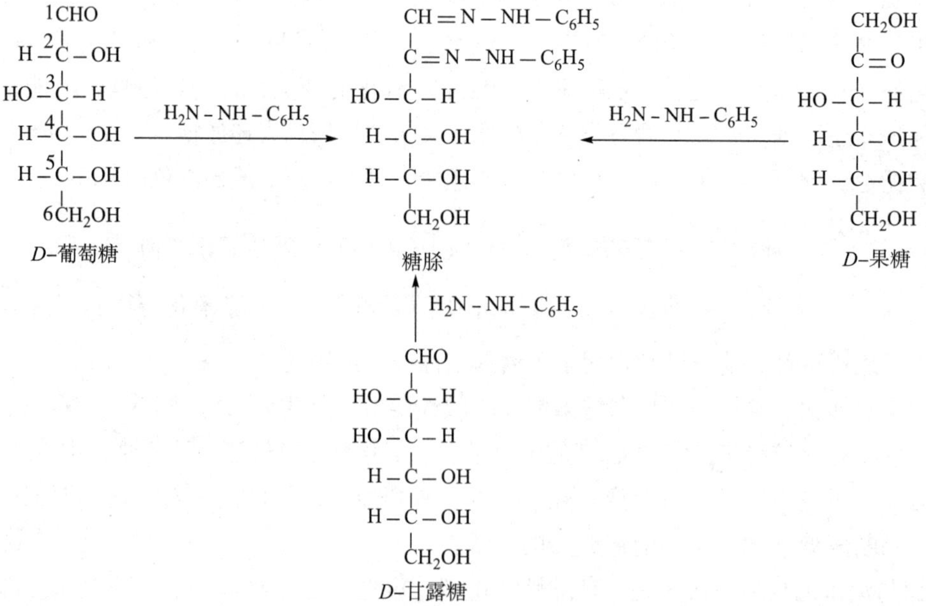

从以上反应可以看出，D-葡萄糖、D-甘露糖、D-果糖都生成同一种糖脎，即无论醛糖或酮糖，成脎反应仅仅发生在 C_1 和 C_2 位上，不涉及其他碳原子，故除了 C_1 和 C_2 的结构不同以外，其他碳原子构型相同的几种糖，都生成同一种糖脎。因此，对于可生成同一种糖脎的几种糖来说，只要知道其中一种糖的构型，则另外几种糖 C_3 以下的结构完全相同，这对测定单糖的构型很有价值。

糖脎是难溶于水的黄色结晶。一般来说，不同的糖所生成的糖脎，其结晶形状和熔点是不同的；另外相同条件下，不同的糖成脎速度也各不相同，例如 D-果糖成脎比 D-葡萄糖成脎快很多，因此常用显微镜观察晶型及结晶速度来鉴别不同的糖。

4. 成苷反应 单糖环状结构中的苷羟基活泼性高于一般的醇羟基，能与含活泼氢的化合物（如含羟基、氨基或巯基的化合物）脱水，生成具有缩醛结构的化合物，称为糖苷（简称苷），这种反应称为成苷反应。例如：β-D-葡萄糖在干燥 HCl 的催化下可与甲醇反应生成 β-D-葡萄糖甲苷。

β-D-吡喃葡萄糖 β-D-吡喃葡萄糖甲苷

形成糖苷时，单糖脱去苷羟基后的部分称糖苷基，非糖部分称配糖基或苷元。连接糖苷基和配糖基的键称为苷键，苷键也有 α-型和 β-型两种构型，苷键在环平面下方者是 α-型，在上方者是 β-型。根据苷键上原子的不同，苷键又有氧苷键、氮苷键、硫苷键等。一般所说的苷键指的是氧苷键，在核苷中的苷键是氮苷键。

由于糖苷分子中已没有苷羟基，不能通过互变异构转变为开链式结构，所以糖苷无变旋现象、无还原性、不能与苯肼成脎。由于糖苷实质上也是一种缩醛，所以与其他缩醛一样，在中性和碱性条件下比较稳定，而在酸或酶作用下，苷键能够水解生成原来的化合物。氧苷键很容易水解，在同样条件下氮苷键的水解速度则较慢。生物体内有的酶只能水解 α-糖苷，有的酶只能水解 β-糖苷。例如，α-D-吡喃葡萄糖甲苷能被麦芽糖酶水解为甲醇和葡萄糖，而不能被苦杏仁酶水解。相反，β-D-吡喃葡萄糖甲苷能被苦杏仁酶水解，却不能被麦芽糖酶水解。

👁 **看一看**

糖 苷

糖苷大多为白色、无臭、味苦的结晶性粉末，能溶于水和乙醇，难溶于乙醚。

糖苷广泛分布于植物的根、茎、叶、花和果实中，一般味苦，有些有剧毒，水解时生成糖和其他物质。例如苦杏仁苷水解的最终产物是葡萄糖、苯甲醛和氢氰酸。糖苷可用作药物，很多中草药的有效成分也是糖苷类化合物，例如杏仁中的苦杏仁苷具有祛痰止咳作用；白杨和柳树皮中的水杨苷具有止痛作用；人参中的人参皂苷有调节中枢神经系统、增强机体免疫功能等作用；黄芩中的黄芩苷有清热泻火、抗菌消炎等作用，洋地黄中的洋地黄苷有强心作用。柴胡、桔梗、远志等的有效成分也是糖苷。在动植物体中的许多糖都是以糖苷形式存在，由于立体构型的不同，糖苷有 α-和 β-两种构型，葡萄糖的苷和其他糖的苷，多为 β-糖苷。

5. 成酯反应 单糖环状结构中所有的羟基都能和酸作用生成酯。人体内，葡萄糖和果糖可以磷酸化生成 1-磷酸葡萄糖（葡萄糖-1-磷酸酯）、6-磷酸葡萄糖、1,6-二磷酸葡萄糖、1,6-二磷酸果糖等，这些磷酸化的产物在体内糖代谢中有重要作用。例如，生成 α-D-葡萄糖-1-磷酸酯的反应如下：

α-D-葡萄糖 α-D-葡萄糖-1-磷酸酯

6. 显色反应

（1）莫立许（Molisch）反应（紫环反应）　α-萘酚的乙醇溶液称为莫立许试剂。在糖的水溶液中加入莫立许试剂，然后沿试管壁缓慢加入浓硫酸，静置，密度比较大的浓硫酸沉到管底。在糖溶液与浓硫酸的交界面很快出现美丽的紫色环，此反应称为莫立许反应，又称为紫环反应。

单糖、低聚糖和多糖均能发生莫立许反应，此反应为阴性，说明无糖类化合物存在；不少非糖类物质也能发生此反应，因此该反应可用于有无糖类化合物的初步鉴定。

（2）塞利凡诺夫（Seliwanoff）反应　间苯二酚的盐酸溶液称塞利凡诺夫试剂。在酮糖（游离态或结合态）的溶液中，加入塞利凡诺夫试剂并加热，很快出现鲜红色产物，此反应称塞利凡诺夫反应。

同样条件下，醛糖比酮糖的显色反应慢 15~20 倍，现象不明显，据此可用塞利凡诺夫反应区分醛糖和酮糖。

四、与医药有关的单糖类化合物

1. 葡萄糖　D-葡萄糖为白色结晶性粉末，易溶于水，难溶于乙醇，有甜味。葡萄糖是构成糖苷和许多低聚糖、多糖的组成部分。葡萄糖的水溶液具有右旋光性，所以又称其为右旋糖，其甜度约为蔗糖的 70%。

葡萄糖广泛存在于动植物体中，如葡萄、带甜味的其他水果、蜂蜜等。人和动物的血液中也含有葡萄糖。我们把人体血液中的葡萄糖称为血糖，正常人在空腹状态下血糖含量为 3.9~6.1 mmol/L。一般情况下，人的尿液中无葡萄糖，但某些糖尿病患者血糖过高超过其肾糖阈时，其尿液中就出现葡萄糖（尿糖）。血糖和尿糖含量是临床医学中诊断疾病的重要指标。例如人体血液中葡萄糖浓度过低，就会患低血糖。

葡萄糖在人体内能直接参与新陈代谢过程。在消化道中，葡萄糖不需经过消化过程而直接能被人体细胞吸收，在人体组织中氧化，放出热量，是人体进行生命活动所需能量的主要来源。葡萄糖在医药上可用作营养品，具有解毒、利尿、强心的作用，临床上用于治疗水肿、心肌炎、血糖过低等，在人体失血、失水时常用葡萄糖溶液补充体液，增加能量；50g/L 的葡萄糖注射液是临床上输液常用的等渗溶液。葡萄糖注射液为无色澄清透明液体，性质稳定，在室内常温保存即可。

葡萄糖在工业上多由淀粉水解制得。葡萄糖还是合成维生素 C 和葡萄糖酸钙等药物的原料。

2. 果糖　与葡萄糖、半乳糖、甘露糖互为同分异构体。D-果糖是白色晶体，易溶于水，果糖是天然糖中最甜的糖。果糖的水溶液具有左旋光性，因此又称其为左旋糖。果糖也可和磷酸形成磷酸酯，1,6-二磷酸果糖临床上用于急救及抗休克等。体内的果糖-6-磷酸酯和果糖-1,6-二磷酸酯都是糖代谢的重要中间产物。

果糖在许多食品中存在，蜂蜜、水果、瓜类以及一些块根块茎类蔬菜，如甜菜、甜土豆、洋葱等都含有果糖，其中果糖常以游离态存在于蜂蜜和水果浆汁中，以结合状态存在于蔗糖中。

3. 半乳糖　D-(+)-半乳糖是 D-(+)-葡萄糖的 C4 差向异构体，二者结合形成乳糖，存在于哺乳动物的乳汁中。半乳糖具有右旋光性，其甜度仅为蔗糖的 30%。

人体中的半乳糖是乳糖的水解产物，半乳糖在酶作用下发生差向异构化生成葡萄糖，然后参与代谢，为母乳喂养的婴儿提供能量。

4. 核糖和脱氧核糖　核糖的分子式为 $C_5H_{10}O_5$，脱氧核糖（也称2-脱氧核糖）的分子式为 $C_5H_{10}O_4$，都属于 D-戊醛糖，具有左旋光性。核糖是核糖核酸（RNA）的重要组成部分，核糖核酸参与蛋白质及酶的生物合成过程；脱氧核糖是脱氧核糖核酸（DNA）的重要组成部分，脱氧核糖核酸是传送遗传密码的主要物质。在核酸中，核糖和脱氧核糖都以 β-型呋喃糖存在，D-(-)-核糖和 D-(-)-2-脱氧核糖的开链式结构及哈沃斯式结构如下。

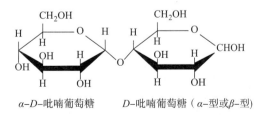

D-(-)-核糖　　　　　　　　　D-(-)-2-脱氧核糖

β-D-(-)-呋喃核糖　　　　　　β-D-(-)-呋喃脱氧核糖

第二节　双　糖

PPT

一、概述

低聚糖（寡糖）中最简单又最重要的一类是双糖，又称二糖，是由 2 分子单糖脱水缩合而成，即双糖是能水解生成 2 分子单糖的糖，这 2 分子单糖可以相同也可以不同。

从结构上看，双糖是一种特殊的糖苷，连接两个单糖的苷键可以是一分子单糖的苷羟基与另一分子单糖的醇羟基脱水，也可以是两分子单糖都用苷羟基脱水而成，双糖分子中是否保留有苷羟基，在其性质上有很大差别。

双糖的物理性质类似于单糖，能形成结晶，易溶于水，有甜味，有旋光活性等。常见的双糖有麦芽糖、乳糖和蔗糖，三者的分子式均为 $C_{12}H_{22}O_{11}$，它们互为同分异构体。蔗糖等双糖在人体内必须经过消化作用，在消化道内水解成两分子单糖后才能进入人体细胞，被细胞吸收。

二、麦芽糖

麦芽糖主要存在于发芽的谷粒和麦芽中，麦芽糖一般是淀粉在淀粉酶的催化下水解得到的。淀粉在稀酸中部分水解时，也可得到麦芽糖。细细咀嚼馒头有甜味，就是由于馒头中的淀粉在淀粉酶的作用下发生水解生成少量麦芽糖的缘故。因此，麦芽糖是淀粉在消化过程中的一个中间产物。

麦芽糖是由一分子 α-D-吡喃葡萄糖 C_1 上的苷羟基与另一分子 α-型或 β-型 D-吡喃葡萄糖 C_4 上的醇羟基脱水，通过 α-1,4-苷键连接而成的糖苷。其哈沃斯式为：

α-D-吡喃葡萄糖　　　　　D-吡喃葡萄糖（α-型或 β-型)

麦芽糖分子中还保留着一个苷羟基，所以仍有 α-型和 β-型两种异构体，并且在水溶液中可以通过链状结构相互转变。这一结构特点决定了麦芽糖仍保持单糖的一般化学性质，如具有变旋现象和还原性，是还原性双糖，能与托伦试剂、斐林试剂或班氏试剂作用；也能发生成苷反应、成酯反应和成脎反应。在酸或酶的作用下，1 分子麦芽糖能水解生成 2 分子的葡萄糖。

$$C_{12}H_{22}O_{11} + H_2O \xrightarrow{H^+或酶} 2C_6H_{12}O_6$$
麦芽糖　　　　　　　　　　　　　 D-葡萄糖

麦芽糖是右旋糖，是饴糖的主要成分，甜度约为蔗糖的 70%，常用作营养剂和细菌培养基。

三、乳糖

乳糖存在于人和哺乳动物乳汁中，牛乳中含 4%～5%，人的乳汁中含 7%～8%。牛奶变酸是因为其中所含乳糖变成了乳酸的缘故。

乳糖分子是由一分子 β-D-吡喃半乳糖 C_1 上的苷羟基与另一分子 α-型或 β-型 D-吡喃葡萄糖 C_4 上的醇羟基脱水，通过 β-1,4-苷键连接而成的糖苷。其哈沃斯式为：

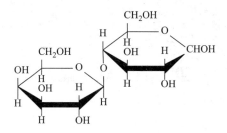

β-D-吡喃半乳糖　　　 D-吡喃葡萄糖（α-型或β-型）

由于乳糖分子中也保留了一个苷羟基，因此乳糖也具有单糖的一般化学性质，如具有变旋现象和还原性，是还原性双糖，能与托伦试剂、斐林试剂或班氏试剂作用；也能发生成苷反应、成酯反应和成脎反应。在酸或酶的作用下，1 分子的乳糖能水解生成 1 分子的葡萄糖和 1 分子的半乳糖。

$$C_{12}H_{22}O_{11} + H_2O \xrightarrow{H^+或酶} C_6H_{12}O_6 + C_6H_{12}O_6$$
乳糖　　　　　　　　　　　 D-葡萄糖　　 D-半乳糖

乳糖也是右旋糖，没有吸湿性，微甜，是婴儿发育必需的营养物质，可从制取乳酪的副产物乳清中获得，在医药上常用作散剂、片剂的填充剂，如糖衣片。

四、蔗糖

蔗糖是自然界分布最广的双糖，尤其在甘蔗和甜菜中含量最丰富，所以蔗糖又有甜菜糖之称。普遍食用的红糖、白糖、冰糖都是从甘蔗或甜菜中提取的食用糖，都属于蔗糖的范畴，按照含蔗糖的高低排序为冰糖、白糖和红糖。

蔗糖是由一分子 α-D-吡喃葡萄糖 C_1 上的苷羟基与另一分子 β-D-呋喃果糖 C_2 上的苷羟基脱水，通过 α-1,2-苷键（也可称为 β-2,1-苷键）连接而成的糖苷。其哈沃斯式为：

α-D-吡喃葡萄糖

β-D-呋喃果糖

由于蔗糖分子结构中已没有苷羟基，在水溶液中不能互变异构化为开链结构，所以蔗糖没有变旋现象，不能形成糖苷和糖脎，也没有还原性，是非还原性双糖，不能与托伦试剂、斐林试剂、班氏试剂等弱氧化剂作用。蔗糖在酸或酶的作用下可水解生成果糖和葡萄糖的等量混合物。

$$C_{12}H_{22}O_{11} + H_2O \xrightarrow{\text{H}^+\text{或酶}} C_6H_{12}O_6 + C_6H_{12}O_6$$

蔗糖   D-葡萄糖   D-果糖

$[\alpha]_D^{20}$ +66.7°   +52.7°   −92°

−19.7°

蔗糖是右旋糖，而其水解产物是左旋的，与水解前的旋光方向相反，所以把蔗糖的水解反应称为蔗糖的转化，水解后的混合物称为转化糖，能催化蔗糖水解的酶称为转化酶。蜂蜜的主要成分是转化糖。蔗糖水解前后旋光性的转化，是由于水解产物中果糖的左旋强度大于葡萄糖的右旋强度所致。

蔗糖是白色晶体，溶于水而难溶于乙醇，蔗糖甜度高于葡萄糖，仅次于果糖，是重要的甜味添加剂；在医药上，蔗糖可用作矫味剂，制成糖浆应用。蔗糖具有渗透作用，高浓度的蔗糖可以抑制细菌生长，所以可用作食品药品的防腐剂。由蔗糖加热生成的褐色焦糖，在饮料（如可乐）和食品（如酱油）中用作着色剂。

? 想一想

葡萄糖可以配制静脉注射液，蔗糖可以配制静脉注射液吗？为什么？

答案解析

PPT

第三节 多 糖

一、多糖的定义、结构特点和通性

多糖（聚糖）是能水解生成许多（十个以上、几百、几千甚至上万个）单糖分子的一类天然高分子化合物，其相对分子质量通常高达几万或几十万。根据水解后所得单糖是否相同，多糖分为同多糖（或同聚糖）和杂多糖（或杂聚糖），如淀粉、糖原和纤维素属于同多糖，水解产物均为葡萄糖，可用通式（$C_6H_{10}O_5$）$_n$ 表示（n 的数值各不相同，它们不是同分异构体）；而黏多糖属于杂多糖，水解后可得到氨基己糖和己糖醛酸等。我们这里学习的多糖主要指同多糖。

多糖的结构单位是单糖，相邻结构单位之间以苷键相连接，常见的苷键有 α-1,4-苷键、β-1,4-苷键和 α-1,6-苷键三种。由于连接单糖单位的方式不同，可形成直链多糖和支链多糖。直链多糖一般以 α-1,4-苷键或 β-1,4-苷键连接，支链多糖的链与链的分支点则常是 α-1,6-苷键。

在多糖分子中保留了苷羟基的单糖单位极少，所以其性质与单糖和双糖有较大差别。多糖没有甜味，一般为无定形粉末，大多难溶于水，个别能与水形成胶体溶液，没有变旋现象和还原性，不能生成糖脎。多糖属于糖苷类，在酸或酶催化下多糖可以逐步水解，生成分子量较小的多糖直到双糖，最终完全水解成单糖。

生物体内存在两种功能的多糖。一类主要参与形成动植物的支撑组织，如植物中的纤维素、甲壳类动物的甲壳素等；另一类是动植物贮存的养分，如植物淀粉和动物糖原。研究发现，许多植物多糖具有重要的生理活性。如黄芪多糖可促进人体的免疫功能，香菇多糖具有明显抑制肿瘤生长的作用，鹿茸多糖可抗溃疡，V-岩藻多糖可诱导癌细胞"自杀"。多糖在保健食品的开发利用方面具有广阔的前景。

二、淀粉

淀粉是无臭无味的白色粉状物，是绿色植物光合作用的产物，是植物贮存营养物质的一种形式，主要存在于植物的种子、块根、块茎等部位。淀粉除作为人类的主食外，还是生产葡萄糖等药物的原料，也是酿制食醋、酒等的原料，在药物制剂中用作赋形剂。

用热水处理可将天然淀粉分离为两部分，可溶性部分为直链淀粉，不溶而膨胀成糊状的部分为支链淀粉。若以小圆圈表示葡萄糖单元，直链淀粉和支链淀粉的结构如图 13-1、图 13-2 所示。

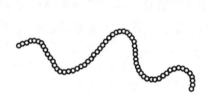

图 13-1　直链淀粉结构示意图

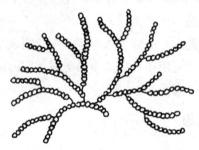

图 13-2　支链淀粉结构示意图

两类淀粉都能在酸或酶的作用下逐步水解，生成较小分子的多糖（糊精），最终产物是 $\alpha\text{-}D\text{-}$ 葡萄糖。其水解过程大致为：

$$(C_6H_{10}O_5)n \longrightarrow (C_6H_{10}O_5)n\text{-}x \longrightarrow C_{12}H_{22}O_{11} \longrightarrow C_6H_{12}O_6$$

$$\underbrace{\text{淀粉} \rightarrow \text{紫糊精} \rightarrow \text{红糊精} \rightarrow \text{无色糊精} \rightarrow \text{麦芽糖}} \longrightarrow \text{葡萄糖}$$

所谓紫糊精、红糊精等，是根据糊精遇碘呈现的颜色不同而进行的区分。糊精能溶于冷水，水溶液具有很强的黏性，可用作黏合剂。

两类淀粉的结构单位都是 $\alpha\text{-}D\text{-}$ 葡萄糖，但在结构和性质上有一定区别。天然淀粉是直链淀粉和支链淀粉的混合物，两者比例因植物品种不同而异。

练一练13-2

为什么糖尿病患者每天的主食也要限量，并且严格限制蔗糖及甜食呢？

答案解析

1. 直链淀粉　又称可溶性淀粉或糖淀粉，能溶于热水。直链淀粉是由几百到上千个 $\alpha\text{-}D\text{-}$ 吡喃葡萄糖单位通过 $\alpha\text{-}1,4\text{-}$ 苷键连接而成的链状化合物。

直链淀粉溶液遇碘试剂显深蓝色，受热颜色消失，冷却后蓝色又复现。直链淀粉的空间结构并非直线型，由于分子内氢键的作用，有规律地卷曲成螺旋状（每一螺旋圈约含 6 个葡萄糖单位），而直链淀粉螺旋状结构中间的空穴恰好适合碘分子进入，依靠范德华力使碘与淀粉生成蓝色的淀粉-碘配合物（图 13-3）。受热时，维系其螺旋状结构的氢键就会断开，淀粉-碘配合物分解，因此蓝色消失；冷却时，淀粉-碘配合物的结构和蓝色能自动恢复。此反应非常灵敏，常用于淀粉或碘的鉴别。

图 13-3　淀粉-碘配合物结构示意图

2. 支链淀粉 又称胶淀粉，难溶于冷水，与热水作用则膨胀成糊状，有较强的黏性。支链淀粉由几千到数万个 α-D-吡喃葡萄糖通过 α-1,4-苷键连接成主链，通过 α-1,6-苷键或其他方式连接成支链，形成高度分支化的结构，分子结构比直链淀粉复杂得多。

支链淀粉遇碘试剂显紫红色，而天然淀粉是直链淀粉和支链淀粉的混合物，故遇碘试剂呈蓝紫色。各种淀粉与碘试剂的显色反应均可用于检验淀粉或碘的存在。

👁 **看一看**

中国科学家突破 CO_2 人工合成淀粉技术

中科院天津工业生物技术研究所在国际上首次于实验室实现了二氧化碳到淀粉的从头合成。该成果于 2021 年 9 月 24 日在线发表在国际学术期刊《科学》。

这也意味着，我们所需要的淀粉，今后可以将二氧化碳作为原料，通过类似酿造啤酒的过程，在生产车间中制造出来。设计不依赖于植物光合作用的新途径将 CO_2 转化为淀粉是一项重要的科技创新技术。这使淀粉生产方式从传统的农业种植向工业制造转变成为可能，为从 CO_2 合成复杂分子开辟了新的技术路线。

如果未来该系统过程成本能够降低到与农业种植相比具有经济可行性，将会节约90%以上的耕地和淡水资源，避免农药、化肥等对环境的负面影响，提高人类粮食安全水平，促进碳中和的生物经济发展，推动形成可持续的生物基社会。

这一事关全人类的科研成果由中国科学家率先研制出来，更加激发了我们学习和研究科学的内动力，进一步增强了我们的爱国主义情怀和民族自信心！

三、糖原

糖原是动物体内合成的一种多糖，所以也称动物淀粉，主要存在于动物的肌肉和肝脏中，分别称作肌糖原和肝糖原。肝脏中糖原的含量为 10%~20%，肌肉中糖原的含量约为 4%。

糖原的结构单位同淀粉一样，也是 α-D-吡喃葡萄糖。糖原与支链淀粉的结构很相似，结构单位也是由 α-1,4-苷键和 α-1,6-苷键相连而成，但糖原分子中 α-D-吡喃葡萄糖结构单位数目比支链淀粉更多，分支更短、更密集，其结构如图 13-4 所示。

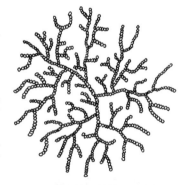

图 13-4 糖原结构示意图

糖原是白色无定形粉末，易溶于热水成透明胶体溶液，遇碘试剂显棕红色或紫红色。和淀粉一样，糖原水解的最终产物也是 α-D-葡萄糖。

糖原是葡萄糖在动物体内的贮存形式，具有重要的生理意义。肌糖原是肌肉收缩所需的主要能源；而肝糖原在维持血糖正常浓度方面起重要作用。

$$\text{肝糖原} \xrightleftharpoons[\text{血糖浓度高于正常值时}]{\text{血糖浓度低于正常值时}} \text{血糖}$$

四、纤维素

纤维素是自然界分布最广的多糖，是构成植物细胞壁的主要成分和植物体的支撑物质。棉、麻及木材等的主要成分都是纤维素，其中脱脂棉和滤纸几乎是纯的纤维素制品。

纤维素是由成千上万个 β-D-葡萄糖分子通过 β-1,4-苷键结合而成的直链大分子，一般无分支链，与链状的直链淀粉结构相似，但纤维素分子链相互间通过氢键作用形成绳索状的纤维束。

纯净的纤维素是白色、无臭、无味的固体，性质稳定，难溶于水和有机溶剂，但在一定条件下，某些酸、碱和盐的水溶液可使纤维素产生无限溶胀或溶解。

纤维素较难水解，在高温高压下与无机酸共热，才能水解生成$\beta-D-$葡萄糖；纤维素遇碘试剂不显色。

牛、羊、马等食草动物消化道内存在纤维素水解酶，能把纤维素水解为葡萄糖，所以纤维素是食草动物的饲料。人的消化道内不能分泌纤维素水解酶，因此纤维素不能直接作为人类的能源物质。膳食中的纤维素虽不能被人体消化吸收，但能促进肠蠕动，防止便秘，排出有害物质，减少胆酸和中性固醇的肝肠循环，降低血清胆固醇，影响肠道菌丛，抗肠癌等。所以纤维素在人类的食物中也是不可缺少的。为此，多吃些蔬菜、水果以保持一定的纤维素摄入量对人类健康是有益的。

纤维素的用途很广，用于制造纸张、纺织品、火棉胶、电影胶片、羧甲基纤维素等。医用脱脂棉和纱布等纤维素制品是临床上的必需品。

❤ 药爱生命

2005 年起，管华诗带领团队构建了中国"蓝色药库"中的海洋糖库。这些寡糖化合物中，有 70% 是世界范围内的首次发现，中国科学家为世界海洋糖类物质的探索，做出了杰出贡献。管华诗团队首创我国第一个用于预防和治疗缺血性心脑血管疾病的现代海洋药物藻酸双酯钠（PSS），它是从天然海藻中提取出的多糖硫酸酯类药物。他还主持编著了我国首部大型海洋药物典籍《中华海洋本草》。2016 年，他提出中国"蓝色药库"开发计划并组织实施，获得习近平总书记点赞。2019 年，管华诗团队联合其他单位研发的治疗阿尔茨海默病（俗称"老年痴呆症"）的新药"甘露寡糖二酸（GV-971）"获批上市，为全球阿尔茨海默病患者带来"福音"。这一系列成果对增强我们民族自信心以及提升我国在海洋糖类药物研究领域的国际地位具有深远意义。

年逾八旬的管华诗，早该退休的年龄，但管华诗说，在中国"蓝色药库"的建设上，他是"退而不休"的，这体现了我国科技工作者在海洋强国事业中的担当和作为，以及对祖国、对人民、对科学的挚爱。

目标检测

答案解析

一、单项选择题

1. 下列对糖类的叙述，正确的是（　　）

 A. 都可以水解

 B. 都符合 $C_n(H_2O)_m$ 的通式

 C. 都有甜味

 D. 都含有 C、H、O 三种元素

2. 下列关于葡萄糖的说法，不正确的是（　　）

 A. 葡萄糖的分子式是 $C_6H_{12}O_6$

 B. 葡萄糖是一种多羟基醛，因而具有醛和多元醇的某些性质

 C. 葡萄糖能水解

 D. 葡萄糖属于单糖

3. 临床上曾用于检验糖尿病患者尿糖的试剂是（　　）

 A. 托伦试剂 B. 班氏试剂 C. Cu_2O D. CuO

4. 下列物质中，不属于糖类的是（　　）

 A. 脂肪 B. 葡萄糖 C. 纤维素 D. 淀粉

5. 下列关于蔗糖和麦芽糖的说法，正确的是 （   ）

    A. 二者互为同系物   B. 二者互为同分异构体

    C. 二者均为还原糖   D. 二者均能水解，且最终产物都是葡萄糖

6. 下列反应中，葡萄糖被还原的是 （   ）

    A. 葡萄糖发生银镜反应   B. 葡萄糖在人体内变成 CO_2 和 H_2O

    C. 葡萄糖变成六元醇   D. 葡萄糖变成五醋酸酯

7. 下列关于葡萄糖和蔗糖相比较的说法，错误的是 （   ）

    A. 二者分子式不同，蔗糖的分子式为 $C_{12}H_{22}O_{11}$

    B. 二者分子结构不同，蔗糖分子中不含苷羟基

    C. 二者不是同分异构体，但属于同系物

    D. 蔗糖能水解，葡萄糖不能水解

8. 下列关于淀粉和纤维素的叙述，不正确的是 （   ）

    A. 二者的通式都是 $(C_6H_{10}O_5)_n$，是同分异构体

    B. 二者都是混合物

    C. 二者都可以发生水解，其终产物都是葡萄糖

    D. 二者都是天然高分子化合物

9. 下列试剂中，可以鉴别乙酸、果糖、蔗糖的是 （   ）

    A. NaOH 溶液   B. 新制的 $Cu(OH)_2$ 悬浊液

    C. 石蕊试液   D. Na_2CO_3 溶液

10. 葡萄糖和果糖不能发生的反应是 （   ）

    A. 成脎反应   B. 成酯反应   C. 水解反应   D. 氧化反应

二、名词解释题

1. 变旋现象   2. 差向异构体   3. 苷键   4. 糖苷   5. 血糖

三、完成下列反应式

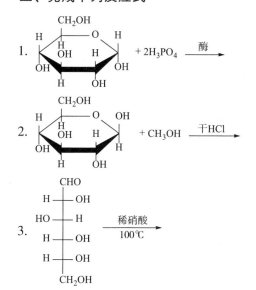

四、用化学方法鉴别下列各组化合物

1. 葡萄糖、果糖和蔗糖

2. 纤维素和淀粉

3. 乳糖、蔗糖和淀粉

4. *D*-葡萄糖和 *D*-葡萄糖甲苷

（石宝珏）

书网融合……

重点回顾　　　微课1　　　微课2　　　微课3　　　习题

第十四章　杂环化合物和生物碱

导学情景

情景描述： 2008 年，某知名品牌婴幼儿奶粉因含有大量三聚氰胺导致多名婴幼儿患上肾结石的事件，触目惊心。随后质检总局展开对婴幼儿奶粉三聚氰胺含量的专项检查，有 22 家婴幼儿奶粉生产企业的 69 批次产品中检出了不同含量的三聚氰胺。

情景分析： 导致多名婴幼儿患上肾结石是因为奶粉中含有大量的三聚氰胺。

讨论： 三聚氰胺属于什么结构的化合物？

学前导语： 三聚氰胺俗称密胺、蛋白精，分子式为 $C_3H_6N_6$，IUPAC 命名为 "1,3,5-三嗪-2,4,6-三胺"，是一种三嗪类含氮杂环有机化合物，被用作化工原料，其对身体有害，不可用于食品加工或食品添加物。2017 年 10 月 27 日，世界卫生组织国际癌症研究机构公布的致癌物清单中，三聚氰胺属于 2B 类致癌物。

PPT

第一节　杂环化合物 微课 I

杂环化合物的种类繁多、数量庞大，在自然界分布广泛，其数量约占已知有机化合物的 65% 以上。例如，植物中的叶绿素、动物血液中的血红素、中草药的有效成分生物碱及部分苷类、部分抗生素和维生素、组成蛋白质的某些氨基酸及组成核苷酸的碱基等都含有杂环的结构。

成环的原子除碳原子外还含有其他原子的一类化合物称为杂环化合物，杂环中非碳原子称为杂原子。常见的杂原子有 N、O、S 等。环醚、环状酸酐、内酯、内酰胺等广义上也属于杂环化合物，但由于它们的性质与一般的脂肪族化合物相似，易通过开环反应得到脂肪族链状化合物，故又称为非芳香杂环化合物，通常不在本章范围内讨论。本章主要学习环系比较稳定，不易开环，具有芳香性的杂环化合物。

一、杂环化合物的分类和命名

（一）杂环化合物的分类

根据杂环母体中所含环的数目，杂环化合物分为单杂环和稠杂环两大类。单杂环又可根据成环原子数目的多少分类，其中最常见的有五元杂环和六元杂环。稠杂环有苯稠杂环和杂环稠杂环两种（表14-1）。

表14-1　杂环化合物的分类、名称和编号

单杂环	五元杂环	一个杂原子	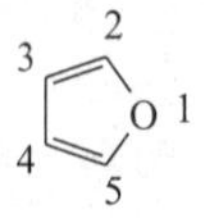 呋喃	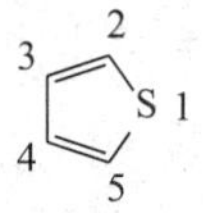 噻吩	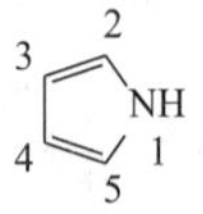 吡咯
		两个杂原子	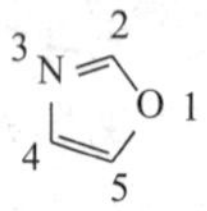 噁唑	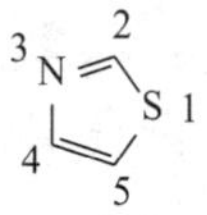 噻唑	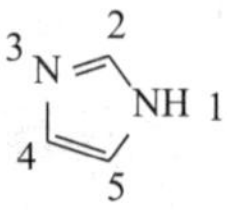 咪唑
	六元杂环	一个杂原子	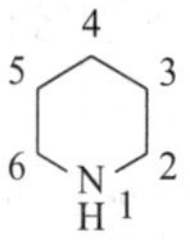 哌啶	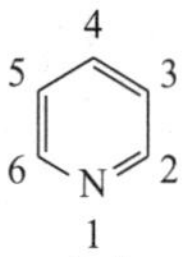 吡啶	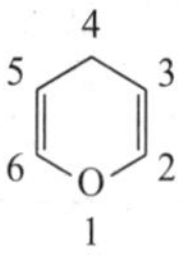 吡喃
		两个杂原子	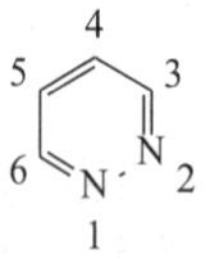 哒嗪	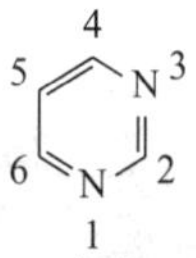 嘧啶	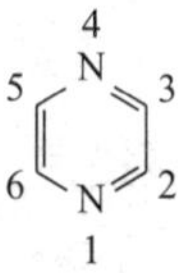 吡嗪
稠杂环		苯稠杂环	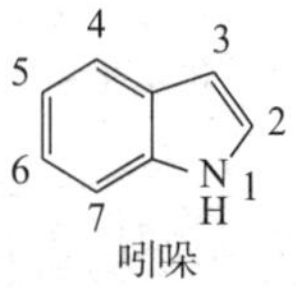 吲哚	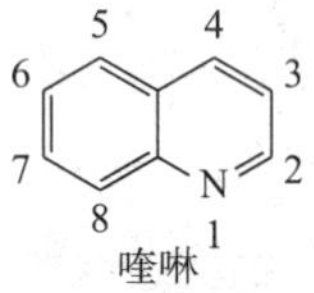 喹啉	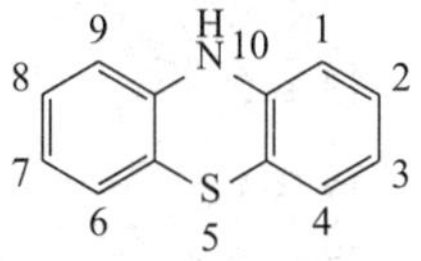 吩噻嗪
		杂环稠杂环	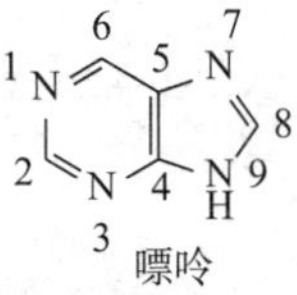 嘌呤		

✂ 练一练14-1

根据所含环的数目和成环原子数目，对下列杂环化合物进行分类。

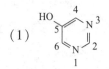（1）　　（2） 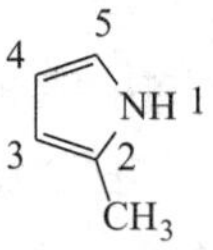　　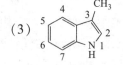（3）

答案解析

（二）杂环化合物的命名

杂环化合物的命名比较复杂，我国现主要采用音译法。

1. 杂环母环的命名　根据国际通用英文名称译音的同音汉字，加上"口"字旁作为杂环名称。例

如，呋喃（furan）、吡咯（pyrrole）、噻吩（thiophene）等，详见表 14-1。

2. 杂环母环的编号　取代杂环化合物命名时，首先要对杂环上的原子进行编号。编号的规则如下：①含一个杂原子的杂环，从杂原子开始，依次用阿拉伯数字 1、2、3…（或从与杂原子相邻的碳原子开始依次用 α、β、γ…）编号；②环上有多个杂原子时，则按 O、S、NH、N 的顺序编号，并使这些杂原子位次之和最小；③稠杂环则一般有固定编号。例如：

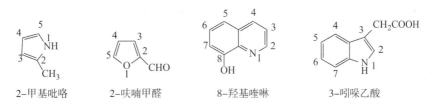

| 呋喃 | 吡咯 | 噁唑 | 咪唑 | 喹啉 |

3. 取代杂环化合物的命名　当杂环上连有简单烃基、卤原子、羟基、硝基等基团时，以杂环为母体；杂环上连有醛基、羧基、酯基、酰胺基、磺酸基等基团时，以杂环为取代基。例如：

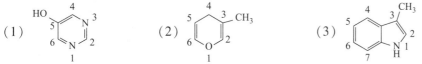

2-甲基吡咯　　2-呋喃甲醛　　8-羟基喹啉　　3-吲哚乙酸

✎ **练一练14-2**

写出下列杂环化合物的名称。

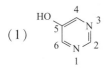

答案解析

二、杂环化合物的结构

（一）五元杂环化合物的结构

以含一个杂原子的五元杂环吡咯、呋喃和噻吩为例。

呋喃、噻吩和吡咯环上 5 个原子均采取 sp^2 杂化，每个原子之间各利用一条杂化轨道正面重叠形成 σ 键，通过 σ 键连接而成平面五元环。碳原子和杂原子的 p 轨道相互平行重叠形成闭合共轭体系，因而它们具有与苯环相似的芳香性。吡咯、呋喃和噻吩分子中的杂原子提供一对电子对参与共轭，而苯环上每个原子都只能提供单电子，因而其环上碳原子的电子云密度比苯环相对要高，故五元杂环的亲电取代比苯容易。如图 14-1 所示。

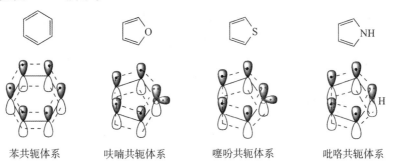

苯共轭体系　　呋喃共轭体系　　噻吩共轭体系　　吡咯共轭体系

图 14-1　苯及呋喃、噻吩、吡咯的结构示意图

（二）六元杂环化合物的结构

六元杂环化合物的结构以吡啶为例说明。吡啶从结构上可以看作苯分子中的 CH 被 N 取代而得的化合物，与苯类似，环上 6 个原子均采取 sp^2 杂化，每个原子之间各利用一条杂化轨道正面重叠形成 σ 键，通过 σ 键连接而成平面六元环。环上 6 个原子的 p 轨道各带一个电子，彼此之间平行重叠构成闭合共轭体系。杂原子的孤对电子处于一条 sp^2 杂化轨道中，不参与共轭体系。由于氮的电负性比碳大，氮原子对碳原子产生吸电子共轭效应，故使吡啶环上的电子云密度比苯低，吡啶的亲电取代比苯难。如图 14 – 2 所示。

图 14 – 2　吡啶的结构示意图

三、杂环化合物的性质

（一）物理性质

1. 呋喃　存在于松木焦油中，为无色易挥发的液体，沸点 31.4℃，难溶于水，易溶于乙醇、乙醚等有机溶剂。

2. 噻吩　与苯共存于煤焦油中，为无色有特殊气味的液体，沸点 84.2℃，不易与苯分离。噻吩在浓硫酸存在下与靛红作用呈蓝色，可用于检验苯中的噻吩。

3. 吡咯　最初从骨油中分离得到，为无色液体，沸点 130～131℃，在空气中迅速变黄。吡啶为无色液体，具有胺类气味，沸点 115℃，有毒，吸入其蒸气易损伤神经系统。

呋喃、噻吩和吡咯的水溶性顺序为吡咯 > 呋喃 > 噻吩。

4. 吡啶　是从煤焦油中分离出来的具有特殊臭味的无色液体，沸点 115.3℃，吡啶能与水、乙醇、乙醚等混溶，同时又能溶解大多数极性及非极性的有机物，是一种良好的有机溶剂。此外，吡啶氮原子上未共用的电子对能与一些金属离子如 Ag^+、Ni^+、Cu^{2+} 等形成配合物，使它还可以溶解无机盐类。

（二）化学性质

1. 亲电取代反应　呋喃、噻吩、吡咯均属于芳杂环，具有芳香性，可以发生亲电取代反应，反应的活性顺序是吡咯 > 呋喃 > 噻吩 > 苯。由于呋喃、噻吩、吡咯 α 位的电子云密度较大，所以亲电取代反应一般先进攻 α 位，如果 α 位已有取代基，则发生在 β 位上。而吡啶环上由于氮原子吸电子效应，所以吡啶比苯难发生亲电取代反应，且反应多发生在 β 位。

（1）**卤代反应**　吡咯、呋喃、噻吩与氯或溴反应，即使在室温下也很激烈，并得到多卤代产物。如果要得到一取代产物，常需用溶剂稀释并在低温下进行反应。例如：

$$\underset{N}{\bigcirc} \xrightarrow[300℃]{Br_2} \underset{N}{\bigcirc}-Br + HBr$$

（2）**硝化反应**　吡咯、呋喃、噻吩在酸性条件下不稳定，因此不能用混酸直接进行硝化，而应选用性质较温和的乙酰硝酸酯，并且在较低温度下发生反应。而吡啶可直接用混酸进行硝化。例如：

$$\underset{O}{\bigcirc} + CH_3COONO_2 \xrightarrow[-5～30℃]{乙酸酐} \underset{O}{\overset{NO_2}{\bigcirc}} + CH_3COOH$$

$$\underset{S}{\bigcirc} + CH_3COONO_2 \xrightarrow[5℃]{乙酸酐} \underset{S}{\overset{NO_2}{\bigcirc}} + CH_3COOH$$

$$\underset{NH}{\bigcirc} + CH_3COONO_2 \xrightarrow[5℃]{乙酸酐} \underset{NH}{\overset{NO_2}{\bigcirc}} + CH_3COOH$$

$$\underset{N}{\bigcirc} \xrightarrow[KNO_3,300℃]{HNO_3,H_2SO_4} \underset{N}{\bigcirc}-NO_2$$

（3）**磺化反应**　呋喃和吡咯的磺化反应也不能直接用浓硫酸，而应选择比较温和的三氧化硫作为磺化试剂。例如：

$$\underset{O}{\bigcirc} + \underset{N^+SO_3^-}{\bigcirc} \xrightarrow[100℃]{乙酸酐} \underset{O}{\bigcirc}-SO_3H$$

$$\underset{NH}{\bigcirc} + \underset{N^+SO_3^-}{\bigcirc} \xrightarrow[100℃]{乙酸酐} \underset{NH}{\bigcirc}-SO_3H$$

$$\underset{S}{\bigcirc} + 浓H_2SO_4 \xrightarrow{室温} \underset{S}{\bigcirc}-SO_3H$$

$$\underset{N}{\bigcirc} \xrightarrow[HgSO_4,230℃]{发烟H_2SO_4} \underset{N}{\bigcirc}-SO_3H$$

？ 想一想

为什么五元杂环亲电取代反应的活性顺序是吡咯＞呋喃＞噻吩≫苯？

答案解析

2. 加成反应　呋喃、吡咯、吡啶在加热或催化剂的条件下，可与氢气发生加成反应。噻吩中因含有硫原子，易使催化剂中毒而失去活性，因此，催化氢化较难，需使用特殊催化剂二硫化钼（MoS_2）。例如：

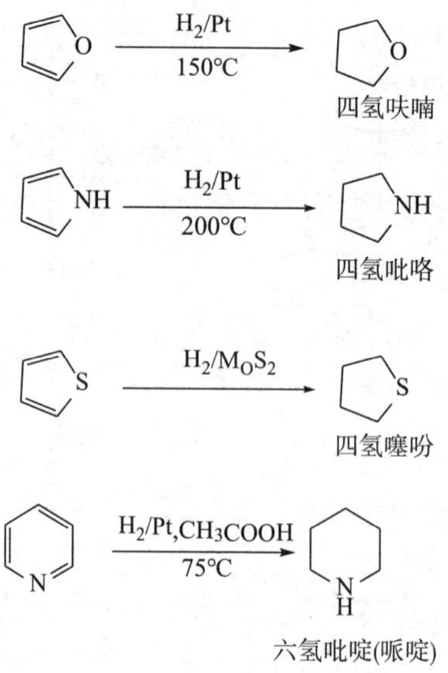

四氢呋喃

四氢吡咯

四氢噻吩

六氢吡啶(哌啶)

3. 氧化反应　呋喃、吡咯不稳定，易被氧化，酸或氧化剂均能破坏其环状结构；噻吩相对较为稳定。吡啶不易被氧化，当吡啶环连有侧链时，只有侧链被氧化。例如：

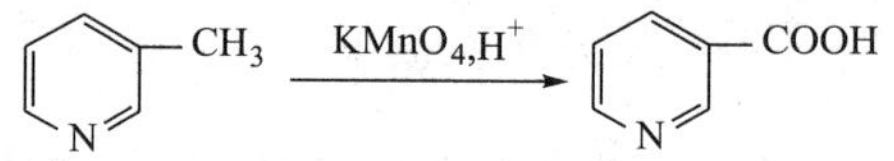

4. 酸碱性

（1）吡咯的酸碱性

1）弱酸性　吡咯氮上的氢原子具有弱酸性，能与干燥的氢氧化钾固体形成盐。

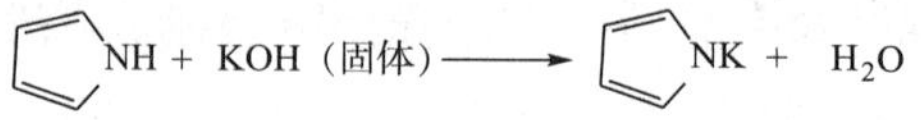

2）弱碱性　吡咯具有弱碱性（$pK_b = 13.60$），由于氮原子参与了环的共轭体系，使其电子云密度降低，降低了其接受质子的能力，所以吡咯的碱性很弱，相反氮上的氢有质子化倾向，使其还表现出极弱酸性。

（2）吡啶的碱性　吡啶环氮原子上的未共用电子对未参与环上的共轭体系，因此具有与氢质子结合的能力，表现出一定的碱性。它的碱性比脂肪胺和氨弱，接近芳胺。吡啶是常用的碱性有机溶剂。

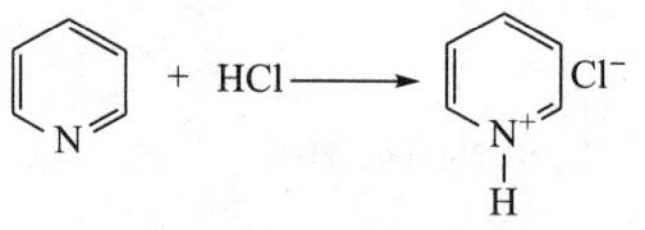

5. 显色反应　呋喃、噻吩、吡咯遇到浓盐酸浸润过的松木片，能显示出不同的颜色，反应非常灵敏，可用于三种化合物的鉴别，称为松木片反应。例如，呋喃和吡咯遇到浓盐酸浸润过的松木片分别显深绿色和鲜红色；噻吩遇盐酸浸润过的松木片显蓝色。

四、与医药有关的杂环类化合物

1. 五元杂环化合物　呋喃、噻吩和吡咯等五元杂环化合物并不作为药用，但是其相关衍生物却在医药上有广泛的用途。

医药中常见的呋喃类衍生物代表有雷尼替丁抗溃疡药和硝基呋喃类抗菌药。雷尼替丁能抑制胃酸分泌，降低胃酶活性，临床上常用于治疗十二指肠溃疡、良性胃溃疡、术后溃疡以及反流性食管炎。硝基呋喃类药物是一种广谱抗生素，对革兰阳性和阴性菌有很强的抑菌和杀菌作用，包括呋喃唑酮、呋喃妥因、呋喃西林等，主要用于治疗肠道感染与泌尿道感染。

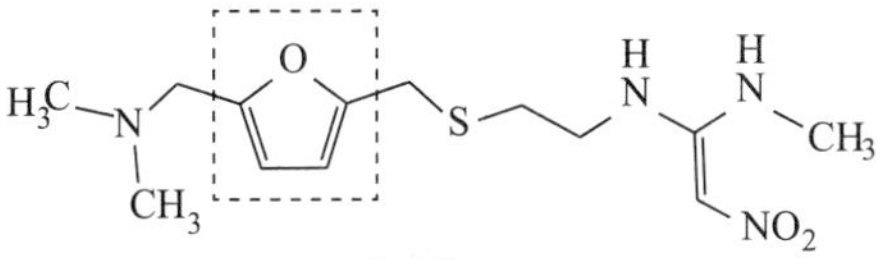

雷尼替丁 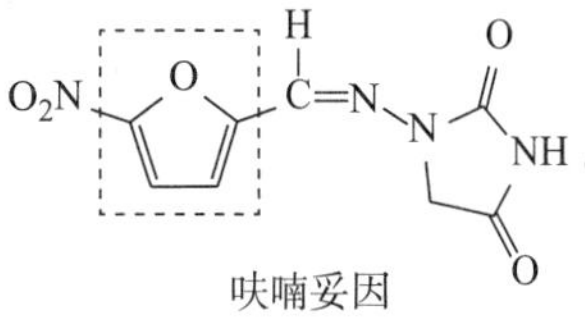　　　　　　　　　　　　　　　　呋喃妥因

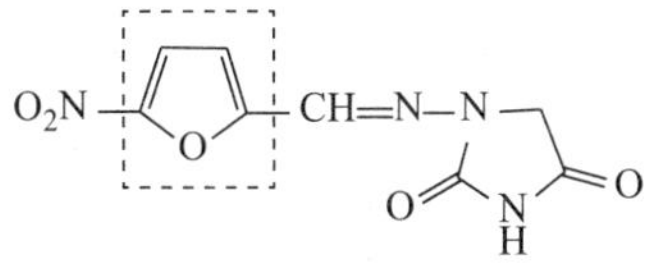

呋喃坦啶 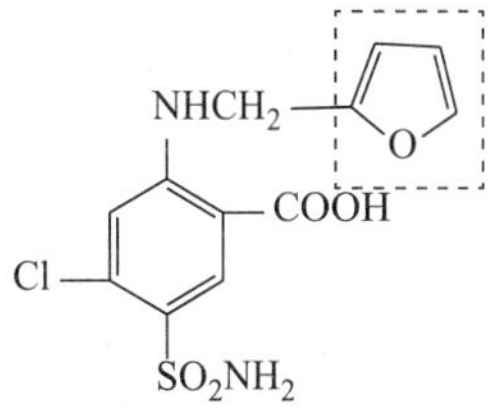　　　　　　　　　　　　　　　　呋塞米

医药中常见的唑类药物大部分是合成的广谱抗真菌药，包括咪唑类和三唑类。咪唑类包括酮康唑、咪康唑、益康唑、克霉唑等，该类药物由于口服毒性较大，目前作为治疗浅表部真菌感染和皮肤黏膜念珠菌感染的局部用药。三唑类包括伊曲康唑、氟康唑等，可作为治疗深部真菌感染的首选药。此外，阿苯哒唑为高效广谱驱虫药，系苯骈咪唑药物中驱虫谱广、杀虫作用最强的一种；甲硝唑是一种抗生素和抗原虫剂，主要用于治疗或预防厌氧菌引起的系统或局部感染。

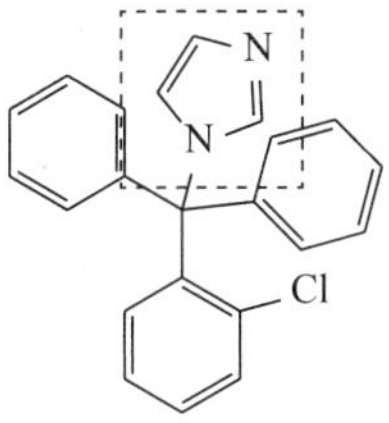

克霉唑 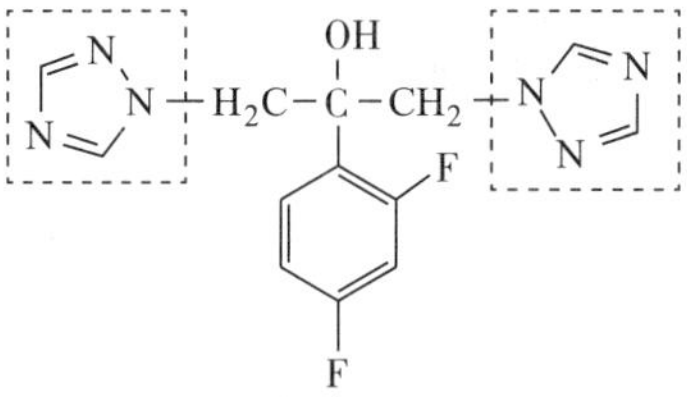　　　　　　　　氟康唑 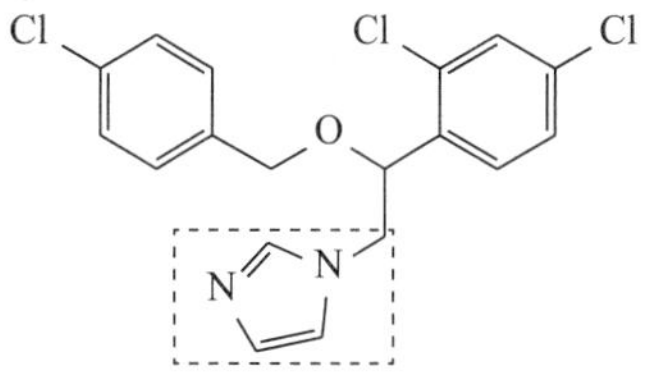　　　　　　　　益康唑

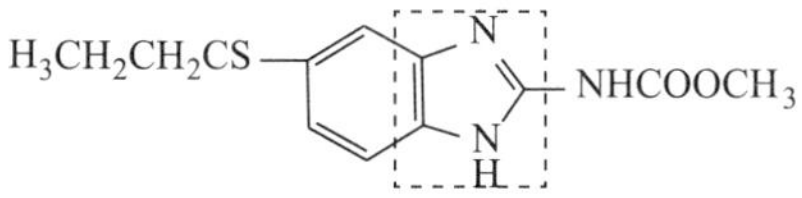

阿苯哒唑 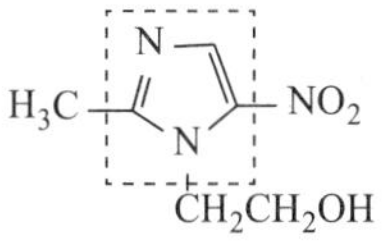　　　　　　　　　　　甲硝唑

医药中常见的含噻唑环的药物主要是第一、二代青霉素类，第一代青霉素指天然青霉素，如青霉素 G；第二代青霉素是指半合成青霉素，如甲氧苯青霉素、羧苄青霉素、氨苄西林。

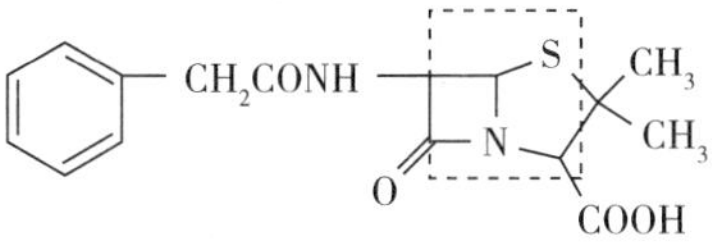

青霉素 G 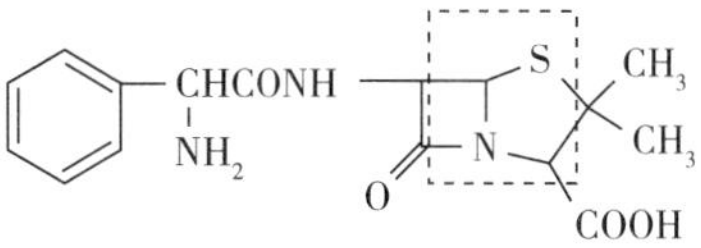　　　　　　　　　　　氨苄西林

2. 六元杂环化合物　吡啶在药物合成中常用作溶剂、原料和催化剂等，其许多衍生物是重要的药物，如烟酸属于维生素 B_3，是人体不可或缺的营养成分，能促进组织新陈代谢，另外能降低血液中胆固醇含量，体内缺乏烟酸会引起癞皮病。以烟酸为原料合成的尼可刹米同属于吡啶衍生物，用于中枢性呼吸及循环衰竭、麻醉药以及其他中枢抑制类药物的中毒。

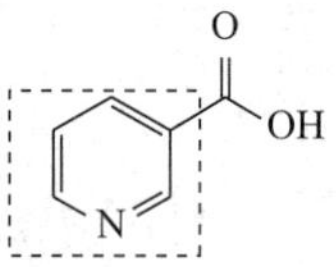

烟酸 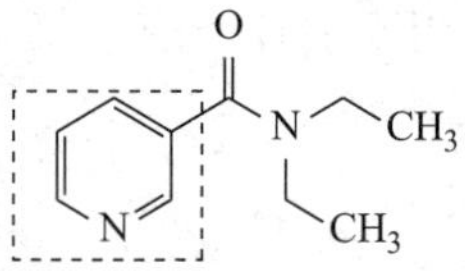 尼可剎米

嘧啶环存在于许多磺胺类、巴比妥类和维生素类药物的结构中，如磺胺嘧啶和维生素 B$_1$。磺胺嘧啶为广谱抗菌药，可用于烧伤和烫伤创面的抗感染。维生素 B$_1$ 是由嘧啶环和噻唑环通过亚甲基结合而成的一种 B 族维生素，维生素 B$_1$ 缺乏时可能引起脚气病与神经性皮炎。另外，嘧啶也分布于核酸结构中，如尿嘧啶、胞嘧啶和胸腺嘧啶。

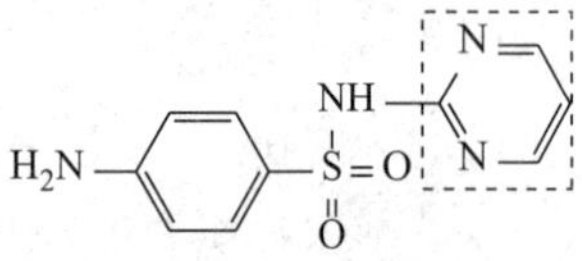

磺胺嘧啶 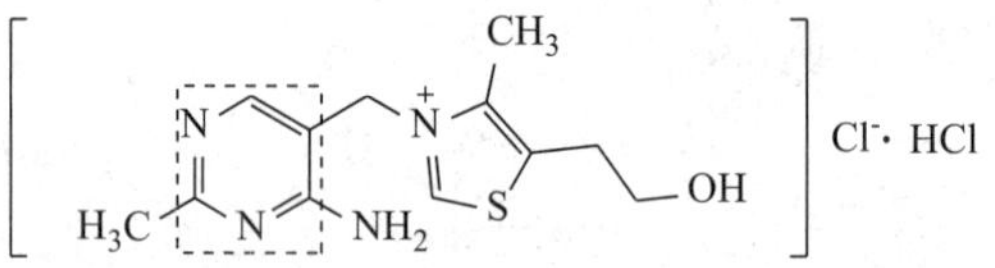 维生素B$_1$

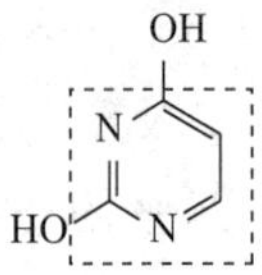

尿嘧啶 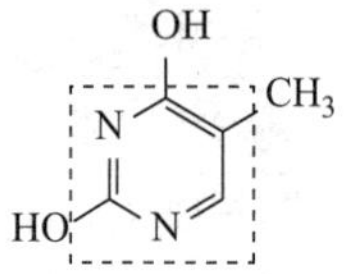 胸腺嘧啶 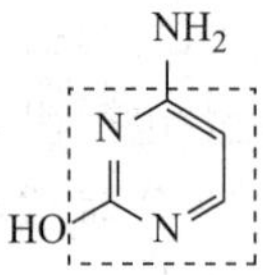 胞嘧啶

哌啶衍生物在镇痛药中广泛存在，如吗啡、哌替啶、芬太尼、美沙酮等药物中都含有哌啶环结构，大多数阿片类镇痛药一般都含有哌啶或类似哌啶的空间结构。

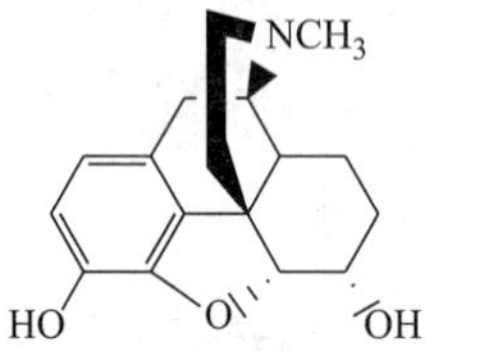

吗啡 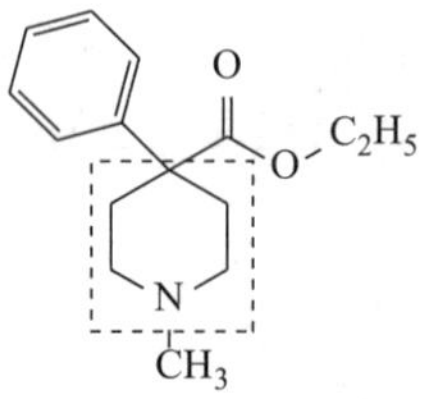 哌替啶

3. 医药中的稠杂环化合物　吲哚衍生物广泛存在于不同种类的植物、动物和海洋生物中，具有广泛的生物学活性，如抗炎、镇痛、抗高血压和抗动脉粥样硬化等，非甾体抗炎药中的吲哚美辛含有吲哚环，具有很强的镇痛抗炎活性。止吐药昂丹司琼具有吲哚环结构，能治疗化疗和放疗引起的恶心、呕吐。

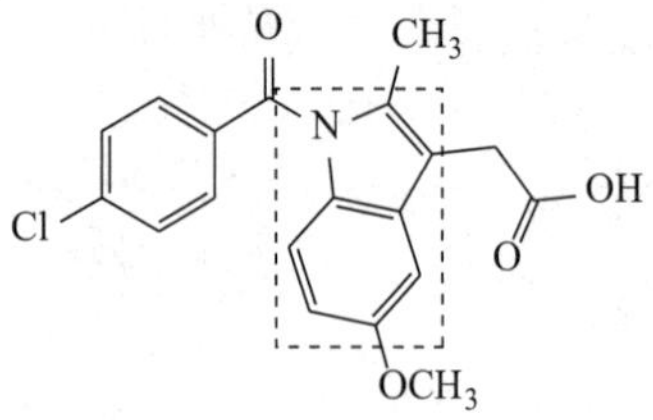

吲哚美辛 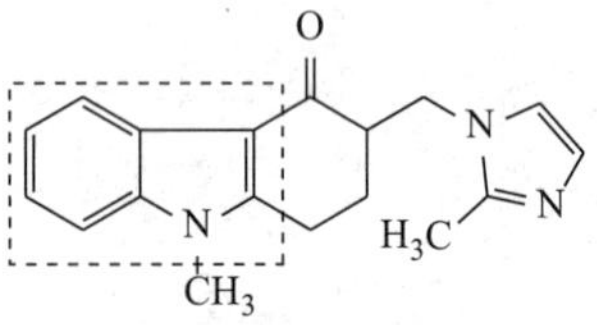 昂丹司琼

嘌呤本身在自然界中并不存在，但其衍生物却广泛存在于动植物体内，并具有较强的生物活性，如鸟嘌呤和腺嘌呤是人体核酸的组成成分，咖啡因和可可碱具有兴奋作用，能导致人体痛风的尿酸也具有嘌呤结构。

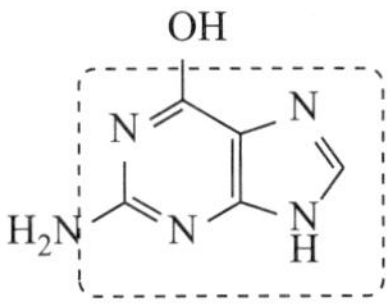

鸟嘌呤 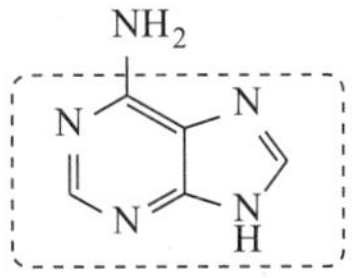　　　　　　腺嘌呤 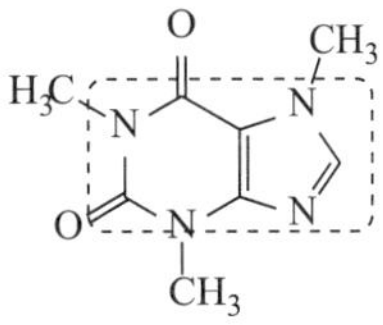　　　　　　咖啡因 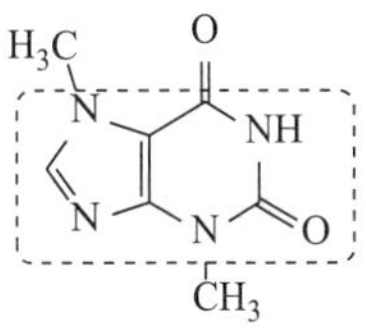　　　　　　可可碱

👁 **看一看**

尿酸与痛风

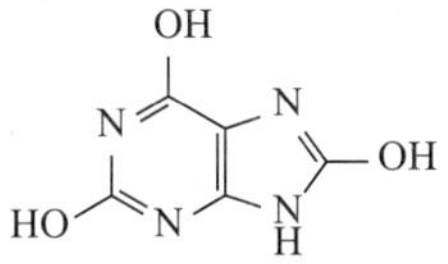

尿酸 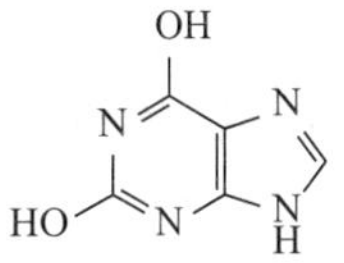　　　　　　　　　　黄嘌呤

尿酸是白色结晶，难溶于水，具有弱酸性，是哺乳动物体内嘌呤衍生物的代谢产物，随尿排出。在体内尿酸产生过多或者肾脏分泌尿酸的能力下降，均可以引起血液尿酸浓度升高。当嘌呤代谢发生障碍时，血和尿中尿酸增加，严重时形成肾或尿路结石；尿酸沉积在软骨及关节等处，严重者导致痛风症。

为了预防痛风，饮食上应做到三多三少：①多饮水，少喝汤。白开水的渗透压最有利于溶解体内各种有害物质，多饮白开水可以稀释尿酸，加速排泄，使尿酸水平下降；少喝肉汤、鱼汤、鸡汤、火锅汤等，汤中含有大量嘌呤成分，饮后不但不能稀释尿酸，反而导致尿酸增高。②多吃碱性食物，少吃酸性食物。痛风患者本身嘌呤代谢紊乱尿酸异常，如果过多吃酸性食品会加重病情，不利于康复；而多吃碱性食物能帮助补充钾、钠、氯离子，维持酸碱平衡。③多吃蔬菜，少吃饭。多吃菜有利于减少嘌呤摄入量，增加维生素C，增加纤维素；少吃饭有利于控制热量摄入，限制体重减肥降脂。

第二节　生物碱 📱微课2

PPT

生物碱是存在于生物体内的一类具有明显生理活性且大多数具有碱性的含氮有机化合物，由于大多数生物碱存在于植物中，所以又称为植物碱。目前，近百种已知结构的生物碱都是很有价值的药物，它们都有很强的生理作用。如罂粟中分离得到的吗啡具有镇痛作用；麻黄中分离得到的麻黄碱具有止喘作用；莨菪中分离得到的莨菪碱消旋后可用作有机磷、锑中毒的解毒剂等。

一、生物碱的分类和命名

生物碱主要根据来源而采用俗名，例如麻黄碱是由麻黄中提取得到的，烟碱是由烟草中提取得到的。生物碱的名称又可采用国际通用名称的译音，如烟碱又称为尼古丁。

生物碱的分类方法有多种，通常是根据生物碱的化学构造进行分类，如麻黄碱属有机胺类，一叶萩碱、苦参碱属吡啶衍生物类，喜树碱属喹啉衍生物类，常山碱属喹唑酮衍生物类，茶碱属嘌呤衍生物类，小檗碱属异喹啉衍生物类，利血平、长春新碱属吲哚衍生物类等。

二、生物碱的通性

（一）生物碱的物理性质

生物碱大多数是无色或白色结晶固体，只有少数为液体或有颜色。如烟碱为液体，小檗碱呈黄色。

生物碱及其盐多数具有苦味，难溶于水，易溶于乙醇、乙醚、卤代烷烃等有机溶剂。大多数生物碱具有旋光性，通常左旋体活性强。

（二）生物碱的化学性质

1. 碱性 生物碱分子中含有氮杂环，也有少数含有氨基官能团，其分子中的氮原子对质子有一定的接受能力，所以以具有碱性。

生物碱与无机酸或有机酸能发生酸碱成盐反应，生成易溶于水的生物碱盐，常利用此性质来提高它们的水溶性，如硫酸阿托品、盐酸吗啡等。

生物碱盐遇强碱又可游离出生物碱，利用该性质可进行生物碱的提纯与精制。

2. 沉淀反应 大多数生物碱或其盐的水溶液能与一些试剂生成不溶性盐而沉淀，这种试剂称为生物碱沉淀剂，常利用生物碱沉淀剂鉴别或分离生物碱。常见的生物碱沉淀剂是一些酸和重金属盐类或复盐的溶液。

（1）碘化汞钾试剂 遇生物碱大多数生成白色或黄色沉淀。

（2）碘化铋钾试剂 遇生物碱大多数生成红棕色沉淀。

（3）氯化汞试剂 遇生物碱大多数生成白色沉淀。

（4）磷钨酸试剂 遇生物碱大多数生成黄色沉淀。

（5）磷钼酸试剂 遇生物碱大多数生成浅黄色沉淀或橙黄色沉淀。

（6）苦味酸试剂 遇生物碱大多数生成黄色沉淀。

（7）鞣酸试剂 遇生物碱大多数生成白色沉淀。

3. 显色反应 大多数生物碱能与一些试剂发生颜色反应显示不同的颜色，常利用该性质进行生物碱的鉴别。能使生物碱发生颜色反应的试剂称为生物碱显色剂，常用的生物碱显色剂有浓硝酸、浓硫酸、甲醛 - 浓硫酸、氨水等，如吗啡在甲醛 - 浓硫酸作用下显橙色至紫色，小檗碱在氨水中显红色。

三、与医药有关的生物碱类化合物

1. 烟碱 存在于烟叶中，又名尼古丁，属吡啶衍生物类生物碱。烟叶中含有十余种生物碱，烟碱是其中最主要的一种，含 2% ~ 8%，纸烟中约含 1.5%。烟叶为无色油状液体，沸点 246℃，暴露在空气中逐渐变棕色，臭似吡啶，味辛辣，易溶于水、乙醇及三氯甲烷中，具有旋光性。天然存在的烟碱是左旋体。烟碱有剧毒，少量吸入能刺激中枢神经，增高血压；大量吸入则抑制中枢神经，出现恶心、呕吐等症状，严重时使心脏停搏以致死亡。几毫克的烟碱就能引起头痛呕吐、意识模糊等中毒症状，长期吸烟会引起慢性中毒。

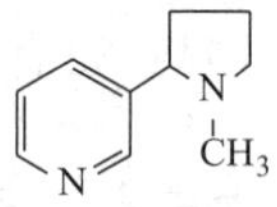

2. 麻黄碱 麻黄是我国特产的一种中药，它含有多种生物碱，其中麻黄碱占 60%，其次为伪麻黄碱等。麻黄碱又称麻黄素，是旋光性物质，其分子中含有 2 个手性碳原子，有 2 对对映体，其中一对为麻黄碱，另一对为伪麻黄碱。但麻黄中只有左旋麻黄碱和右旋伪麻黄碱存在。

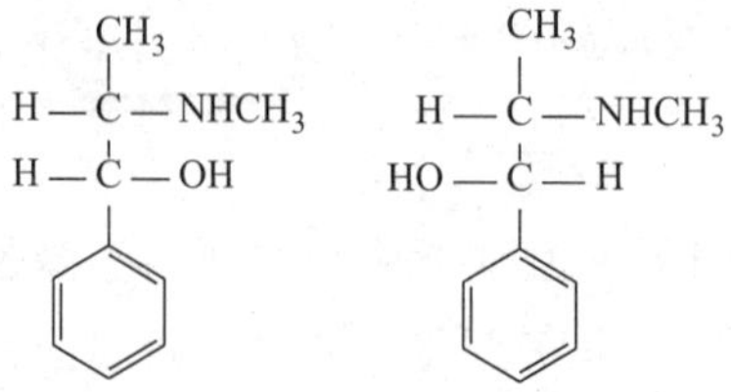

(-)-麻黄碱   (+)-伪麻黄碱

麻黄碱属于胺类生物碱，与一般生物碱的性质不完全相同，如有挥发性，在水和有机溶剂中均能溶解，与多种生物碱沉淀剂不易产生沉淀等。麻黄碱有类似肾上腺素的作用，如能扩张支气管、收缩黏膜血管、兴奋交感神经、升高血压等。临床上常用其盐酸盐治疗支气管哮喘、过敏性反应和低血压等。

3. 吗啡 吗啡、可待因和海洛因都属于异喹啉类衍生物。吗啡存在于罂粟科植物中未成熟果实的乳汁中，是由五个环稠合而成的复杂环状化合物。吗啡作用于阿片受体，具有较好的镇痛、镇咳、镇静作用，临床主要抑制剧烈疼痛。吗啡对人体的副作用较为严重，能够抑制呼吸中枢并具有成瘾性。

吗啡的酚羟基甲基化产物称为可待因，其为无色结晶，味苦、无臭，微溶于水，溶于沸水或乙醇等。可待因的镇痛作用比吗啡弱，镇咳效果较好，虽然成瘾性比吗啡小，但是仍不能滥用。

若吗啡分子中羟基经乙酰化反应则生成海洛因。海洛因纯品为白色柱状结晶或结晶性粉末，光照或久置易变为淡棕黄色，难溶于水，易溶于三氯甲烷、苯和热醇。海洛因的成瘾性为吗啡的 3～5 倍，不能作为药用，是对人类危害最大的毒品之一。

	R	R'
吗啡	—H	—H
可待因	—CH₃	—H
海洛因	—$\overset{O}{\overset{\|}{C}}$—CH₃	—$\overset{O}{\overset{\|}{C}}$—CH₃

❤ **药爱生命**

海洛因、吗啡、大麻和冰毒等是我国《刑法》规定管制的毒、麻药品。这些毒、麻药品服用后极易成瘾，难以戒断，过量使用会因呼吸抑制而死亡。去氧麻黄素，俗称冰毒，吸食一次就会上瘾，长期服用会损害心、肺、肝、肾及神经系统，严重者甚至死亡。近几年又有新型毒品"摇头丸"出现，服用后会使人摇头不止，行为失控，易引发暴力犯罪。毒品严重危害着我们的社会，我们应行动起来，向毒品宣战！

4. 小檗碱 可从黄连、黄柏和三颗针等药材中提取得到，也可以人工合成，属异喹啉衍生物，是一种季铵类化合物。小檗碱为黄色结晶，熔点 145℃，味极苦，能溶于水。盐酸小檗碱（黄连素）具有较强的抗菌作用，在临床上常用其治疗菌痢、胃肠炎等疾病。

5. 肾上腺素 是肾上腺髓质分泌的激素。人工合成的肾上腺素为白色结晶性粉末，味苦，微溶于水，不溶于乙醇、乙醚和三氯甲烷，熔点为 206～212℃，熔融时同时分解。肾上腺素为手性分子，具有旋光性。其结构中既含有酚羟基，也属于仲胺，因此具有酸碱两性。肾上腺素分子还含有邻苯二酚的结构，易氧化变质。临床上使用的是盐酸肾上腺素注射液可用于心脏骤停的急救、过敏性休克及控制支气管哮喘的急性发作等。

6. 莨菪碱 存在于颠茄、莨菪、曼陀罗、洋金花等茄科植物的叶中，为白色晶体，熔点 114～

116℃，味苦，难溶于水，易溶于乙醇和三氯甲烷。莨菪碱是由莨菪醇和莨菪酸形成的酯，分子中含有一个手性碳原子而具有旋光性。莨菪碱的外消旋体称为阿托品。医疗上常用硫酸阿托品作为抗胆碱药，能抑制唾液、汗腺等多种腺体的分泌，并能扩散瞳孔；也用于治疗平滑肌痉挛、十二指肠溃疡病；还可用作有机磷、锑中毒的解毒药。

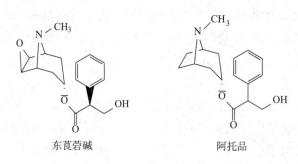

东莨菪碱 　　　　　　　　阿托品

目标检测

答案解析

一、单项选择题

1. 下列化合物中，不属于六元杂环的是 （　　）

   A. 吡喃　　　　　　B. 吡啶　　　　　　C. 噻吩　　　　　　D. 嘧啶

2. 下列化合合物中，不属于五元杂环的是 （　　）

   A. 呋喃　　　　　　B. 吡啶　　　　　　C. 噻吩　　　　　　D. 吡咯

3. 下列化合物中，不属于稠杂环的是 （　　）

   A. 吲哚　　　　　　B. 咪唑　　　　　　C. 喹啉　　　　　　D. 嘌呤

4. 下列化合物中，水溶性最大的是 （　　）

   A. 吡咯　　　　B. 2-硝基吡咯　　　　C. 2-羟基吡咯　　　　D. 2-甲基吡咯

5. 除去苯中混有的少量噻吩，可选用的试剂是 （　　）

   A. 浓硝酸　　　　　B. 冰醋酸　　　　　C. 浓盐酸　　　　　D. 浓硫酸

6. 呋喃、吡咯、噻吩的水溶性大小顺序为 （　　）

   A. 吡咯＞呋喃＞噻吩　　　　　　　　　B. 吡咯＞噻吩＞呋喃

   C. 呋喃＞吡咯＞噻吩　　　　　　　　　D. 噻吩＞吡咯＞呋喃

7. 下列化合物中，既显弱酸性又显弱碱性的是 （　　）

   A. 吡啶　　　　　　B. 呋喃　　　　　　C. 吡咯　　　　　　D. 噻吩

8. 下列化合物中，碱性最强的是 （　　）

   A. 吡啶　　　　B. 3-硝基吡啶　　　　C. 六氢吡啶　　　　D. 3-羟基吡啶

9. 下列杂环化合物中，结构是吡咯的是 （　　）

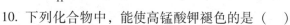

10. 下列化合物中，能使高锰酸钾褪色的是 （　　）

    A. 2-硝基吡啶　　B. 3-甲基吡啶　　　　C. 吡啶　　　　　　D. 苯

11. 关于生物碱的叙述，不正确的是 （　　）

    A. 有明显的生理活性　　　　　　　　　B. 分子中都含有氮杂环

C. 存在于生物体内　　　　　　　　D. 一般都有碱性，能与酸作用生成盐

12. 下列化合物中，不属于生物碱的是（　　）

    A. 吗啡　　　　B. 麻黄碱　　　　C. 吡啶　　　　D. 肾上腺素

13. 生物碱类药物不能与碱性药物配伍的理由是（　　）

    A. 碱性药物会产生副作用

    B. 生物碱类药物遇碱性药物会出现沉淀

    C. 生物碱类药物实际显酸性

    D. 会产生更强的毒性

二、填空题

1. 根据分子中所含环的数目，将杂环化合物分为＿＿＿＿和＿＿＿＿两大类。

2. 单杂环可根据成环原子数目的多少分类，其中最常见的有＿＿＿＿杂环和＿＿＿＿杂环。

3. 稠杂环有＿＿＿＿和＿＿＿＿两种。

4. 杂环化合物中除碳原子以外的其他元素的原子称为＿＿＿＿，最常见的杂原子是＿＿＿＿、＿＿＿＿、＿＿＿＿。

三、命名下列化合物

（谢永芳）

书网融合……

重点回顾　　微课1　　微课2　　习题

175

第十五章 氨基酸、蛋白质和核酸

📖 导学情景

情景描述： 鲅鱼是一种肉质细腻、味道鲜美、营养丰富的海鱼，含有丰富的蛋白质、维生素A、维生素B$_1$、维生素B$_2$、维生素E、钙、碘等营养物质，对贫血、营养不良的小朋友来说是非常好的食物。小明的妈妈喜欢用鲅鱼做饺子，但是小明每次吃完鲅鱼饺子后，妈妈都发现他睡觉时嗓子会发出"呼呼"的声音，还不停地咳嗽，并且呼吸急促。医生询问小明吃过的食物，确定小明出现这种症状是由于鲅鱼过敏所致。

情景分析： 鲅鱼肉中含血红蛋白较多，富含组氨酸，当鱼不新鲜或发生腐败时，细菌在其中大量繁殖，组氨酸在细菌中脱羧酶的作用下，脱去羧基变成有毒的组胺。组胺有强烈的舒张血管作用，并能使毛细血管和微静脉的管壁通透性增加，血浆漏入组织，导致局部组织水肿，可使毛细血管扩张充血和支气管收缩，引起过敏症状的发生。

讨论： 组氨酸属于什么结构的化合物？它是如何变成有毒的组胺的？

学前导语： 组氨酸是氨基酸的一种，结构中既含有氨基又含有羧基。本章将介绍氨基酸和蛋白质的结构、理化性质及其在医药领域中的广泛应用。

PPT

第一节 氨基酸

氨基酸是与生命起源和生命活动密切相关的蛋白质的基本结构单位，是人体必不可少的物质。不少氨基酸可直接用作治疗药物和用于合成多肽药物。目前用作药物的氨基酸有将近200种，其中包括构成蛋白质的氨基酸（20种）和构成非蛋白质的氨基酸（100多种）。由多种氨基酸组成的复方制剂在现代静脉营养输液以及"要素饮食"疗法中占有非常重要的地位，对维持危重患者的营养，抢救患者生命起到积极作用，成为现代医疗中不可少的医药品种之一。谷氨酸、精氨酸、天门冬氨酸、胱氨酸、L-多巴等氨基酸单独作用，主要用于治疗肝脏疾病、消化道疾病、脑病、心血管病、呼吸道疾病，以及提高肌肉活力、儿科营养和解毒等。此外，氨基酸衍生物在癌症治疗上带来了希望。

一、氨基酸的结构、分类和命名

（一）氨基酸的结构和分类

氨基酸是羧酸分子中烃基上的氢原子被氨基（—NH_2）取代而成的化合物，分子中含有氨基和羧基两种官能团。自然界中已发现的氨基酸有几百种，构成约占人体固体重量45%的蛋白质的氨基酸主要有20种（表15-1），由蛋白质水解后产生的氨基酸，除了脯氨酸外，其余都属于α-氨基酸，并且除了甘氨酸以外，α-C都为手性碳原子，这些氨基酸还存在构型问题，都属于L-氨基酸，其结构通式和构型如下。

$$R—\underset{\overset{|}{NH_2}}{CH}—COOH \qquad NH_2—\underset{\overset{|}{R}}{\overset{\overset{COOH}{|}}{C}}—H$$

R代表侧链基团，不同的α-氨基酸有不同的R。

表15-1 存在于蛋白质中常见的氨基酸

类型	结构简式	名称	中文缩写	等电点
中性氨基酸	$CH_2(NH_2)COOH$	甘氨酸（氨基乙酸）	甘	5.97
	$CH_3CH(NH_2)COOH$	丙氨酸（α-氨基丙酸）	丙	6.00
	$CH_2(OH)CH(NH_2)COOH$	丝氨酸（α-氨基-β-羟基丙酸）	丝	5.68
	$CH_2(SH)CH(NH_2)COOH$	半胱氨酸（α-氨基-β-巯基丙酸）	半胱	5.05
	$CH_3CH(OH)CH(NH_2)COOH$	*苏氨酸（α-氨基-β-羟基丁酸）	苏	5.70
	$CH_3SCH_2CH_2CH(NH_2)COOH$	*蛋氨酸（α-氨基-γ-甲硫基丁酸）	蛋	5.74
	$(CH_3)_2CHCH(NH_2)COOH$	*缬氨酸（α-氨基-β-甲基丁酸）	缬	5.96
	$(CH_3)_2CHCH_2CH(NH_2)COOH$	*亮氨酸（α-氨基-γ-甲基戊酸）	亮	6.02
	$CH_3CH_2CH\underset{\overset{|}{CH_3}}{—}CH\underset{\overset{|}{NH_2}}{}COOH$	*异亮氨酸（α-氨基-β-甲基戊酸）	异亮	5.98
	$C_6H_5CH_2CH(NH_2)COOH$	*苯丙氨酸（α-氨基-β-苯基丙酸）	苯丙	5.48
	$p-HOC_6H_4CH_2CH(NH_2)COOH$	酪氨酸（α-氨基-β-对羟苯基丙酸）	酪	5.66
		脯氨酸（α-四氢吡咯甲酸）	脯	6.30
		*色氨酸[α-氨基-β-(3-吲哚)丙酸]	色	5.80
酸性氨基酸	$HOOCCH_2\underset{\overset{|}{NH_2}}{CH}COOH$	天冬氨酸（α-氨基丁二酸）	天冬	2.77
	$HOOCCH_2CH_2CH(NH_2)COOH$	谷氨酸（α-氨基戊二酸）	谷	3.22

177

续表

类型	结构简式	名称	中文缩写	等电点
碱性氨基酸	H₂NCNH(CH₂)₃CHCOOH ‖ NH NH₂	精氨酸（α-氨基-δ-胍基戊酸）	精	10.76
	$H_2N(CH_2)_4CH(NH_2)COOH$	*赖氨酸（α,ω-二氨基己酸）	赖	9.74
	CH₂CH(NH₂)COOH	组氨酸［α-氨基-β-(5-咪唑)丙酸］	组	7.59

注：表中标有"*"号的为必需氨基酸，必需氨基酸在人体内不能合成或合成不足，必须依靠食物来供给。

氨基酸可以根据氨基酸分子中烃基种类的不同，分为脂肪氨基酸、芳香氨基酸和杂环氨基酸；也可以根据氨基酸分子中氨基和羧基的相对数目，分为中性氨基酸；碱性氨基酸、酸性氨基酸；还可以根据氨基酸分子中氨基与羧基的相对位置，分为 α-氨基酸、β-氨基酸、γ-氨基酸等。

（二）氨基酸的命名

氨基酸可采用系统命名法或俗名来命名。氨基酸的系统命名法与羟基酸相似，是以羧酸为母体，氨基作为取代基，称为"氨基某酸"，其位次用阿拉伯数字标示，也可用希腊字母 α、β、γ 等来标示。例如：

HOOCCH₂CH₂CHCOOH
      |
     NH₂
2-氨基戊二酸
（俗称谷氨酸）

NH₂ — CH — COOH
      |
   H₂C — COOH
2-氨基丁二酸
（俗称天冬氨酸）

H₂C — CH₂ — CH₂ — CH₂ — CH — COOH
  | |
 NH₂   NH₂
2,6-二氨基己酸
（俗称赖氨酸）

氨基酸更常用的是俗名，即按照其来源和特性命名。比如天冬氨酸最初是从植物天门冬的幼苗中发现的；胱氨酸因来自尿结石而得名；甘氨酸因其具有甜味而得名。

练一练15-1

对谷氨酸、天冬氨酸和赖氨酸进行系统命名。

答案解析

二、氨基酸的性质

（一）物理性质

α-氨基酸都是无色晶体，熔点一般在 200～300℃ 之间，加热到熔点时，易分解并放出 CO_2。α-氨基酸都能溶于强酸或强碱溶液中，但难溶于乙醚、乙醇等有机溶剂。在纯水中各种氨基酸的溶解度差异较大，加乙醇能使许多氨基酸从水溶液中沉淀析出。氨基酸有的具有甜味，有的无味甚至具有苦味。调味品"味精"的主要成分是谷氨酸（α-氨基戊二酸）的钠盐。除甘氨酸外都有旋光性。

练一练15-2

能否用测熔点的方法鉴定氨基酸？

答案解析

（二）化学性质

氨基酸分子内既含有氨基又含有羧基，因此氨基酸具有氨基和羧基的典型性质。同时由于两种官能团在分子内的相互影响，又具有一些特殊的性质。

1. 氨基酸的两性电离和等电点　氨基酸分子中含有碱性的氨基（—NH$_2$）和酸性的羧基（—COOH），既能发生碱式电离，又能发生酸式电离，因此，氨基酸是两性物质，既能与酸又能与碱作用生成盐。氨基酸分子中的碱性基团氨基和酸性基团羧基也可以相互作用生成盐。

$$RCHCOOH \rightleftharpoons RCH-COO^-$$
$$\overset{|}{NH_2} \qquad\qquad \overset{|}{NH_3^+}$$

内盐（两性离子）

这种由分子内部的酸性基团和碱性基团作用所生成的盐，称为内盐。内盐分子中既有带正电荷的阳离子，又有带负电荷的阴离子，所以内盐又称为两性离子。

在水溶液中，氨基酸可以发生两性电离，羧基可逆电离产生阴离子为酸式电离，氨基可逆电离产生阳离子为碱式电离。解离的程度和方向取决于溶液的 pH，在不同 pH 水溶液中，氨基酸的带电情况不同，在电场中的行为也不同。当调到某一特定 pH 时，氨基酸碱式电离和酸式电离程度相等，以两性离子形式存在，在电场中不发生移动，这一特定的 pH 称为氨基酸的等电点，通常以 pI 表示。氨基酸在不同 pH 溶液中的变化如下：

$$RCH-COOH$$
$$\overset{|}{NH_2}$$

$$RCH-COO^- \underset{OH^-}{\overset{H^+}{\rightleftharpoons}} RCH-COO^- \underset{OH^-}{\overset{H^+}{\rightleftharpoons}} RCH-COOH$$
$$\overset{|}{NH_2} \qquad\qquad \overset{|}{NH_3^+} \qquad\qquad \overset{|}{NH_3^+}$$

阴离子　　　　　　两性离子　　　　　　阳离子
溶液pH>pI　　　　溶液pH=pI　　　　　溶液pH< pI

等电点是氨基酸的一种物理常数，不同的氨基酸具有不同的等电点。氨基酸在等电点时的溶解度最小，因此，可利用调节溶液 pH 的方法，使不同的氨基酸在各自的等电点结晶析出，以分离或提纯氨基酸。

? 想一想

为什么氨基酸在等电点时的溶解度最小？

答案解析

练一练15-3

对氨基苯甲酸或邻氨基苯甲酸不能明显地作为偶极离子存在，但是氨基酸和对氨基苯磺酸则能够。这是为什么？

答案解析

2. 成肽反应　两分子 α-氨基酸在酸或碱的作用下加热，一分子 α-氨基酸的羧基与另一分子 α-氨基酸的氨基之间脱去一分子水缩合生成二肽。

$$H_2N-\overset{R_1}{\underset{|}{CH}}-\overset{O}{\underset{||}{C}}+OH + H+\overset{H}{\underset{|}{N}}-\overset{R_2}{\underset{|}{CH}}-COOH \xrightarrow[\triangle]{H^+或OH^-} H_2N-\overset{R_1}{\underset{|}{CH}}-\overset{O}{\underset{||}{C}}-\overset{H}{\underset{|}{N}}-\overset{R_2}{\underset{|}{CH}}-COOH$$

二肽分子中两端的游离氨基和羧基还可以继续与其他 α-氨基酸缩合成三肽、四肽以至多肽。肽分子中的酰胺键（$-\overset{O}{\underset{||}{C}}-\overset{H}{\underset{|}{N}}-$）又称为肽键。

3. 氨基酸与茚三酮的显色反应 α-氨基酸在一定条件下能与水合茚三酮反应，生成蓝紫色化合物。茚三酮的显色反应非常灵敏，通过比较产物颜色的深浅或测定生成的体积，可定量测定 α-氨基酸的含量，是鉴定 α-氨基酸最迅速、最简单的方法。广泛用于氨基酸的定性和定量分析。

$$2\ \text{水合茚三酮} + H_2N-\overset{R}{\underset{|}{CH}}-COOH \xrightarrow{\triangle} \text{罗曼紫} + CO_2\uparrow + RCHO + H_2O$$

水合茚三酮　　　　　　　　　　　　　　罗曼紫

第二节　蛋白质

PPT

蛋白质和多肽没有严格的区别。蛋白质是由很多个 α-氨基酸分子间失水以肽键形成的高分子化合物，相对分子质量很大，有一万至数千万。一般把相对分子质量超过 1 万的多肽称为蛋白质。

蛋白质是与人类生命活动密切相关的基础物质，是人体所需的七大营养素之一。蛋白质的英文是 Protein，来自希腊文 proteios，意思是首要的、根本的。人体内的蛋白质多达 10 万余种，几乎所有的器官组织都含有蛋白质。而且，蛋白质也是构成细胞的基本成分，维持组织的更新、生长和修复，参与体内多种重要的生理活动。人类的生长、发育、繁衍和遗传等都与蛋白质的功能有关。可见，蛋白质是生命活动的物质基础，没有蛋白质就没有生命。

蛋白质的生物合成受基因控制，人类基因组工作框架图组装完成，为我们提供了生命的蓝图。进一步创建的"人类蛋白质组组织（HUPO）"，用以协调人类蛋白质组的破译，即充分认识人体每个蛋白质的结构和功能，从而能从分子水平上认识疾病和加快药物的发展。

💗**药爱生命**

蛋白质研究一直被喻为破解生命之迷的关节点。1958 年 12 月底，我国人工合成胰岛素课题正式启动，在前人对胰岛素结构和多肽合成的研究基础上，开始探索用化学方法合成胰岛素。中科院上海有机化学研究所负和北京大学化学系负责合成 A 链、中科院上海生物化学研究所负责合成 B 链，并负责把 A 链与 B 链正确组合起来。经过 6 年多坚持不懈的努力，1965 年 9 月 17 日，终于在世界上首次用人工方法合成了具有生物活性的蛋白质——结晶牛胰岛素。原国家科学技术委员会先后两次组织科学家进行鉴定，证明人工合成牛胰岛素具有与天然牛胰岛素相同的结构、理化性质、生物活力和结晶形状。这是当时人工合成的具有生物活力的最大的天然有机化合物，实验的成功使中国成为一个合成蛋白质的国家。蛋白质是生命活动的物质基础，没有蛋白质就没有生命。因此，这意味着人类在掌握生命奥秘的征程上迈出了坚实的一步。

作为医药专业的学生，我们应该提高敬畏生命的意识，同时，要为医药事业的发展做出贡献，造福社会。

一、蛋白质的组成和分类

所有蛋白质的组成元素都相似，主要由碳（50%～55%）、氢（6%～7%）、氧（19%～24%）、氮（13%～19%）四种化学元素组成。大多数蛋白质还含有硫（0%～4%），有些蛋白质还含有磷，少量蛋白质还含有微量金属元素如铁、铜、锰、锌等，个别蛋白质含有碘。在人体内只有蛋白质含有氮元素，其他营养素不含氮。因此，氮是体内蛋白质存在数量的标志。各种蛋白质的含氮量很接近，平均为16%，即每含1g氮相当于6.25g（蛋白质系数）蛋白质，所以只要测定出含氮量，就可以计算出蛋白质的含量。

蛋白质种类繁多，一般按其化学组成的不同，可分为单纯蛋白质和结合蛋白质。仅含有α-氨基酸的蛋白质称为单纯蛋白质，如清蛋白、组蛋白、精蛋白等。除含有单纯蛋白质外，还含有非蛋白质（又称辅基）的一类蛋白质称为结合蛋白质，如糖类、脂类、磷酸和有色物质等。根据辅基的不同，又可分为色蛋白、脂蛋白、糖蛋白、核蛋白、磷蛋白等。

👁 看一看

蛋白质食物

蛋白质食物是人体重要的营养物质，保持健康所需的蛋白质因人而异。一般成年人每天摄入60g～80g蛋白质［或按1.27g/（kg·d）摄入蛋白质］就基本上能满足需要。蛋白质主要存在于瘦肉、蛋类、豆类及鱼类等中。每天的饮食中，蛋白质最好有三分之一来自动物蛋白质，三分之二来源于植物蛋白。如果蛋白质摄入不足，会造成青少年生长发育迟缓、体重下降、淡漠、易激怒、贫血以及干瘦病或水肿，并因为易感染而继发疾病；成年人会感到乏力，体重下降，抗病力减弱。如果蛋白质摄入过多，尤其是动物性蛋白摄入过多，对人体同样有害。首先，过多的动物蛋白质摄入，意味着摄入了较多的动物脂肪和胆固醇。其次，蛋白质过多本身也会产生有害影响。正常情况下，人体不储存蛋白质，所以必须将过多的蛋白质脱氨分解，氨则由尿排出体外，这加重了代谢负担，而且这一过程需要大量水分，从而加重了肾脏的负荷，过多的动物蛋白摄入，也造成含硫氨基酸摄入过多，可加速骨骼中钙质的丢失，易产生骨质疏松。所以在日常生活中，我们要均衡饮食，才能保持身体健康。

二、蛋白质的结构

蛋白质结构分为基本结构和空间结构。蛋白质的基本结构又称为蛋白质的一级结构或化学结构，也被称为初级结构，是指蛋白质分子中氨基酸的排列顺序和连接方式，如图15－1所示。在一级结构中，氨基酸通过肽键（—CONH—）相互连接成多肽链，多肽链是蛋白质分子的基本结构，肽键是主键。蛋白质的一级结构决定了蛋白质的高级结构，并可由一级结构获得有关蛋白质高级结构的信息。

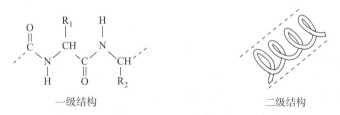

一级结构　　　　　　　　　　　　　　二级结构

图 15－1　蛋白质的一级结构和二级结构

蛋白质的空间结构，包括二级结构、三级结构、四级结构。多肽链由于氢键的引力而卷曲盘旋成螺旋状的结构，叫作蛋白质的二级结构（图15－1）。螺旋状的多肽分子内作用力（如二硫键、酯键、氢键、疏水键等），使 α-螺旋本身再卷曲折叠而成特殊的层状、球状和纤维状等复杂的立体结构，叫作蛋白质的三级结构。两条或两条以上具有三级结构的肽链，通过氢键、疏水键、静电引力等缔合而成的特殊结构视为蛋白质的四级结构，如图 15 - 2 所示。

三级结构   四级结构

图 15 - 2   蛋白质的三级结构和四级结构

三、蛋白质的性质 📱微课

蛋白质分子中，存在着游离的氨基和羧基，因此具有类似氨基酸的性质。但蛋白质是高分子化合物，其相对分子质量比氨基酸大得多，结构也比氨基酸复杂，因此，与氨基酸相比，性质上又存在很大区别。

（一）两性电离和等电点

蛋白质的多肽链中存在着游离的氨基和羧基，蛋白质与氨基酸一样也具有两性电离的性质。调节蛋白质溶液的 pH 至适宜值，使蛋白质完全以两性离子的形式存在，此时溶液的 pH 称为蛋白质的等电点，用 pI 表示。

如果以 $H_2N—P—COOH$ 代表蛋白质分子，则不同 pH 溶液中的解离情况可表示为：

$$
P\begin{array}{c} NH_2 \\ COOH \end{array}
$$

$$
P\begin{array}{c} NH_2 \\ COO^- \end{array} \underset{OH^-}{\overset{H^+}{\rightleftharpoons}} P\begin{array}{c} NH_3^+ \\ COO^- \end{array} \underset{OH^-}{\overset{H^+}{\rightleftharpoons}} P\begin{array}{c} NH_3^+ \\ COOH \end{array}
$$

阴离子   两性离子   阳离子

溶液 pH>pI   溶液 pH=pI   溶液 pH< pI

不同的蛋白质等电点不同，大多数蛋白质的等电点接近于 5，蛋白质在人的体液、血液、组织液及细胞液中（pH 约为 7.4），大多电离成带负电荷的阴离子，即以弱酸根离子形式存在，或与体内的 K^+、Na^+、Ca^{2+}、Mg^{2+} 等阳离子结合成盐。

在等电点时，蛋白质分子呈电中性，其溶解度、黏度、渗透压、膨胀性都最小。临床工作中利用蛋白质在等电点时的溶解度最小、最容易从溶液中析出的特性，用于分离蛋白质。

（二）胶体性质

蛋白质是高分子化合物，其分子颗粒大小在胶体粒子范围（1～100nm）内，因此蛋白质溶液具有胶体溶液的性质。例如不能通过半透膜，能在电场中发生电泳等。同时，蛋白质溶液作为一种高分子化合物溶液，还有自己的特性，如稳定性大、扩散慢、黏度大、对溶胶有保护作用等。蛋白质溶液非常稳定，是因为蛋白质分子表面有许多亲水基团，如—COOH、—NH₂、—CO—、—OH、＝NH 等。这些亲水基团强烈地吸引水分子，在蛋白质粒子外面形成一层较厚的水化膜，避免了蛋白质粒子因碰撞而聚集，发生沉淀；另一个原因是蛋白质在 pH 为非等电点的溶液中，带有相同的电荷，互相排斥，阻止了蛋白质粒子的凝聚。

由于不同蛋白质的等电点和分子量大小不同，所以不同蛋白质在同一 pH 的溶液及同一电场强度中的电泳速度不同，目前临床检验诊断学上广泛利用电泳法分离血清中的蛋白质。

（三）盐析

在蛋白质溶液中加入一定量的电解质（如硫酸钠、硫酸铵等），蛋白质便沉淀析出，这种现象称为蛋白质的盐析。其原因是加入电解质，能中和蛋白质颗粒所带的电荷，同时盐能破坏蛋白质颗粒表面的水化膜，从而使其凝聚。蛋白质的盐析是一个可逆过程，在一定条件下，盐析出来的蛋白质，仍然能够溶于水，并能恢复原来的生理活性。

使不同的蛋白质发生盐析所需要的盐浓度不同。例如，球蛋白在半饱和硫酸铵溶液中即可析出，而白蛋白却要在饱和硫酸铵溶液中才能析出。因此，可以用逐渐增大盐溶液浓度的方法，使不同的蛋白质从溶液中析出，从而得以分离，这种操作方法称为分段盐析。在临床检验上，利用分段盐析可以测定血清白蛋白和球蛋白的含量，借以帮助诊断某些疾病。

（四）变性

蛋白质在某些物理或化学因素（如加热、高压、超声波、紫外线、X 射线、强酸、强碱、重金属盐、乙醇等）的影响下，分子内部结构发生改变，使其理化性质和生物活性也随之改变，这种现象叫作蛋白质的变性。如果引起变性的因素比较温和，蛋白质的结构改变不大，变性因素解除后，蛋白质结构又得到恢复，并同时恢复其原有的生物活性，这种现象叫可逆变性。若用较强烈的处理方法，蛋白质的变性就是不可逆变性。

蛋白质的变性原理已广泛地应用于医学实践中。如用酒精、高温、紫外线照射等进行消毒灭菌；用热凝法检查尿蛋白；用放射性核素治疗癌症等。在制备和保存激素、疫苗、酶类、血清等制剂时，应避免其变性，以防止其失去生物活性。

（五）颜色反应

蛋白质分子中的肽键和氨基酸残基能与某些试剂发生作用，生成有颜色的化合物，此类反应可以用来鉴别蛋白质。

1. 缩二脲反应　蛋白质分子结构中含多个肽键，能与硫酸铜的碱溶液作用，生成紫色或紫红色的物质。

2. 水合茚三酮反应　蛋白质与 α-氨基酸一样，能与水合茚三酮溶液作用，生成蓝紫色的物质。

3. 黄蛋白反应　含有含苯环的氨基酸残基的蛋白质能与浓硝酸作用，产生沉淀，再加热沉淀变为黄色，冷却后碱化，沉淀变橙色，此反应称为黄蛋白反应。这是因为蛋白质分子中氨基酸残基中的苯环和浓硝酸发生硝化反应，生成黄色的硝基化合物。

4. 米伦反应　在蛋白质溶液中加入米伦试剂（硝酸汞和硝酸亚汞的硝酸溶液），先析出白色沉淀，再加热，沉淀变成砖红色。这一反应是酪氨酸中酚羟基所特有的，因为大多数蛋白质中含有酪氨酸，所以这个反应具有普遍性，用来检验蛋白质中有无酪氨酸存在。

🖎 **练一练15-4**

用化学方法鉴别苯胺和蛋白质。

答案解析

有机化学

PPT

第三节　核　酸

核酸是与人类生命活动，尤其与遗传密切相关的生物大分子物质，在生物的遗传变异、生长发育及蛋白质合成中起着重要的作用。天然存在的核酸有两类：一类是脱氧核糖核酸（DNA），存在于细胞核和线粒体内，能携带遗传信息，决定细胞和个体的基因型；另一类是核糖核酸（RNA），存在于细胞质和细胞核内，可参与细胞内 DNA 遗传信息的表达，即蛋白质的生物合成。

一、核酸的组成

核酸在酸、碱或酶的催化下可水解得到核苷酸，又称单核苷酸，核苷酸进一步得到核苷和磷酸，核苷最终水解得到含氮碱基（简称碱基）、戊糖。故核酸的组成成分包括碱基、戊糖和磷酸。

1. 碱基　构成核酸的碱基主要有五种，分属嘌呤和嘧啶两类含氮杂环，嘌呤类衍生物有腺嘌呤和鸟嘌呤；胞嘧啶在 DNA 和 RNA 中均存在，胸腺嘧啶仅存在于 DNA 中，尿嘧啶仅存在于 RNA 中。

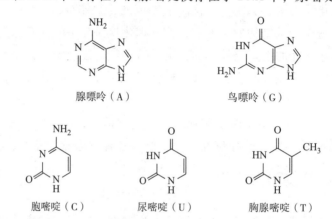

腺嘌呤（A）　　鸟嘌呤（G）

胞嘧啶（C）　　尿嘧啶（U）　　胸腺嘧啶（T）

2. 戊糖　构成核酸的戊糖包括 *D*-核糖和 *D*-脱氧核糖，均以 β-呋喃型结构存在。其中，*D*-核糖存在于 RNA 中，*D*-2-脱氧核糖存在于 DNA 中。

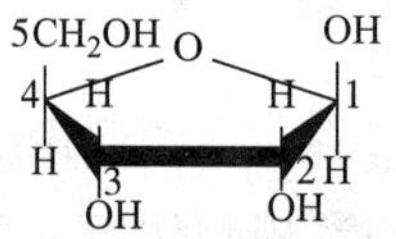

β-*D*-(-)-呋喃核糖　　　β-*D*-(-)-呋喃脱氧核糖

3. 核苷　由戊糖与碱基脱水而成。例如：

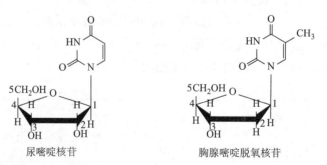

尿嘧啶核苷　　　胸腺嘧啶脱氧核苷

4. 核苷酸　由核苷和磷酸脱水而成。例如：

184

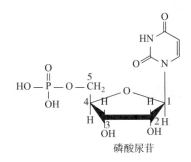

磷酸尿苷

二、核酸的结构

多个核苷酸通过 3',5'-磷酸二酯键连接起来形成的长链状结构为核酸的基本结构，也称一级结构，也是核酸分子中核苷酸的排列顺序。核酸也称多核苷酸。

1953 年，Watson 和 Crick 提出了著名的 DNA 分子的双螺旋结构模型，即 DNA 分子的二级结构。DNA 分子由两条走向相反的多核苷酸链绕同一轴心相互平行盘旋成右手双螺旋结构。两条核苷酸链之间的碱基以特定的方式配对并形成氢键，使两条核苷酸链结合并维持双螺旋的空间结构。在 DNA 双螺旋结构中，A-T 或 G-C 配对，并以氢键相连接的规律，称为碱基配对规则或碱基互补规律。

 目标检测

答案解析

一、单项选择题

1. 组成人体蛋白质的氨基酸都属于 （ ）
    A. α-氨基酸　　　　B. 中性氨基酸　　　　C. 酸性氨基酸　　　　D. 碱性氨基酸

2. 当溶液的 pH 等于氨基酸的等电点时，氨基酸以 （ ） 形式存在
    A. 阳离子　　　　B. 两性离子　　　　C. 阴离子　　　　D. 不能确定其存在形式

3. 能与茚三酮发生显色反应的是 （ ）
    A. 乙酸　　　　B. α-氨基乙酸　　　　C. 乙醇　　　　D. 乙醛

4. 蛋白质水解的产物是 （ ）
    A. C、H、O、N 元素　　　　　　　　B. β-氨基酸
    C. α-氨基酸　　　　　　　　　　D. 氮元素

5. 人误食了铜、汞、铅等重金属盐而发生中毒时，可以采取的急救措施是 （ ）
    A. 饮用葡萄糖水　　　　　　　　　B. 饮用生理盐水
    C. 大量饮水　　　　　　　　　　　D. 吞吃生鸡蛋清

6. 下列变化中，蛋白质没有发生变性的是 （ ）
    A. 缩二脲反应　　　B. 黄蛋白反应　　　C. 盐析　　　D. 茚三酮反应

7. 临床检验中，可用于分离血清中球蛋白与白蛋白的方法是 （ ）
    A. 缩二脲反应　　　B. 黄蛋白反应　　　C. 盐析　　　D. 茚三酮反应

8. 下列做法中，不会导致蛋白质变性的是 （ ）
    A. 加热　　　　B. 加入重金属盐　　　C. 加水　　　D. 紫外线照射

9. 蛋白质在强碱性溶液中遇 $CuSO_4$ 溶液显 （ ）
    A. 黄色　　　　B. 白色　　　　C. 紫色或紫红色　　　　D. 蓝色

10. 下列有机物中，不存在两性电离的是 （ ）

A. 乙酸　　　　　B. α-氨基乙酸　　　　　C. 丙氨酸　　　　　D. 丙种球蛋白

二、名词解释题

1. 氨基酸　　2. 氨基酸的等电点　　3. 蛋白质的一级结构　　4. 蛋白质的变性　　5. 核苷酸

三、用化学方法鉴别下列各组化合物

1. 乙酸和 α-氨基乙酸

2. α-氨基丙酸和蛋白质

（陈小兵）

书网融合……

📑重点回顾

ℯ微课

习题

第十六章　萜类和甾体化合物

学习目标

知识目标：

1. **掌握**　萜类化合物的组成特点与分类依据。
2. **熟悉**　甾体化合物的基本结构、分类。
3. **了解**　典型萜类和甾体化合物的来源、主要生物活性及生源途径。

技能目标：

能够识别萜类和甾体化合物；能够根据萜类化合物的结构进行分类；能够判断甾体化合物的基本结构。

素质目标：

体会萜类和甾体化合物类在生产、生活以及医药上的重要作用；关注身心健康，养成良好的生活习惯，增强健康意识。

导学情景

情景描述：夏季来临，蚊虫开始增多，人被蚊虫叮咬后，被叮咬的部位会发痒，抓挠后甚至可能出现红肿现象，日常生活中大家经常使用风油精缓解症状。

情景分析：风油精中含有薄荷脑，具有消炎止痛、清凉止痒的功效，可以缓解由于蚊虫叮咬后发痒红肿的现象，是居家、旅游常备的保健良药。

讨论：薄荷脑属于哪类化合物？它还具有什么作用？

学前导语：薄荷脑属于萜类化合物，它是薄荷油的主要成分。本章将介绍萜类和甾体化合物的结构、分类及其在医药领域中的广泛应用。

第一节　萜类化合物 微课

PPT

一、萜类化合物的定义和分类

（一）萜类化合物的定义

萜类化合物是一类数量庞大、结构种类多样、生物活性广泛的重要成分。萜类化合物具有祛痰、止咳、驱虫、祛风、发汗、镇痛、活血化瘀等生理活性。从化学结构看，它由异戊二烯或异戊烷以各种方式连接而成，其骨架一般以五个碳为基本单位，少数也有例外。例如月桂烯和薄荷醇，可以看作由两个异戊二烯单位构成的。

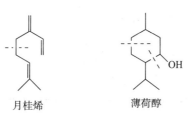

月桂烯

薄荷醇

经同位素标记等越来越多的实验证明，甲戊二羟酸是萜类成分在生物体形成的真正前体。因此，一般认为，凡由甲戊二羟酸衍生、分子式符合（C_5H_8）$_n$ 通式及其含氧和不同饱和程度的衍生物均称为萜类化合物。

（二）萜类化合物的分类

目前仍按照萜类化合物中异戊二烯单位的多少进行分类，具体分类见表 16 – 1。

表 16 – 1　萜类化合物的分类

分类	碳原子数	异戊二烯单位数	代表化合物
单萜	10	2	柠檬烯、樟脑
倍半萜	15	3	昆虫保幼激素
二萜	20	4	维生素 A
三萜	30	6	角鲨烯
四萜	40	8	胡萝卜素
多贴	>40	>8	橡胶

同时再根据各萜类分子结构中碳环的有无和数目的多少，进一步分为链萜、单环萜、双环萜、三环萜、四环萜等，如链状单萜、单环单萜、双环单萜、双环二萜、四环二萜。萜类多数是含氧衍生物，所以萜类化合物又可分为醇、醛、酮、羧酸、酯及苷等萜类。

✖ 练一练16-1

（香叶醇）属于哪一类萜？

答案解析

二、萜类化合物的性质

（一）物理性质

单萜和倍半萜类多为油状液体，在常温下可以挥发；二萜及以上多数不能随水蒸气蒸馏，沸点较高（300℃以上），多为结晶性固体，不具挥发性。单萜和倍半萜类多具有特殊香气。萜类化合物多具有苦味，有的味极苦，所以萜类化合物又称苦味素。但有的萜类化合物具有强的甜味，如二萜多糖苷甜菊苷的甜味是蔗糖的 300 倍。萜类化合物亲脂性强，易溶于醇及脂溶性有机溶剂，难溶于水。随着含氧官能团的增加或成苷的萜类，水溶性增加，萜苷有一定的亲水性。大多数萜类具有不对称碳原子，有光学活性。

（二）化学性质

萜类化合物的化学性质由其所含的官能团决定。萜类化合物可以根据含有的官能团，比如碳碳双键、羟基、羧基、羰基等发生加成反应、氧化反应、脱氢反应等。

1. 加成反应　含有双键和醛、酮等羰基的萜类化合物，可发生加成反应，其产物往往具有结晶性。例如：

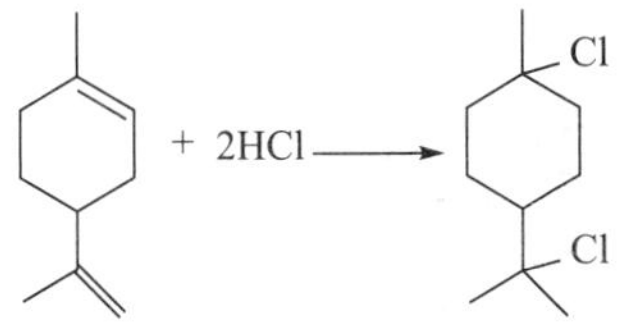

2. 氧化反应　不同氧化剂在不同的条件下，可以将萜类成分中各种基团氧化，生成各种不同的氧化产物。常用的氧化剂有臭氧、三氧化铬等。例如：

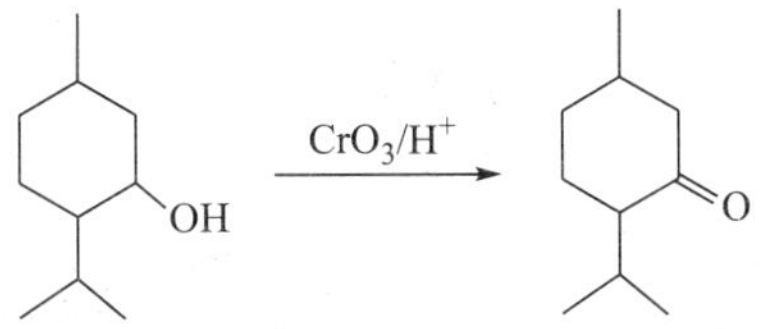

薄荷醇　　　　薄荷酮

3. 脱氢反应　在惰性气体的保护下，用铂黑或钯作催化剂，将萜类成分与硫或硒共热（200 ~ 300℃）而实现脱氢。例如：

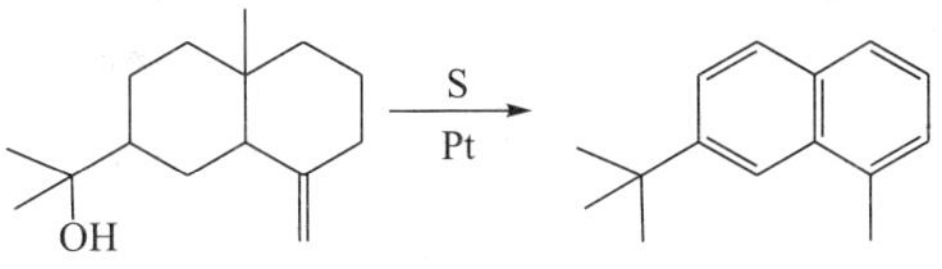

β-桉醇

三、与医药有关的萜类化合物

1. 薄荷醇　又称薄荷脑，是薄荷和欧薄荷等挥发油中的主要组成成分，主要存在于草本植物薄荷的茎叶中。薄荷醇含有 3 个手性碳原子，因而理论上应有 8 个旋光异构体，天然存在的为左旋薄荷醇。薄荷醇在医药上用作刺激药，作用于皮肤或黏膜，有清凉止痒作用；内服可作为祛风药，用于治疗头痛及鼻、咽喉炎症等。

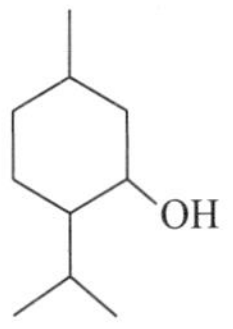

薄荷醇

2. 龙脑　又称冰片或莰醇，为白色六方形片状结晶，具有类似樟脑和松木的香气，有升华性。右旋龙脑存在于熏衣草油、香紫苏油、迷迭香油以及某些品种的樟脑中，左旋龙脑存在于香茅油、松针油等精油中。有抗缺氧、提神醒脑、消炎抑菌、发汗、兴奋、镇痉、驱邪避秽、驱虫等作用。它和苏合香酯配合制成苏冰滴丸可代替冠心苏合丸治疗冠心病、心绞痛。

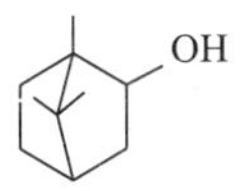

龙脑

3. 胡萝卜素　是由 8 个异戊二烯单位构成的四萜类化合物，广泛存在于植物的叶、茎和果实中，最早是由胡萝卜中分离得到的。胡萝卜素有 α-、β-、γ-三种异构体，其中最主要的是 β-胡萝卜素，它在动物体内转化成维生素 A，能治疗夜盲症。

胡萝卜中含有 85% 的 β-胡萝卜素，β-胡萝卜素的结构式如下：

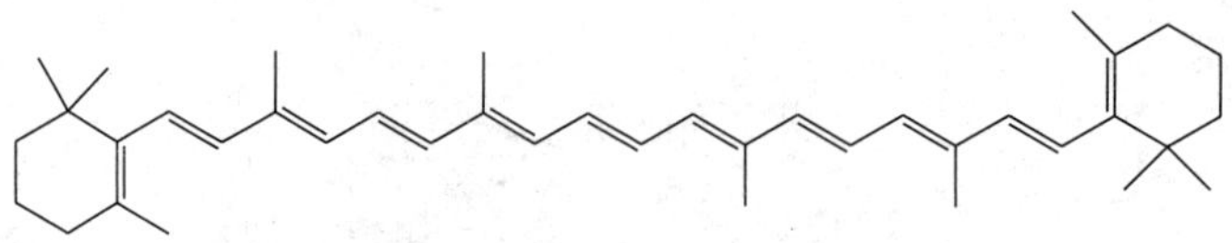

看一看

维生素 A

维生素 A 存在于动物的肝脏、奶油、蛋黄和鱼肝油中。它可以分为两种：维生素 A_1 和维生素 A_2。结构式如下：

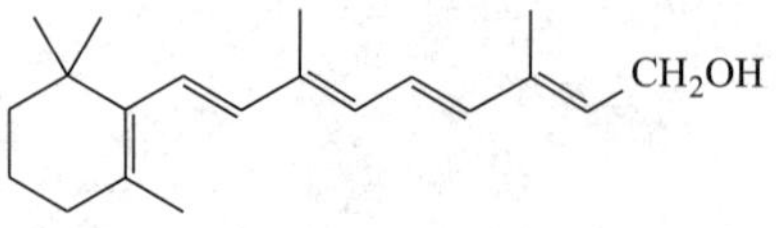

维生素A$_1$ 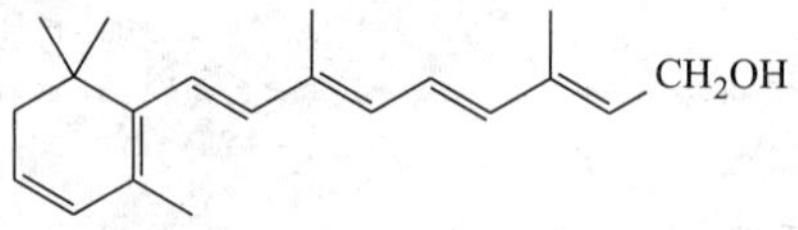 维生素A$_2$

维生素 A 在体内经氧化形成视黄醛，视黄醛与视网膜上的视蛋白结合为视角色素——视紫红质，它是暗视觉的物质基础。视紫红质在暗处合成，光中分解。当人刚进入黑暗环境时，看不清景物，但是过一会儿，就能辨认出来，这正是黑暗中视网膜中的视紫红质逐渐增多的原因。视黄醛的产生和补充都需要维生素 A 作为原料，若缺少，则视紫红质合成缓慢，就会造成暗视觉障碍，即夜盲症。

第二节 甾体化合物

PPT

一、甾体化合物的基本结构

从化学结构上看，甾体化合物分子中都含有氢化程度不同的环戊烷并多氢菲结构，该结构是甾体化合物的母核，四个环常用 A、B、C、D 分别表示，环上的碳原子按如下顺序编号。

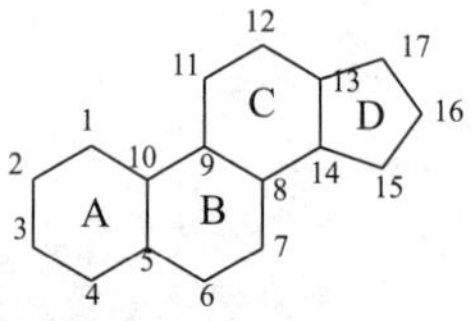

环戊烷并多氢菲（甾环）

甾体化合物除都具有环戊烷并多氢菲母核外，几乎所有此类化合物在 C_{10} 和 C_{13} 处都有一个甲基，叫角甲基，在 C_{17} 上还有一些不同的取代基。

甾体化合物都含有四个环，它们两两之间都可以在顺位或反位相稠合。存在于自然界的甾族化合物，环 B 与环 C 都是反式稠合的，环 C 与环 D 也是反式稠合的，环 A 和环 B 可以是顺式或反式相稠合。若 A、B 环反式稠合则称作异系；顺式稠合则称作正系。例如：

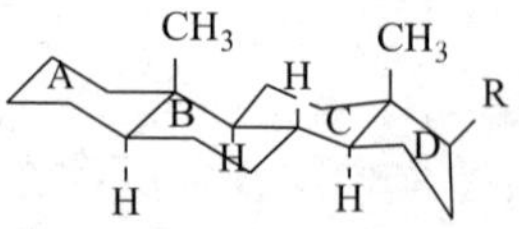

异系 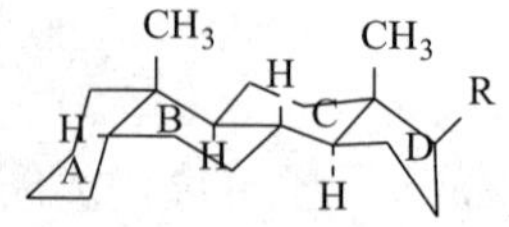 正系

用平面结构式表示时，以 A、B 环之间的角甲基作为标准，把它安排在环平面的前面，并用楔形线与环相连。凡是与这个甲基在环平面同一边的，都用楔形线与环相连，不在同一边的取代基则用虚线

与环相连。例如：

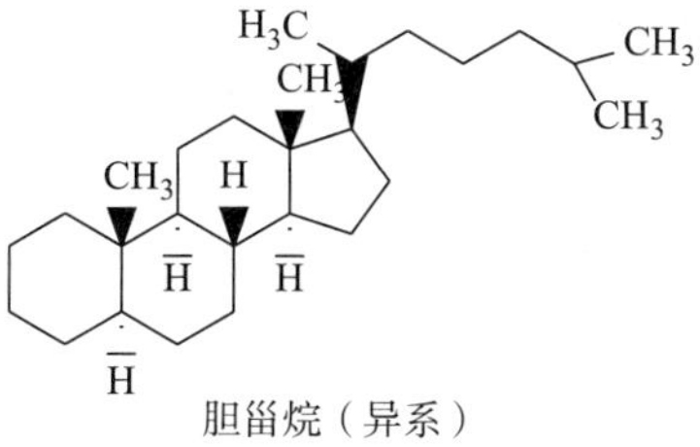

胆甾烷（异系）

二、甾体化合物的分类和命名

（一）甾体化合物的分类

依据甾体母核结构中 C_{17} 连接取代基团的不同，甾体化合物可以分为胆酸类、强心苷、甾醇和昆虫变态激素、C_{21} 甾体类、甾体皂苷和甾体生物碱等。天然甾体化合物的种类及结构特点见表 16-2。

表 16-2　天然甾体化合物的种类及结构特点

名称	A/B	B/C	C/D	C_{17}-取代基
植物甾醇	顺、反	反	反	8~10 个碳的脂肪烃
胆汁酸	顺	反	反	戊酸
C_{21} 甾醇	反	反	顺	C_2H_5
昆虫变态激素	顺	反	反	8~10 个碳的脂肪烃
强心苷	顺、反	反	顺	不饱和内酯环
蟾毒配基	顺、反	反	反	六元不饱和内酯环
甾体皂苷	顺、反	反	反	含氧螺杂环

（二）甾体化合物的命名

甾体化合物的命名是以其烃类的基本结构作为母体，取代基的位次名称与构型表示在母体之前。分子内的手性中心用 R 或 S 表示。由于甾体化合物的结构比较复杂，一般常用与其来源或生理作用有关的俗名，如胆甾醇、麦角甾醇等。

三、与医药有关的甾体类化合物

1. 胆甾醇　是重要的动物甾醇，是胆结石的主要组成成分。广泛存在于动物的各种组织内，集中存在于脑和脊髓中。它以醇或酯的形式存在于体内。胆固醇属于甾类，所以学名为胆甾醇。

胆甾醇虽有 8 个手性碳原子，理论上有 256 个立体异构体，但在自然界只有胆甾醇一种，其环的稠合都是反式的。

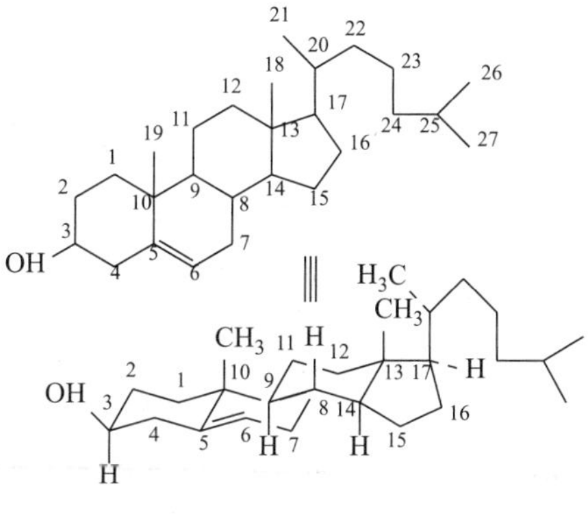

胆甾醇结构中有甾核、侧链、双键、羟基等，所以它能发生这些基团的一系列化学反应。它微溶于水，易溶于有机溶剂，是无色蜡状固体。

胆甾醇虽在人体内非常丰富，例如一个 80kg 的人约有 240g 胆固醇，但它的生理作用还不是很清楚。胆甾醇在人体内过量时，会引起胆结石、动脉硬化等病症。由于胆甾醇与脂肪酸都是醋源物质，食物中油脂过多时会提高血液中胆甾醇含量，引起心脏病等。

❤ 药爱生命

低密度脂蛋白是一种密度较低（1.019~1.063g/ml）的血浆脂蛋白，约含 25% 蛋白质与 49% 胆固醇及胆固醇酯，颗粒直径为 18~25nm。电泳时其区带与 β–球蛋白共迁移。在血浆中起转运内源性胆固醇及胆固醇酯的作用。

当低密度脂蛋白，尤其是氧化修饰的低密度脂蛋白过量时，它携带的胆固醇便积存在动脉壁上，逐渐形成动脉粥样硬化性斑块，阻塞相应的血管，引起冠心病、脑卒中和外周动脉病等致死致残的严重性疾病。因此低密度脂蛋白被称为"坏的胆固醇"。

低密度脂蛋白偏高的原因与日常生活饮食及习惯有很大的关系，通常情况下，饮食不合理、运动少、精神压力过大、遗传因素等情况均可引起低密度脂蛋白偏高。

因此，我们在日常生活中应尽量做到均衡饮食、适量运动、合理调节情绪、保持身心健康，才能更好地投入学习和工作当中。

2. 麦角甾醇 是一种植物甾醇，最初是从麦角中得到的，但在酵母中更易获得。麦角甾醇经日光照射后，其第二个环裂开成前钙化醇，加热后成钙化醇即维生素 D_2。

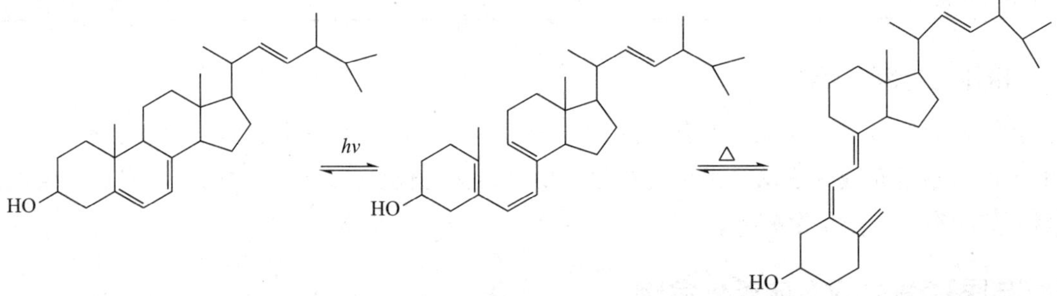

麦角甾醇　　　　　前钙化醇　　　　　钙化醇（维生素D2）

3. 甾体激素 激素是动物体内各种内分泌腺所分泌的一类化学活性物质。它们能直接进入血液和淋巴液中，数量虽少，但具有重要的生理作用。激素根据分子组成的不同，可分为含氮激素和甾体激素两类。甾体激素又根据来源和生理功能不同，分为肾上腺皮质激素和性激素两类。

肾上腺皮质激素是甾类中另一重要的激素，如皮质甾酮、可的松和醛甾酮等。肾上腺皮质激素对动物非常重要，缺乏会引起机能失常甚至死亡。因此，某些激素如可的松已用作药物，以调节糖类的新陈代谢，治疗风湿性关节炎等。

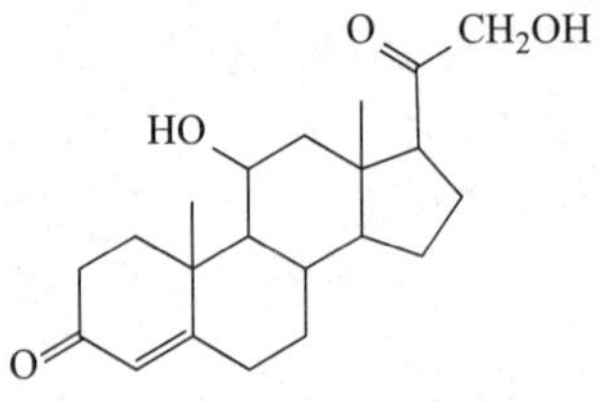

皮质甾酮 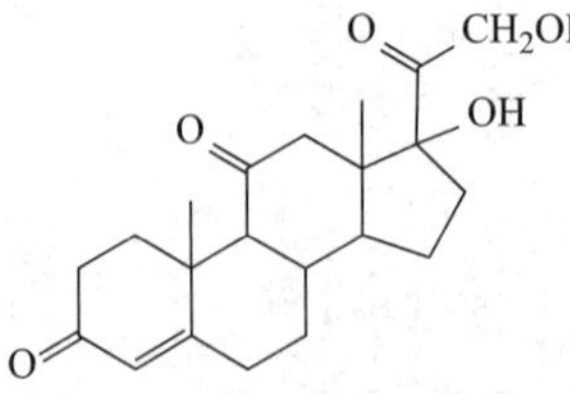　　　　　可的松 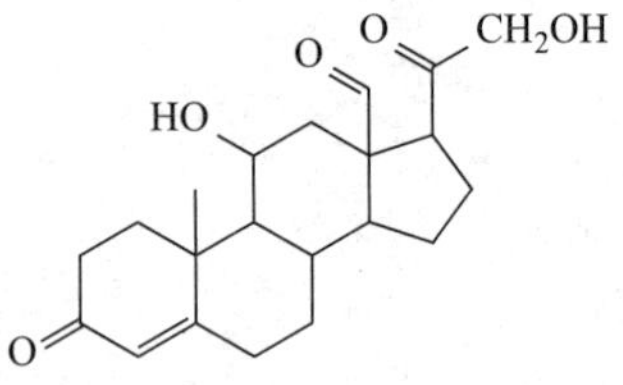　　　　　醛甾酮

甾类中性激素包括雌性激素如雌二醇，雄性激素如睾丸甾酮和孕激素如孕甾酮。

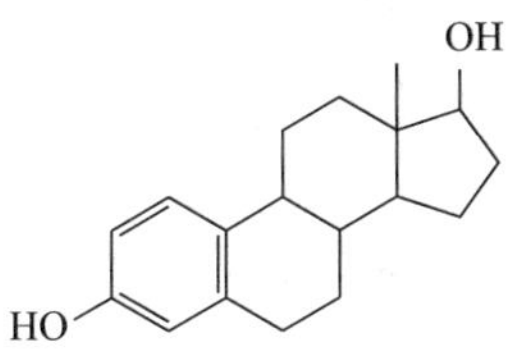

雌二醇 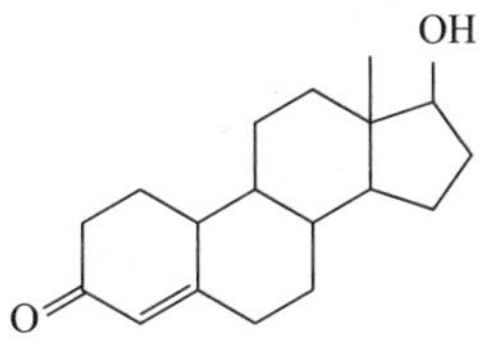　　　　　　　　　　睾丸甾酮 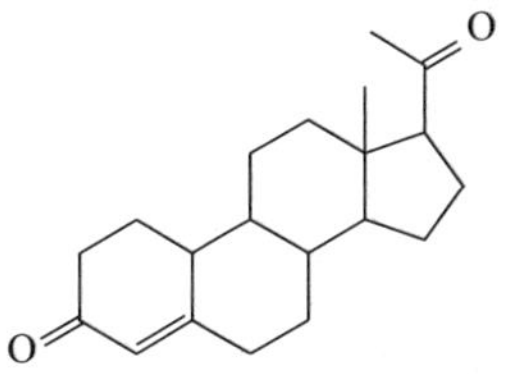　　　　　　　　　　孕甾酮

性激素的生理作用很激烈，极微量的雌性激素给予雄性后会引起某些雌性的特征变化，相反亦然。人工合成的某些性激素类似物如异炔诺酮能阻止未孕妇女的排卵，从而用于人工避孕。

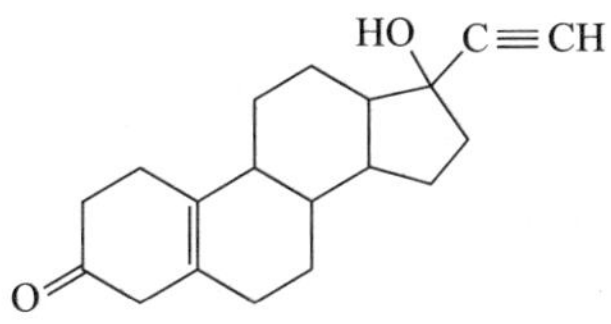

异炔诺酮

甾类中还有其他类化合物，例如皂苷。皂苷是一种糖苷，溶于水即成胶状溶液，经剧烈摇动会产生持久性泡沫，类似肥皂。皂苷是乳化剂，用于油脂的乳化。如强心苷在水溶液中也产生泡沫，但它有特殊的强心作用，主要用于心脏病治疗。

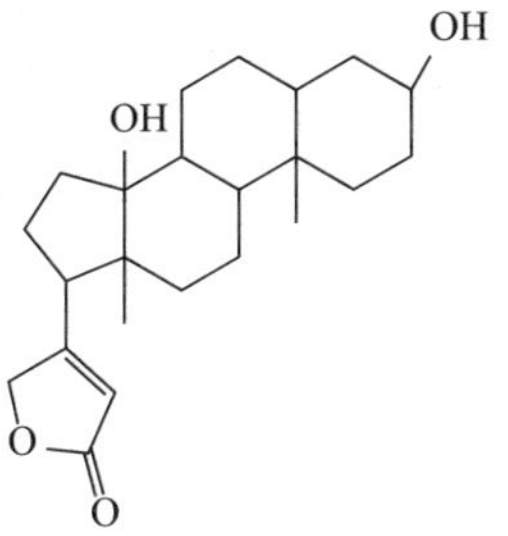

毛地黄素苷元（一种强心苷） 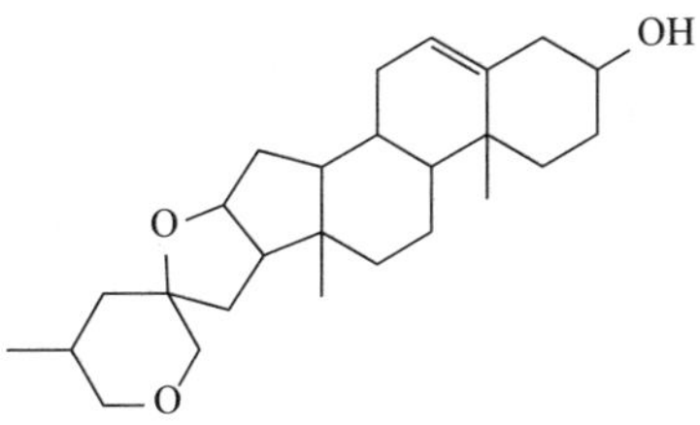　　　　　　薯皂苷元（一种皂苷）

? 想一想

　　醋酸地塞米松是一种肾上腺皮质激素类药物，临床用于风湿性关节炎、红斑狼疮、支气管哮喘、皮炎和某些感染性疾病的综合治疗。其结构式如下，请指出其所含有的官能团及典型化学性质。

答案解析

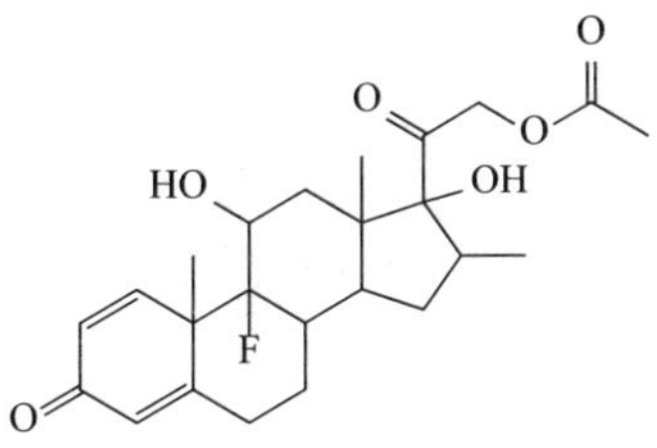

答案解析

一、单项选择题

1. 通常认为形成萜类化合物的基本单元是（　　　）

    A. 异戊二烯   B. 1,3-丁二烯   C. 1,3-戊二烯   D. 1,4-戊二烯

2. 萜类化合物在组成上的共同点是分子中的碳原子数都是（　　）的整数倍

    A. 4   B. 5   C. 6   D. 7

3. 含有 20 个碳原子的萜为（　　）

    A. 单萜   B. 倍半萜   C. 双萜   D. 三萜

4. 倍半萜含有的碳原子个数为（　　）

    A. 10   B. 15   C. 20   D. 30

5. 甾体化合物的基本结构是（　　）

    A. 环戊烷   B. 全氢菲   C. 环戊烷并多氢菲   D. 苯并菲

6. 下列说法正确的是（　　）

    A. 碳原子数为 5 的倍数的有机物均为萜类化合物

    B. 甾体化合物中 C_{10} 及 C_{13} 上一定有角甲基

    C. 萜类化合物与甾体化合物是结构、性质完全不同的两类化合物

    D. 一些萜类化合物与甾体化合物具有相似的结构特征

7. 胡萝卜素的异构体中，以（　　）含量最高，生理活性最强

    A. α-胡萝卜素   B. β-胡萝卜素   C. γ-胡萝卜素   D. 三种都一样

8. 下列化合物中，不属于甾体化合物的是（　　）

    A. 胆酸   B. 龙脑   C. 胆固醇   D. 可的松

9. 经紫外线照射后，能转变成维生素 D_3 的是（　　）

    A. 胆固醇   B. 胆酸   C. 7-脱氢胆甾醇   D. 麦角甾醇

10. β-胡萝卜素广泛存在于植物的叶、花、果中，属于（　　）

    A. 甾族化合物   B. 碳水化合物   C. 杂环化合物   D. 萜类化合物

二、推断结构

    用作香料的香茅醛是一种萜类化合物，它的分子式为 $C_{10}H_{18}O$，与托伦试剂反应生成香茅酸，分子式为 $C_{10}H_{18}O_2$。用高锰酸钾氧化香茅醛得到 CH_3COCH_3 与 $HOOCCH_2CH(CH_3)CH_2CH_2COOH$。试推断香茅醛和香茅酸的结构式。

（王　静）

书网融合……

📄 重点回顾

📱 微课

🕐 习题

实训项目

实训一 有机化学实训基本知识

化学是以实验为基础的学科，有机化学实训是有机化学教学的重要组成部分。为保证有机化学实训教学的正常进行，必须严格遵守实训室规则和安全守则。

一、实训室规则

（1）实训操作前，应认真预习，明确实训目的要求、基本原理、操作步骤、方法以及安全注意事项，并写出简单的预习报告。

（2）实训中，要听从教师指导，遵守秩序，保持安静。实训时做到操作规范，认真、仔细地观察，如实做好实训记录。要爱护公物，节约水、电、药品，使用危险品应严格按照规程操作并注意安全。

（3）实训台面、地面、水槽等应经常保持清洁，污物、残渣等应扔到指定的地点，废酸、废碱等腐蚀性溶液不能倒进水槽，应倒入指定的废液缸中。

（4）合理安排时间，应在规定时间内完成实验，中途不得擅自离开实验室。实训室物品不得携带出实训室外。

（5）实训完毕应将所用仪器洗涤干净，放置整齐。并将实训原始记录或实训报告交给老师，经检查、认可后方可离开。如有仪器损坏，必须及时登记补领。

（6）值日生清扫实训室，倾倒废液，将有关器材、药品整理就绪，关好水、电、门、窗，经老师检查合格后方可离开。

二、实训室安全守则

有机化学实训所用药品多数是易燃、易爆、有毒、有腐蚀性的试剂，所用仪器大部分是易破碎的玻璃制品，稍有不慎，就容易发生意外事故。所以应该采取必要的安全和防护措施，才能保证实验的顺利进行。

（1）实训开始前应检查仪器是否完整无损，装置是否稳妥。

（2）实训进行中不得随便离开。

（3）量取酒精等易燃液体时，必须远离火源。若酒精灯或酒精喷灯在使用过程中需要添加酒精，必须先熄灭火焰，然后通过漏斗加入酒精，严禁往正在燃着的酒精灯中添加酒精。

（4）熟悉安全用具如灭火器、沙箱（桶）以及急救箱的放置地点和使用方法。

（5）称取和使用有毒、异臭和强烈刺激性物质时，应在通风橱中操作。接触有毒物质后，应立即洗净双手，以免中毒。严禁在实训室内吃食物。

（6）使用电器时应防止触电，不能用湿的手接触电插头，以免造成危险。

三、实训室意外事故处理

1. 着火事故的处理 实训室如果意外起火，要保持冷静，不要惊慌失措。首先尽快移开附近的易燃物，然后根据起火原因和火势采取不同的方法灭火。少量有机溶剂着火，可用湿抹布或黄沙扑灭，不可用水。器皿内着火，可用湿抹布或石棉网盖灭。若火势较大，则使用泡沫灭火器。电器着火，应先切断电源，再用二氧化碳灭火器或四氯化碳灭火器等适宜的灭火器灭火。

2. 试剂灼伤处理　当试剂不慎入眼时，应立即用大量的水冲洗。若是酸性试剂，用稀碳酸氢钠溶液冲洗；若是碱性溶液，用1%乙酸或硼酸溶液冲洗。皮肤若触及强酸或强碱时，应先用抹布擦去，再用大量自来水冲洗，然后再用饱和碳酸氢钠或硼酸溶液洗涤。皮肤若被苯酚灼伤，先用大量自来水冲洗，再用70%乙醇和三氯化铁混合液（4∶1）洗涤。溴灼伤时，立即用2%硫代硫酸钠溶液冲洗至伤口处呈白色或用酒精冲洗，然后涂上甘油。

3. 玻璃割伤处理　应先仔细检查伤口内有无玻璃碎片，若有应先取出玻璃碎片，再用医用双氧水洗净伤口，涂抹碘酊包扎伤口。

4. 烫伤处理　若伤势较轻可涂抹烫伤软膏，重者涂烫伤软膏后立即送医。

四、有机化学实训常用玻璃仪器

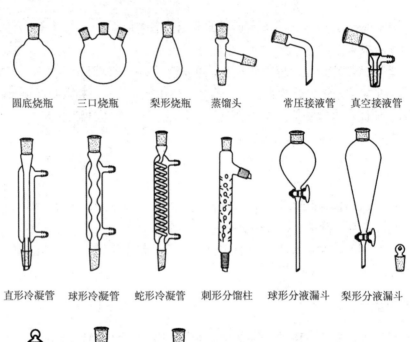

圆底烧瓶　　三口烧瓶　　梨形烧瓶　　蒸馏头　　常压接液管　　真空接液管

直形冷凝管　　球形冷凝管　　蛇形冷凝管　　刺形分馏柱　　球形分液漏斗　　梨形分液漏斗

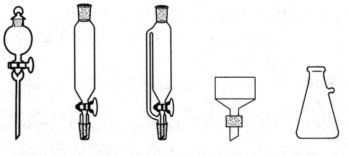

球形滴液漏斗　　筒形滴液漏斗　　恒压滴液漏斗　　布氏漏斗　　抽滤瓶

五、实训报告书写格式

实训完毕后，根据实训记录如实书写实训报告。建议统一按照下面格式书写实训报告。

1. 性质实训报告格式

实训七　醇和酚的性质

专业_____班级_____姓名_____　　　　　　　　年　　月　　日

一、实训目的（略）

二、实训内容（略）

实训项目	实训步骤	现象	结论或解释
与卢卡斯试剂反应	正丁醇 仲丁醇 } + 卢卡斯试剂 叔丁醇		
⋮	⋮		

三、实训思考（略）

2. 制备实训报告格式

实训十　乙酸乙酯的制备

专业＿＿＿＿＿班级＿＿＿＿＿姓名＿＿＿＿＿　　　　　年　　月　　日

一、实训目的（略）

二、实训原理（略）

三、实训装置图（略）

四、实训操作步骤

1. 组装仪器

2.……

3.……

4. 产率

五、实训思考（略）

（刘俊宁）

实训二　有机化合物熔点的测定

一、实训目的

（1）理解有机化合物熔点测定的原理。

（2）学会采用提勒管及数字式自动熔点仪测定有机化合物熔点的方法。

（3）培养对不同方法测得结果的对比分析能力。

二、实训原理

熔点是物质由固态转变（熔化）为液态的温度，该温度下物质在大气压下达到固液两态平衡。熔点是物质的一种重要物理常数，纯净的固体有机化合物一般都具有恒定的熔点，固液两相之间的变化非常敏锐，从开始熔化（初熔）到完全熔化（全熔）的温度变化范围（熔程，也称熔点距）不超过 $0.5 \sim 1\,℃$。当化合物混有杂质后，熔点往往出现显著的变化，熔点降低，熔程扩大，因此通过测定熔点可以鉴别未知固态有机物并判断其纯度。

温度低于熔点时，化合物以固相存在。加热使温度上升达到熔点时，开始有少量液体出现，而后固液两相平衡，继续加热，温度不再变化。所有固体熔化后，继续加热，温度呈线性上升。因此，在接近熔点时，需控制加热速度，每分钟温度升高不宜超过 $2\,℃$，这样测得的熔点值才更精确。

常用的有机化合物熔点测定方法有提勒管法、数字式自动熔点仪法等，每种方法各有特点。提勒管法可观察到样品的熔化过程，但易受到观察者主观因素的影响。数字式自动熔点仪法可通过分析样品熔化时的透光率变化来判断熔程，自动化程度高，缺点是对仪器设备的要求较高。同一种有机化合物，采用不同方法测得的熔点值及熔程可能存在一定差异。本实训分别采用提勒管以及数字式自动熔点仪测定有机化合物的熔点，学习不同方法的操作要领，并对实验结果进行对比分析。

三、实训用品

1. 器材 提勒管（熔点测定管或 b 形管）、WRS-1A 数字式自动熔点仪、200℃水银温度计、酒精灯、毛细管、玻璃管、铁架台、铁夹、表面皿、角匙等。

2. 药品 干燥的尿素、干燥的肉桂酸、液体石蜡等。

四、实训内容

1. 毛细管的熔封 取一根毛细管，将其一端呈45°角置于酒精灯的外焰边沿处，均速旋转，使毛细管熔化、合拢后立即移出封口，封口必须严密而底薄，无弯扭或结球。

2. 样品的填充 取少量样品置于表面皿中研细，并将细粉聚集成堆。将毛细管开口一端插入样品中，填充入样品细粉。取一根玻璃管竖直放置，将毛细管熔封端朝下，从玻璃管上口放入自由落下，反复数次，使样品细粉紧密集结在毛细管底部。检查确保装样均匀、紧实，装料高度为 2～3mm。

3. 利用提勒管测定熔点

（1）在提勒管中加入液体石蜡作为传热液，使传热液的液面略高于提勒管上侧管。用铁夹将提勒管固定在铁架台上。根据酒精灯的高度调整提勒管的高度。

（2）将装好样品的毛细管用橡皮圈套在温度计下端，调整位置，使毛细管中的样品部分位于温度计水银球的中部。

（3）将温度计插入一个刻有沟槽的单孔塞，使温度计的读数朝向单孔塞的沟槽以便观察读数。将单孔塞插入提勒管，使水银球的高度位于提勒管的两侧管中部，并使温度计上的读数面向观察者。实验装置如实训图 2-1 所示。

（4）搭建好熔点测定装置后，用酒精灯在提勒管的侧管末端缓慢加热，开始升温速度可为 5～8℃/min，加热距熔点 10～15℃时放缓升温速度，控制升温速度为 1～2℃/min，离熔点越近应控制升温速度越慢，以 0.5～1℃/min 为宜。

（5）在加热的同时观察样品的变化与温度计的读数，当供试品在毛细管内开始局部液化出现明显液滴时，表示样品开始熔化，记录此时的温度为样品的初熔温度。继续加热至样品恰好完全熔化，记录此时温度即全熔温度。初熔到全熔的温度范围为熔程。将样品重复测定 3 次，第一次测定为粗测，加热速度可稍快。

（6）测定完毕后，撤去酒精灯，取出温度计，取下毛细管。待传热液冷却后，倒入回收瓶回收。待温度计冷却后，用纸擦去传热液再用水清洗，以防炸裂。

4. 利用数字式自动熔点仪测定熔点

（1）开启数字式自动熔点仪电源开关，开始加热。至比样品初熔温度约低10℃时，暂停加热。

（2）将装有样品的毛细管插入加热块中，继续加热，调节升温速

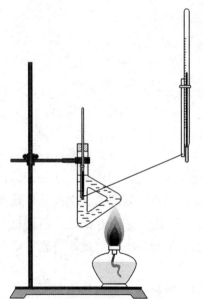

实训图 2-1 熔点测定装置

率为 1.0～1.5℃/min。

（3）记录仪器测定的样品初熔温度与全熔温度读数。重复测定 3 次。

5. 实验记录 将测得的数据记入下表中。

测定次数	提勒管测定结果（℃）			自动熔点仪测定结果（℃）		
	初熔温度	全熔温度	熔程	初熔温度	全熔温度	熔程
第1次						
第2次						
第3次						

五、实训提示

（1）使用提勒管测定有机物的熔点时，若待测样品的熔点在80℃以下，可选择水作为传热液；若待测样品熔点在80℃以上，一般采用硅油或液体石蜡作为传热液。

（2）重复测定样品的熔点时，需使提勒管或数字式自动熔点仪的温度降低至样品熔点30℃以下，才能进行第二次测定。

六、实训思考

（1）本次实训中采用提勒管及数字式自动熔点仪测得的尿素熔点数据是否有差别？

（2）请分析两种测定方法可能的误差来源。

（3）为什么测定熔点时需控制加热速度？

（焦晓林）

实训三　常压蒸馏及沸点的测定

一、实训目的

（1）掌握常压蒸馏和液体沸点测定的基本操作。

（2）学会分离提纯液体有机物的基本原理和方法。

（3）培养观察问题和分析问题的能力。

二、实训原理

液体的蒸发和凝聚是一个动态的可逆过程，在一定温度下，当液体蒸发的速率等于凝聚的速率时，即达到平衡状态，此时液体蒸气所具有的压力称为该温度下的饱和蒸气压，简称蒸气压。随着液体温度的升高其蒸气压也随之增大，当蒸气压增大至与外界大气压相等时，液体开始沸腾，此时的温度即该液体的沸点，液体的沸点与外界大气压有关。沸点是有机化合物的一个重要物理常数，不同的物质沸点不同，在一定压力下，纯净液体的沸点是固定的，沸点的测定对鉴定有机物的纯度及混合有机物的分离提纯具有一定的意义。

通常在101.3kPa大气压下，将液体有机物加热至沸腾，液体变为蒸气，将蒸气冷凝为液体的操作过程称为常压蒸馏。蒸馏时从出现冷凝液滴起至最后一滴时的温度变化范围称为沸程，纯净的液体有机化合物蒸馏过程中的沸程很小，一般不超过0.5～1℃。但大多数液体混合物则不同，没有固定的沸点，沸程也比较大。沸点差较大（30℃）的两种液体混合物，可通过蒸馏达到分离、提纯的目的，此过程中，沸点较低的化合物先被蒸出,沸点较高的化合物后被蒸出。此外,还可用常压蒸馏测定纯净液体的沸点。

三、实训用品

1. 器材 磨口圆底烧瓶、磨口蒸馏头、100℃磨砂温度计、磨口直形冷凝管、真空接液管、接液瓶(磨口圆底烧瓶或磨口锥形瓶)、量筒、长颈玻璃漏斗、电热套、铁架台、烧瓶夹、双顶丝、升降台、胶皮管等。

2. 药品 无水乙醇、40%~60%乙醇、沸石等。

四、实训内容

1. 安装常压蒸馏装置 常压蒸馏装置如实训图3-1所示,主要由加热装置(电热套)、圆底烧瓶、蒸馏头、温度计、直形冷凝管、真空接液管和接液瓶(烧瓶或锥形瓶)等组成,装配原则是以加热装置为基础高度,遵循"自下而上,从左到右"的基本原则。具体步骤如下。

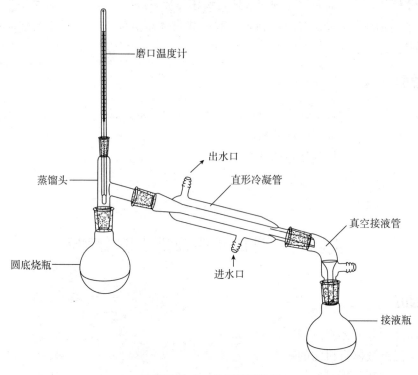

实训图3-1 常压蒸馏装置

(1)电热套远离水槽放置,根据电热套的高度,通过烧瓶夹将圆底烧瓶固定在铁架台上,圆底烧瓶应恰好位于电热套的中央,以便在加热时受热均匀,沿烧瓶壁慢慢加入2~3粒沸石,让它轻轻滑落至瓶底,将蒸馏头插入瓶颈,将磨砂温度计从蒸馏头上端开口插入,调整温度计的位置,使水银球的上限恰好与蒸馏头支管的下限在同一水平线上。

(2)将已接好胶皮管的直形冷凝管固定在另一铁架台上,固定所用铁夹应夹在冷凝管的中部,调整冷凝管高度,使蒸馏头侧管与直形冷凝管同轴相连接,冷凝管尾部接上真空接液管和接液瓶,冷凝管下端进水口胶皮管与自来水龙头相连,上端出水口胶皮管导入水槽。此时,从正面或侧面观察,所有仪器应成一直线或成一平面,整套装置简明、美观。

2. 无水乙醇沸点的测定

(1)小心取下温度计并放好,通过漏斗向圆底烧瓶加入适量无水乙醇(液体的用量为烧瓶体积的

1/3 ~ 2/3），注意不要使液体从蒸馏头侧管流出，重新插好温度计，检查装置气密性，再次确认圆底烧瓶内已有 2 ~ 3 粒沸石，蒸馏仪器装置的轴心在同一平面上。

（2）先缓慢接通冷凝水，然后启动电热套开始加热，缓慢升温。注意观察蒸馏瓶中的现象和温度计的读数变化，当瓶内液体开始沸腾，蒸气上升到温度计水银球时，温度急剧上升。温度计水银球出现液滴时，蒸馏头侧管末端出现第一滴馏出液，调节加热温度，控制蒸馏速度，以馏出液 1 ~ 2 滴/秒为宜，温度计水银球处于被冷凝液包裹状态，此为液体与蒸气两相平衡状态，此时温度计的读数就是无水乙醇液体的沸点，收集 77 ~ 79℃ 馏分，当烧瓶内剩余少量液体时，停止加热，不能蒸干。

（3）烧瓶稍冷却至50℃左右，按以上步骤重新加入适量无水乙醇，进行二次测定。

3. 含水乙醇的蒸馏提纯　方法步骤与上述测定无水乙醇的沸点相似，通常达到乙醇沸点之前都会有液体被蒸出，称为前馏分，应弃去，更换一只洁净的、干燥的接液瓶，收集 80 ~ 90℃ 的馏分，此时所得为纯度较高的乙醇。继续维持原来的加热温度，温度计读数会突然上升，即可停止加热，用量筒量取馏出液体积，计算回收率。

4. 仪器装置的拆卸　蒸馏结束后，应先停止加热，稍冷却后，再关闭冷凝水，拆卸仪器顺序与安装时相反。

五、实训提示

（1）磨砂温度计应小心轻放，防止随意滑动，受过热的温度计应冷却至室温后才能用水冲洗。若不慎打碎温度计要立即向老师报告，并对散落的水银及时进行妥善处理，方法如下：迅速打开门窗保持室内通风；戴好口罩及手套，把散落的水银尽量收集起来置于密闭容器中，并加入硫磺粉与之混合，或用硫磺粉洒在液体水银流过的地方，使汞转变成硫化汞，防止汞挥发到空气中危害人体健康。

（2）玻璃仪器应小心固定，仔细检查各玻璃仪器的稳定性及连接处是否吻合，以防夹坏、脱落和碰倒现象。

（3）加热前应向圆底烧瓶中加入 2 ~ 3 粒沸石，形成液体气化中心，避免蒸馏过程中的过热现象，保证沸腾的平稳进行，防止液体突然暴沸。

（4）若液体沸点低于140℃，选用直形冷凝管；若液体沸点高于140℃，选用空气冷凝管。

（5）若接液管为普通牛角管，接液器则选用普通敞口锥形瓶配合使用，蒸馏装置必须与大气相通，密闭蒸馏会发生爆炸等事故。

（6）蒸馏所得的馏分并非无水乙醇，而是含95.6%乙醇和4.4%水的共沸混合物，若要制得无水乙醇，可在共沸混合物中加入生石灰脱水，经脱脂棉过滤，再次蒸馏。

六、实训思考

（1）沸石应在加热前加入，如果加热蒸馏中途发现忘记加入沸石，应如何处理？

（2）若温度计水银球的位置在侧管的上端或插至液面上方，对测定结果有何影响？

（3）若蒸馏时加热过猛使蒸馏速度过快，对测得的沸点有何影响？

（叶　斌）

实训四 萃取与洗涤

一、实训目的

（1）掌握用分液漏斗进行萃取、洗涤和分离有机物的操作方法。
（2）熟悉萃取的基本原理。

二、实训原理

萃取是一种常用的分离、提纯有机化合物的操作。根据溶剂（萃取剂）和被萃取物质的状态可分为液 – 液萃取和液 – 固萃取。液 – 液萃取是利用物质在两种互不相溶的溶剂中的溶解度不同，使物质从一种溶剂转移到另一种溶剂的操作。液 – 固萃取是利用萃取剂从固态混合物中溶出所需物质的操作。通常将从混合物中分离提取所需物质的操作叫作萃取，也常称作提取或抽取。将从混合物中除去杂质的操作叫作洗涤。本实训主要讲述液 – 液萃取操作。

例如，为将溶质 X 从溶剂 A 中萃取出来，选用对 X 溶解度大、与溶剂 A 不混溶、也不发生化学反应的溶剂 B 作为萃取剂。一定的温度下，当 X 在 A、B 两相间达到分配平衡时，X 在 A、B 两相间的浓度之比为一常数，叫作分配系数（用 K 表示），此规律称为分配定律。可表示如下：

$$K = \frac{\text{X 在溶剂 B 中的浓度}}{\text{X 在溶剂 A 中的浓度}}$$

K 越大，越容易将有机物从水相中萃取到有机物中。将一定量溶剂分成几份对溶液进行多次（一般为 3 ~ 5 次）萃取，既节省溶剂，又能提高萃取效率。

三、实训用品

1. 器材 分液漏斗、量筒、100ml 烧杯、点滴板、滴管、带铁圈的铁架台等。
2. 药品 乙酸乙酯、0.2 mol/L 苯酚溶液、1% 三氯化铁溶液等。

四、实训内容

1. 检漏 关闭活塞，在分液漏斗中加入适量水，观察活塞处是否漏水。若不漏水，盖好盖子，用右手压住分液漏斗口部，左手握住活塞部分，把分液漏斗倒转过来，检查盖子处是否漏水，若不漏水，将分液漏斗正立，将磨口塞子旋转180°，再次倒立，观察是否漏水。

2. 装液 将 20ml 苯酚溶液和 10ml 乙酸乙酯萃取剂加入分液漏斗中，注意溶液总量不超过分液漏斗容积的 3/4。

3. 振摇 右手顶住玻璃塞；左手的拇指、示指和中指握住活塞，活塞小头部分置于掌心，确保磨口塞和活塞不漏液。将漏斗的长颈口向上倾斜15°~30°，充分振摇，刚开始稍慢，每振摇几次要打开活塞放气，使内外压力平衡。振摇过程中要放气2~3次。放气时，分液漏斗仍保持倾斜状态。如实训图 4 – 1 所示。

4. 静置分层 将振摇后的分液漏斗置于铁架台的铁圈上，漏斗下端管口紧靠烧杯内壁，静置分层。

5. 分液 将漏斗上的活塞打开（或使塞上的凹槽或小孔对准漏斗口上的小孔），使漏斗内外空气相通，轻轻旋动活塞，按"上走上，下走下"的原则分离液体。小心放出下面水层，接近放完时，旋紧活塞，静置分层，缓慢开启活塞，进一步分出水层。把上层乙酸乙酯层从漏斗上口倒入烧杯，把水层倒回分液漏斗，按照上法再萃取 2 次。如实训图 4 - 2 所示。

实训图 4 - 1　振荡操作

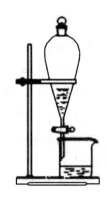

实训图 4 - 2　静置分层、分液

分别取 2 滴萃取前和萃取后的溶液滴于点滴板的凹穴中，各加入 1 滴三氯化铁溶液，对比颜色变化。

五、实训提示

（1）分液漏斗的塞子和活塞要用线扎住，以免掉落打破或调错。

（2）活塞处若漏水，需重新涂抹凡士林，塞子小孔处不可涂抹凡士林，以免堵塞。插入活塞，沿一个方向旋转至透明，再重新进行检漏，不漏水方可使用，否则要更换新分液漏斗。注意若为四氟乙烯活塞，不可涂抹凡士林，以免污染萃取液。

（3）漏斗用后要洗涤干净。长时间不用的分液漏斗要把活塞处擦拭干净，塞芯与塞槽之间放一纸条，以防磨砂处粘连，并用一橡皮圈套住活塞。

六、实训思考

（1）萃取的原理是什么？如何提高萃取效率？

（2）如何判断哪一层是有机相，哪一层是水相？

（3）静置分层之后，为什么要打开上口的玻璃塞？液体是怎样分别倒出来的？

（刘俊宁）

实训五　水蒸气蒸馏

一、实训目的

（1）掌握水蒸气蒸馏技术。

（2）了解水蒸气蒸馏的基本原理和应用。

（3）培养规范的实验操作技能。

二、实训原理

水蒸气蒸馏是分离和提纯有机化合物的常用方法之一，它是使不溶于水的高沸点有机物在低于 100℃时与水蒸气一同被蒸馏出来的操作过程。

当水与不相混溶的有机物共热时，根据道尔顿分压定律，整个体系的蒸气压应为各组分蒸气压之和，即 $p_总 = p_水 + p_{有机物}$。当混合物的总蒸气压等于外界大气压时，混合物达到沸点并沸腾，而混合物的沸点低于其中任何一个组分的沸点，因此常压下应用水蒸气蒸馏，能将需要提纯或分离的有机物在较低的温度下从混合物中蒸馏出来，有效地提高了分离提纯的效率。

1. 水蒸气蒸馏常用情况

（1）常压蒸馏会发生分解的高沸点有机物。例如，苯胺的提纯。

（2）混合物中含有大量树脂状杂质或不挥发杂质，采用蒸馏、萃取等方法都难于分离。

（3）从较多固体物质中分离被吸附的液体。例如，从中草药中提取挥发油。

2. 被提纯物质可使用水蒸气蒸馏的条件

（1）不溶或难溶于水。

（2）长时间与水共沸腾而不与水发生化学反应。

（3）在100℃左右时，必须具有一定的蒸气压。

三、实训用品

1. 器材　水蒸气发生器、长颈圆底烧瓶（500ml）、直形冷凝管、锥形瓶（250ml）、量筒（50ml）、接液管、分液漏斗（125ml）、酒精灯、双孔胶塞（附带135°角水蒸气导入管和30°角导出管）、T形管、螺旋夹、称量纸、止暴剂、乳胶管等。

2. 药品　松节油、纯化水。

四、实训内容

1. 安装水蒸气蒸馏装置　按照实训图5-1所示，安装一套水蒸气蒸馏装置，包括水蒸气发生器、蒸馏部分、冷凝部分和接收部分。

（1）水蒸气发生器可以由带有液面计的金属制成，也可以用圆底烧瓶或锥形瓶代替。水蒸气发生器中必须安装一根插入距底部约0.5cm处的长玻璃管作安全管。

（2）长颈圆底烧瓶作为蒸馏器，安装时应向水蒸气发生器方向倾斜45°，将两端向同侧弯成135°的玻璃管（蒸气导入管）插入圆底烧瓶内距瓶底约0.5cm处，使水蒸气与被提纯物充分接触。蒸馏器与冷凝管之间用一根30°玻璃弯管（蒸气导出管）连接。

（3）水蒸气发生器与蒸馏器中的蒸气导入管之间安装一个T形管，T形管下端的乳胶管上装有螺旋夹。

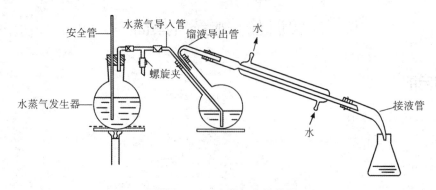

实训图5-1　水蒸气蒸馏装置

2. 水蒸气蒸馏操作

（1）在水蒸气发生器中，加入不超过其容量3/4的水和几粒沸石。在蒸馏器的圆底烧瓶中加入

20ml 松节油粗品和 5ml 纯化水。

（2）先缓缓开通冷凝水，检查整个装置不漏气后，打开 T 形管上的螺旋夹，加热水蒸气发生器。当水沸腾产生大量水蒸气时，立即关闭螺旋夹，使水蒸气进入蒸馏部分的圆底烧瓶，开始蒸馏，控制蒸馏速度每秒 2～3 滴。在刚开始蒸馏或圆底烧瓶内液体超过容积 1/3 时，可以在圆底烧瓶下垫一石棉网，用酒精灯小火加热，并控制水蒸气发生器产生的蒸气量。

（3）当馏液澄清透明时，停止蒸馏。先打开 T 形管上的螺旋夹，再移去热源，待蒸馏器冷却接近室温时，再依次拆下接收器、接液管、冷凝管、圆底烧瓶和水蒸气发生器等。

3. 产品的分离和干燥　将馏液用分液漏斗分离后，转移至干净干燥的锥形瓶中，加入 1g 无水氯化钙，密塞，干燥约 1 小时，除去残留的水分后，可得到澄清透明的松节油。

五、实训提示

（1）在蒸馏过程中，必须经常检查安全管中的水位是否正常，通过水蒸气发生器安全管中水面的高低，可以观察到整个水蒸气蒸馏系统是否畅通，若水面上升很高，则说明有某一部分发生堵塞，应立即打开螺旋夹，停止蒸馏，排除故障后再继续蒸馏。

（2）T 形管主要起安全作用，在出现堵塞等异常现象时，可以打开螺旋夹，使装置与大气相通；也可以随时放出冷凝下来的蒸馏水。关闭或打开 T 形管上的螺旋夹时，要严防被蒸气烫伤。

（3）蒸馏时长颈圆底烧瓶内的液体跳动非常剧烈，为防止液体冲入冷凝管污染馏液，蒸馏器要倾斜安装。

（4）松节油的相对密度小于水，用分液漏斗萃取分离时有机相在上层。

六、实训思考

（1）安装水蒸气蒸馏装置时应注意什么？

（2）适用水蒸气蒸馏的物质应具备什么条件？

（3）水蒸气蒸馏装置中的 T 形管和安全管各有什么作用？

（4）蒸馏时，烧瓶内容物一般不少于其容积的 1/3；而水蒸气蒸馏时蒸馏瓶内物料总体积却不能超过其容积的 1/3，这是为什么？

（5）何时停止水蒸气蒸馏？怎样操作？

（李伟娜）

实训六　烃和卤代烃的性质

一、实训目的

（1）验证烃和卤代烃的主要化学性质。

（2）掌握烷、烯、炔、芳香烃和不同类型卤代烃的鉴别方法。

（3）学会试管反应的基本操作。

二、实训原理

（1）烷烃性质稳定，室温下与高锰酸钾、溴水等均不发生反应。

（2）烯烃和炔烃，由于分子中含有不饱和键，易发生加成反应和氧化反应。室温下，两者均可与溴发生加成反应，使溴水褪色；也可被高锰酸钾等强氧化剂氧化，使高锰酸钾紫红色褪去。

（3）乙炔及末端炔烃，由于分子中含有较活泼的炔氢，在碱性条件下可与 Cu^+ 或 Ag^+ 形成有色炔化物沉淀。

（4）芳香烃具有芳香性，苯环一般较难发生加成反应和氧化反应。在一定条件下，芳香烃易发生取代反应，如卤代、硝化、磺化等。苯环侧链含有 α-H 的烷基苯，室温下可被强氧化剂高锰酸钾氧化，使高锰酸钾紫红色褪去。

（5）多数卤代烃可与硝酸银醇溶液发生取代反应，且不同结构的卤代烃反应活泼性不同。卤代烷中，叔卤代烷活泼性大于仲卤代烷和伯卤代烷；烯丙型卤代烃非常活泼，室温下可与硝酸银醇溶液反应，乙烯型卤代烃即使加热也不与硝酸银醇溶液反应。因此，可根据反应条件和卤化银沉淀出现的快慢区分不同类型的卤代烃。

三、实训用品

1. 器材 试管、烧杯、玻璃棒、水浴锅等。

2. 药品 液体石蜡、松节油、1% 溴水、0.03% $KMnO_4$ 溶液、3mol/L H_2SO_4 溶液、碳化钙、2% 硝酸银溶液、2% 氯化亚铜溶液、10% NaOH 溶液、2% 氨水、稀硝酸、2% 硝酸银醇溶液、浓硫酸、浓硝酸、甲苯、苯、1-溴丁烷、2-溴丁烷、2-甲基-2-溴丙烷、溴苯、溴苄等。

四、实训内容

1. 烷烃、烯烃的性质

（1）与溴反应 取 2 支试管，分别加入 1ml 液体石蜡和松节油，再分别加入 1% 溴水 1ml，振荡试管，观察溴水的颜色变化。记录并解释发生的现象。

（2）与高锰酸钾反应 取 2 支试管，分别加入 1ml 液体石蜡和松节油，再分别加入 0.03% $KMnO_4$ 溶液 1ml 和 2 滴 3mol/L H_2SO_4 溶液，振荡试管，观察溶液颜色是否褪去。记录并解释发生的现象。

2. 炔烃的性质

（1）乙炔的制备 在带侧支管的大试管中，沿内壁小心地放入数粒块状碳化钙，试管口装上一个带有胶头滴管的橡皮塞，胶头滴管预先吸满水。侧支管连接导气管，将水滴入大试管中，即有乙炔生成，注意控制乙炔生成的速度。

（2）炔烃的化学反应 取 4 支试管，分别加入 1% 溴水 1ml、0.03% $KMnO_4$ 溶液 1ml 和 3mol/L H_2SO_4 溶液 2 滴、硝酸银氨溶液 2ml（2% 硝酸银溶液 2ml 中滴加 1 滴 10% NaOH 溶液，再逐滴加入 2% 氨水至沉淀完全溶解）、氯化亚铜氨溶液 2ml（2% 氯化亚铜溶液 2ml 中滴加 1 滴 10% NaOH 溶液，再逐滴加入 2% 氨水至沉淀完全溶解），再分别通入乙炔气体，观察实验现象。记录并解释发生的现象。

观察完毕后，立即在后 2 支试管中加入稀硝酸将炔化物分解后弃去。

3. 芳香烃的性质

（1）硝化反应 取干燥大试管 1 支，加入 1ml 浓硫酸，再慢慢滴入 1ml 浓硝酸，边加边摇，并用冷水冷却。取 1ml 苯，慢慢滴入此混合酸中，边加边不断振荡，如果放热太多，温度升高（烫手）时用冷水冷却试管，待苯全部加完后，再继续振荡试管 5 分钟。将试管中的物质倒入盛有 20ml 纯化水的小烧杯中，观察生成物的颜色、状态，并小心嗅其气味。

（2）氧化反应 取 2 支试管，各加入 0.03% $KMnO_4$ 溶液 1ml 和 2 滴 3mol/L H_2SO_4 溶液，向 1 支试

管中加入 1ml 苯，另一支试管中加入 1ml 甲苯，振荡几分钟后，观察颜色变化。记录并解释发生的现象。

4. 卤代烃与硝酸银醇溶液的反应 取 5 支试管，各加 2% 硝酸银醇溶液 2ml，再分别加入 5 滴 1-溴丁烷、2-溴丁烷、2-甲基-2-溴丙烷、溴苯和溴苄，边加边振荡，注意观察有无沉淀析出，并记下出现沉淀的时间。10 分钟后，将没有出现沉淀的试管放在水浴中加热至微沸，再观察有无沉淀出现。记录并解释发生的现象。

五、实训提示

（1）浓硝酸和浓硫酸都有很强的腐蚀性，使用时应特别小心。如不慎滴到皮肤上，应立即用大量的水冲洗，然后用 5% 碳酸氢钠溶液清洗，再涂上药膏。

（2）炔化物生成的实验中，电石中可能含有硫化钙、砷化钙等杂质，生成的乙炔中夹杂有硫化氢、砷化氢等气体，产生黑色或黄色沉淀，使沉淀呈灰白色或黄色。

（3）干燥的炔化银、炔化亚铜易爆炸，实验完毕后应立即用稀硝酸销毁金属炔化物，不得随意丢弃。

（4）苯、甲苯、硝基苯、卤代烃均有毒，实训中注意做好通风和防护。

六、实训思考

（1）比较甲烷、乙烯、乙炔的结构特征及其化学性质。
（2）具有什么结构的炔烃能生成金属炔化物？
（3）卤代烃性质实训中，为什么用硝酸银的醇溶液而不是水溶液进行反应？

（周水清）

实训七　醇和酚的性质

一、实训目的

（1）验证醇和酚的主要化学性质。
（2）学会伯醇、仲醇和叔醇，具有邻二醇结构的多元醇以及苯酚等物质的化学鉴别方法。
（3）培养观察问题和分析问题的能力。

二、实训原理

醇羟基具有一定的酸性，可与活泼金属如钠等反应，生成强碱醇钠，同时放出氢气，醇钠遇水可水解得到醇和氢氧化钠；由于 α-H 具有一定的活泼性，伯醇和仲醇易被氧化，可使高锰酸钾、重铬酸钾等氧化剂褪色；醇羟基酸性条件下可被卤原子取代，不同结构的醇反应速度不同，伯醇、仲醇和叔醇与卢卡斯（Lucas）试剂作用，叔醇立即出现混浊，仲醇几分钟后出现混浊，伯醇数小时无明显变化，可用于鉴别 6 个碳以下的伯醇、仲醇和叔醇；具有邻二醇结构的多元醇能与新制氢氧化铜作用，生成深蓝色可溶于水的物质。

苯酚具有弱酸性（酸性比碳酸还弱），可与强碱作用生成盐而溶于水；苯酚与溴水反应立刻生成 2,4,6-三溴苯酚白色沉淀；酚与三氯化铁溶液作用发生显色反应。

三、实训用品

1. 器材　试管、镊子、滤纸、角匙等。

2. 药品　无水乙醇、金属钠、酚酞指示剂、正丁醇、仲丁醇、叔丁醇、卢卡斯试剂、5% $K_2Cr_2O_7$ 重铬酸钾溶液、3mol/L H_2SO_4 溶液、乙醇、甘油、1% $CuSO_4$ 溶液、10% NaOH 溶液、苯酚、5% $NaHCO_3$ 溶液、1%苯酚溶液、饱和溴水、1% $FeCl_3$ 溶液等。

四、实训内容

1. 醇的性质

（1）醇钠的生成与水解　取干燥试管1支，加入无水乙醇1ml，再加入一粒绿豆大小的金属钠，观察并解释现象。当钠完全溶解后，冷却，向试管中加入纯化水5ml，摇匀后滴加酚酞指示剂1滴，观察并解释现象。

（2）醇与卢卡斯试剂的反应　取干燥试管3支，分别加入正丁醇、仲丁醇、叔丁醇各5滴，再分别加入卢卡斯试剂1ml，振摇，观察并记录混合液变混浊的快慢。

（3）醇的氧化反应　取试管3支，分别加入5% $K_2Cr_2O_7$ 溶液0.5ml 和3mol/L H_2SO_4 溶液0.5ml，混匀后再分别加入正丁醇、仲丁醇、叔丁醇3~4滴，振摇，观察并解释各试管中溶液颜色的变化。

（4）邻二醇与新制氢氧化铜的反应　取试管2支，分别加入1% $CuSO_4$ 溶液5滴和10% NaOH 溶液0.5ml，摇匀，然后分别滴入甘油和乙醇各3滴，振荡，观察并解释溶液颜色的变化。

2. 酚的性质

（1）苯酚的水溶性和弱酸性　取试管1支，加入苯酚晶体0.5g，加纯化水5ml，振荡，观察能否溶解。将上述液体分装到2支试管中。在一支试管中逐滴滴入10% NaOH 溶液，直到完全溶解为止，解释现象。在另一支试管中，加入5% $NaHCO_3$ 溶液1ml，观察能否溶解。

（2）苯酚与溴水的反应　取试管1支，加入1%苯酚溶液0.5ml，再滴加饱和溴水2~3滴，观察并解释现象。

（3）酚与三氯化铁的显色反应　取试管1支，加入1%苯酚溶液0.5ml，再滴加1% $FeCl_3$ 溶液1~2滴，观察并解释现象。

五、实训提示

（1）取用金属钠时一定要用镊子，切勿用手直接拿取。醇与金属钠的反应，试管必须干燥，必须使用无水乙醇，一定要检查试管中金属钠完全消失后再加水，否则金属钠首先与水反应，不仅影响实验效果，而且不安全。

（2）苯酚具有较强的腐蚀性和刺激性气味，可经皮肤使人中毒，使用苯酚时要注意安全。

（3）饱和溴水具有腐蚀性和毒性，取用时要小心。

六、实训思考

（1）做醇与金属钠的反应实验时，为什么必须使用无水乙醇？

（2）能否用卢卡斯试剂鉴别所有的伯、仲、叔醇？为什么？

（3）如何鉴别一元醇和具有邻二醇结构的多元醇？

（4）苯酚为什么能溶于氢氧化钠和碳酸钠溶液，而不溶于碳酸氢钠溶液？

（刘俊宁）

实训八　醛和酮的性质

一、实训目的

（1）验证醛和酮的主要化学性质，加深对其化学性质的认识。

（2）掌握醛和酮的鉴别方法和原理。

（3）培养观察问题和分析问题的能力。

二、实训原理

醛和酮都含有羰基，因此醛和酮在化学性质上具有相似性，如都能与2,4-二硝基苯肼反应，生成有色沉淀；乙醛、甲基酮都能发生碘仿反应等；由于醛的羰基上连有氢原子，该氢原子比较活泼，因此醛比酮活泼，二者在化学性质上又具有差异性，如醛能发生银镜反应、斐林反应、希夫反应等特性反应，而酮则不能发生。利用醛的特性反应即可将醛和酮鉴别开来。

三、实训用品

1. 器材　试管架、试管、试管夹、胶头滴管、水浴锅等。

2. 药品　2,4-二硝基苯肼试剂、福尔马林、甲醛、乙醛、丙酮、苯甲醛、仲丁醇、碘试剂、0.1mol/L AgNO$_3$溶液、1mol/L NaOH溶液、6mol/L 氨水、6mol/L HNO$_3$溶液（稀硝酸）、斐林试剂A、斐林试剂B、希夫试剂等。

四、实训内容

1. 醛、酮相似的性质

（1）与2,4-二硝基苯肼反应　取试管2支，各加入2,4-二硝基苯肼10滴，然后在两支试管中分别加入乙醛和丙酮各2滴，摇匀，观察生成的沉淀颜色。

（2）碘仿反应　取试管4支，分别加入甲醛、乙醛、丙酮和仲丁醇各2滴，再各加入碘试剂10滴，然后分别滴加1mol/L NaOH溶液至碘的颜色恰好褪去（溶液呈淡黄色）。不断振摇，观察现象并解释。若无沉淀，可在温水浴温热数分钟，冷却后再观察。

2. 醛、酮不同的性质

（1）醛与托伦试剂化反应　托伦试剂的制备：在一支洁净的试管中加入0.1mol/L AgNO$_3$溶液20滴，1mol/L NaOH溶液1滴，这时产生褐色的氧化银沉淀，在不断振摇下逐滴加入6mol/L氨水，直至褐色沉淀刚好全部溶解为止（氨水不能加过量）。

把制备好的托伦试剂倾出一半至另一支干净试管中，在两支试管中分别加入乙醛和丙酮各5滴摇匀，把两支试管置于热水浴中，2分钟后观察结果（产生银镜的试管加入稀硝酸少许，使之溶解洗去，不要放置，避免产生一些爆炸性物质），记录并解释发生的现象。

（2）醛与斐林试剂反应　斐林试剂的制备：在一支大试管中加入2ml斐林试剂A和2ml斐林试剂B，混合均匀。

把制备好的斐林试剂分装到4支洁净的编号试管中，再分别加入5滴甲醛、乙醛、丙酮和苯甲醛摇匀，把4支试管置于沸水浴中加热数分钟后观察结果，记录并解释发生的现象。

（3）醛与希夫试剂反应　取3支试管，编号，各加1ml希夫试剂，分别加入福尔马林、乙醛、丙酮各 2 滴，摇匀，观察并记录实验现象，解释原因。

五、实训提示

（1）进行碘仿反应时，醛、酮不能过多，否则生成的碘仿会溶于醛、酮中。

（2）滴加氢氧化钠溶液时也不能过量，加到溶液呈淡黄色（有微量的碘存在）即可。

六、实训思考

（1）能发生碘仿反应的物质具有哪些结构特点？

（2）哪些物质能与希夫试剂显色？反应时要注意什么？

（马瑞菊）

实训九　羧酸和取代羧酸的性质

一、实训目的

（1）验证羧酸和取代羧酸的主要化学性质。

（2）学会常见羧酸和取代羧酸的化学鉴别方法。

（3）培养观察问题和分析问题的能力。

二、实训原理

羧酸具有酸性，水溶液可使 pH 试纸发生颜色反应。羧酸既能与碳酸钠反应，又能与碳酸氢钠反应。羧酸与醇能够发生酯化反应，生成具有水果香味的酯类化合物。羧酸盐能溶于无机酸生成羧酸，这是分离提纯羧酸的基础。

甲酸从结构上看是醛基和羧基的结合，因此具有特殊的性质，如醛的还原性，可与银氨溶液发生银镜反应，可被高锰酸钾氧化。草酸具有还原性，能被高锰酸钾氧化，受热可发生脱羧反应。

羟基酸和酮酸具有酸性，且酸性大于羧酸。酚酸具有苯酚的结构，遇到 $FeCl_3$ 会发生显色反应。

三、实训用品

1. 器材　试管、试管夹、药匙、托盘天平、称量纸、锥形瓶、水浴锅、铁架台、铁圈、石棉网、酒精灯、火柴等。

2. 药品　甲酸、乙酸、草酸、苯甲酸、无水碳酸钠、甲醇、乳酸、酒石酸、水杨酸、乙酰水杨酸、10% NaOH 溶液、银氨溶液、0.5% $KMnO_4$ 溶液、浓硫酸、3mol/L H_2SO_4 溶液、1% $FeCl_3$ 溶液、广泛 pH 试纸等。

四、实训内容

1. 羧酸的酸性

（1）酸性检验　取 3 支试管，分别加入蒸馏水 1ml，再分别加入甲酸、乙酸和草酸溶液各 5 滴，摇匀，用广泛 pH 试纸测其 pH，记录并解释三种羧酸的酸性强弱。

（2）与碳酸钠的反应　于试管中加入少许碳酸钠粉末，滴加醋酸 3 ml，观察、记录并解释现象。

（3）羧酸的提取　于试管中加入 1ml 水，加入少许苯甲酸晶体，振荡溶解，滴加 10% NaOH 溶液，边滴边振荡，观察、记录现象并解释现象，再逐渐滴加 5% 的盐酸溶液，观察、记录并解释现象。

（4）酯化反应　于干燥的锥形瓶中加入 5ml 甲醇，称取 0.5g 水杨酸溶解于甲醇溶液，边摇边加入 10 滴浓硫酸，在水浴中加热约 5 分钟，然后将锥形瓶中的混合物倒入盛有 10ml 冰水的小烧杯中，充分振摇，几分钟后，观察生成物的外观，闻其气味。记录现象并写出反应式。

2. 甲酸和草酸的还原性

（1）与银氨溶液的反应　于试管中加入 5 滴甲酸，用 10% NaOH 溶液中和至碱性，再加入银氨溶液 10 滴，振荡，摇匀，于 50～60℃ 水浴加热 5 分钟，观察、记录并解释现象。

（2）与高锰酸钾溶液的反应　取 2 支试管，分别加入甲酸 10 滴和草酸晶体少许，再分别加入 10 滴 0.5% $KMnO_4$ 溶液和 10 滴 3mol/L H_2SO_4 溶液，加热至沸腾，观察、记录并解释现象。

3. 取代羧酸的性质

（1）酸性　取 3 支试管，分别加入 1ml 纯化水，再分别加入乙酸、乳酸和酒石酸 5 滴，振荡，摇匀，用广泛 pH 试纸测其 pH，记录并解释酸性强弱。

（2）水杨酸的显色反应　取 2 支试管，分别加入 1% $FeCl_3$ 溶液 1 滴，再加入纯化水各 1ml，向第 1 支试管加入少许水杨酸，第 2 支试管加入少许乙酰水杨酸，观察、记录并解释两支试管的变化。

五、实训提示

（1）银氨溶液要现配现用。银镜反应要在碱性介质中进行，因此必须先用碱中和甲酸。
（2）水杨酸和甲醇的酯化反应的产物是水杨酸甲酯，俗名冬青油，具有特殊的香味。

六、实训思考

（1）甲酸能发生银镜反应，其他羧酸可以吗？为什么？
（2）设计验证乙酸的酸性大于碳酸，而苯酚的酸性弱于碳酸的实验方案。

（张　洁）

实训十　乙酸乙酯的制备

一、实训目的

（1）掌握蒸馏、萃取、洗涤、干燥等基本操作。
（2）学会利用酯化反应制备乙酸乙酯的方法。
（3）培养观察问题和分析问题的能力。

二、实训原理

以乙酸和乙醇为原料，在浓硫酸催化下，进行酯化反应制备乙酸乙酯。

$$CH_3COOH + C_2H_5OH \underset{110\sim120℃}{\overset{浓H_2SO_4}{\rightleftharpoons}} CH_3COOC_2H_5 + H_2O$$

粗产物用饱和碳酸钠溶液洗涤除去乙酸，用饱和氯化钙溶液洗去乙醇，并用无水硫酸镁进行干燥除去水，再通过蒸馏收集 73～78℃ 的馏分得到纯乙酸乙酯。

三、实训用品

1. 器材 三口烧瓶、电热套、恒压滴液漏斗、温度计、蒸馏头、分液漏斗、蒸馏烧瓶、直形冷凝管、接液管、磨口锥形瓶、温度计套管、铁架台、量筒、玻璃塞、玻璃漏斗、烧杯、滤纸、角匙等。

2. 药品 无水乙醇、冰醋酸、浓硫酸、饱和碳酸钠溶液、饱和氯化钠溶液、饱和氯化钙溶液、无水硫酸镁等。

四、实训内容

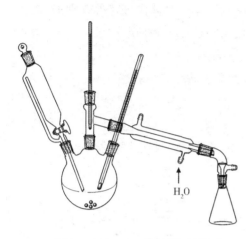

实训图 10-1 乙酸乙酯制备装置

1. 乙酸乙酯粗品的制备 在 100ml 干燥的三口烧瓶中，加入无水乙醇 12ml（0.20mol），慢慢加入浓硫酸 12ml，摇匀，并加入 2~3 粒沸石。参照实训图 10-1，安装乙酸乙酯制备装置，滴液漏斗末端和温度计的水银球均应浸入液面以下，距离瓶底 0.5~1cm。分别向滴液漏斗中加入无水乙醇 12ml（0.20mol）及冰醋酸 12ml（0.21mol），混合均匀。开始加热前，经由滴液漏斗向反应瓶内滴入 3~4ml 反应混合物。用电热套缓慢加热，控制反应温度在 110~120℃之间。当有馏出液流出时，慢慢从滴液漏斗继续滴加剩余的反应混合液，控制滴液速度和馏出速度大致相等，约 30 分钟滴加完毕，继续加热蒸馏数分钟，直到温度升高到 130℃时不再有液体馏出为止。

2. 乙酸乙酯的精制

（1）洗涤 在粗品乙酸乙酯中慢慢加入 10ml 饱和碳酸钠溶液，边加边振摇，直到无二氧化碳气体产生。然后将混合液转移到分液漏斗，充分振摇后（注意不断通过活塞放气），静置。分去下层水溶液，酯层依次用饱和氯化钠溶液 10ml 洗涤 1 次，饱和氯化钙溶液 10ml 洗涤 2 次。弃去下层液体。

（2）干燥 将酯层倒入锥形瓶中，并放入一定质量的无水硫酸镁，配上塞子，充分振摇至液体澄清透明，再放置干燥。

（3）蒸馏 将干燥后的乙酸乙酯滤入干燥的 100ml 蒸馏烧瓶中，加入沸石，搭建好蒸馏装置，加热进行蒸馏，收集 73~78℃的馏分，称量，计算产率。

纯乙酸乙酯为无色水果香味的液体，b.p 77.1℃，折光率 n_D^{20} 1.3723。测定产品折光率并与纯品比较。

五、实训提示

（1）硫酸的用量为醇用量的 3% 时就可完成，但为了能除去反应生成的水，应使浓硫酸用量增多。硫酸用量也不可过多，否则氧化作用反而对反应不利。

（2）温度低，反应不完全；温度过高，会产生副产物，影响酯的纯度。

（3）滴加速度太快会使乙醇来不及反应而被蒸出，降低酯的产率。

（4）通过盐析洗涤后的食盐水中含有碳酸钠，酯层必须彻底分离干净，否则在下一步加入氯化钙溶液洗涤时会产生絮状的碳酸钙沉淀，给进一步分离造成困难。

六、实训思考

（1）本实训中采用了哪些措施促使酯化反应向生成乙酸乙酯的方向进行？

（2）粗产品中会有哪些杂质？这些杂质是如何除去的？

（叶群丽）

实训十一　乙酰苯胺的制备

一、实训目的

（1）学会乙酰苯胺的制备方法。

（2）能够熟练进行分馏装置的安装与操作，并熟练运用重结晶、趁热过滤等操作技术。

（3）培养观察问题和提升制备有机化合物的综合能力。

二、实训原理

乙酰苯胺纯品为白色片状结晶，熔点114℃，稍溶于热水、乙醇、乙醚、丙酮等有机溶剂，难溶于冷水。乙酰苯胺可通过苯胺与乙酰氯、乙酸酐或冰醋酸等酰化试剂反应制备，采用乙酰氯或乙酸酐作酰化试剂，反应速度快，但原料价格较贵。本实训选用冰醋酸作为酰化试剂，冰醋酸价格便宜、操作方便，缺点是反应时间较长。

$$\text{C}_6\text{H}_5\text{NH}_2 + \text{CH}_3\text{COOH} \underset{\triangle}{\overset{\text{Zn}}{\rightleftharpoons}} \text{C}_6\text{H}_5\text{NHCOCH}_3 + \text{H}_2\text{O}$$

本反应为可逆反应，为提高产率，采用冰醋酸过量以及反应过程中通过蒸馏不断移除产物水等措施。反应粗品中含有未反应的苯胺，采用热水中重结晶除去苯胺及其他杂质。

三、实训用品

1. 器材　圆底烧瓶、温度计、刺行分馏柱、烧杯、接液管、布氏漏斗、量筒、玻璃棒、恒温水浴或电热套等。

2. 药品　苯胺、冰醋酸、锌粉、活性炭等。

四、实训内容

1. 合成乙酰苯胺　在干燥的圆底烧瓶中，加入5ml（5.1g，0.055mol）新蒸馏的苯胺、7.5ml冰醋酸（7.5g，0.13mol）、0.1g锌粉、2~3粒沸石。装上分馏柱，柱口装蒸馏头，温度计，蒸馏头出口安装接液管，如实训图11-1所示。用电热套小心慢慢加热至反应物保持微沸约15分钟后，逐渐升高温度到100℃，蒸馏头即有水馏出，用接收器承接。小心控制加热，反应温度100~110℃保持40~60分钟。反应瓶中有阵阵烟雾，温度计读数下降，表示反应结束。停止加热，依次拆卸装置。

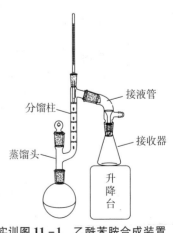

实训图11-1　乙酰苯胺合成装置

2. 乙酰苯胺粗品的制备　将圆底蒸馏瓶中的反应液趁热倒入盛有 100ml 冷水的烧杯中，边倒边不断搅拌，使乙酰苯胺白色细状颗粒完全析出。冷却到室温后，倒入布氏漏斗进行抽滤，并用少量冷水洗涤并压紧，即得粗品乙酰苯胺。

3. 乙酰苯胺的精制　将粗品乙酰苯胺倒入盛有 80ml 沸水的烧杯中，在电炉上继续加热搅拌至油状物完全溶解（为防止水分蒸发过快可覆盖蒸发皿，若不能完全溶解，可补加适量水，继续加热至沸）后，稍冷后，加入活性炭约 1g，再搅拌数分钟进行脱色，趁热快速抽滤，将滤液冷却至室温，即有大量乙酰苯胺晶体析出，析出完全后，再次抽滤，并用少量水洗涤晶体 2~3 次，抽干后晾干产品，称重。计算产率。

五、实训提示

（1）反应过程中所用玻璃仪器必须干燥。

（2）锌粉的作用是防止苯胺氧化，少量即可。加得过多，会出现不溶于水的氢氧化锌。

（3）反应时分馏温度不能太高，以免大量乙酸蒸出而降低产率。

（4）重结晶时，热过滤是影响产率的关键一步。布氏漏斗和抽滤瓶一定要预热，可在烘箱中烘热或在热水浴中预热。滤纸大小要合适，抽滤过程要快，避免产品在布氏漏斗中结晶。重结晶过程中，晶体可能不析出，可用玻璃棒摩擦烧杯壁或加入晶种使之析出。

六、实训思考

（1）制备乙酰苯胺为什么选用乙酸作酰基化试剂？

（2）为什么要控制分馏柱上端温度在 100~110℃ 之间？若温度过高有什么不妥之处？

（3）实验中可采用什么措施提高乙酰苯胺的产率？

（陈小兵）

实训十二　葡萄糖溶液旋光度的测定

一、实训目的

（1）了解旋光仪的构造及工作原理。

（2）掌握旋光仪的使用方法，熟悉比旋光度的计算方法。

（3）学会用比旋光度公式计算溶液的浓度。

二、实训原理

1. 旋光仪　又称旋光计，是药品检验工作中较早使用的仪器。如实训图 12-1 所示。早期的圆盘式旋光仪由钠光灯光源、起偏镜、测定管、检偏镜、半影板调零装置和支架组成。起偏镜是一组可以产生平面偏振光的晶体，称为尼科尔棱镜，用一种天然晶体（如方解石）按一定方法切割再用树胶黏合而制成。现今则多采用在塑料膜上涂上某些具有

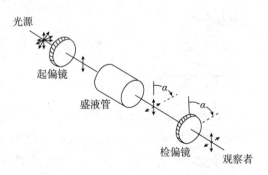

实训图 12-1　旋光仪工作示意图

光学活性的物质，使其产生偏振光。早期旋光仪用人眼观测误差较大，读数精度为 0.05°。20 世纪 80 年代，数显自动指示旋光仪和投影自动指示旋光仪相继问市。仪器的读数精度也提高到了 0.01° 和

0.005°。《中国药典》2020年版规定，使用读数精度达到0.01°的旋光仪。

2. 旋光度 是旋光性物质使偏振光振动面旋转的角度，用 α 表示。

3. 比旋光度 $[\alpha]_D^t = \dfrac{\alpha}{c \times l}$。其中，$c$ 的单位为 g/ml，l 的单位为 dm。比旋光度是旋光性物质的一个重要物理常数，通过对旋光度的测定可以检测旋光性物质的含量和纯度。

三、实训用品

1. 器材 旋光仪、分析天平、50ml 烧杯、100ml 容量瓶、温度计。

2. 药品 葡萄糖晶体、未知浓度葡萄糖溶液。

四、实训内容

1. 接通电源 打开旋光仪的开关，预热5分钟左右，使钠光灯发光稳定。

2. 校正零点 将盛液管清洗干净，装上纯化水，使液面突出管口，将玻璃盖沿管口边缘轻轻平推盖好（不能带入气泡），拧上螺丝帽（松紧适中），不能渗漏。擦拭盛液管外壁，放入旋光仪，盖上盖子。将刻度盘调至零点附近，轻轻左右旋转旋钮，使视场内如实训图12-2（b）所示，视场内亮度均匀，即零度视场。若刻度盘不在零度，则应记录读数，重复3次，取平均值。如果零点相差太大时，应重新校正仪器。

（a）大于或小于零度视场　　（b）零度视场　　（c）小于或大于零度视场

实训图 12 - 2　三分视界示意图

3. 测定已知浓度葡萄糖溶液的旋光度 用分析天平准确称量10g葡萄糖晶体，放入小烧杯中，加入适量纯化水，搅拌溶解，定量转移至100ml容量瓶中，稀释至刻度线，摇匀备用。

用所配溶液润洗盛液管2~3次。按步骤2的操作将溶液装入盛液管内，测定其旋光度。每隔2分钟测定一次，观察葡萄糖溶液的变旋光现象。根据旋钮的旋转方向，记录左旋体或者右旋体，读取并记录其稳定读数。这时的读数与零点之间的差值为该葡萄糖溶液的旋光度。重复操作3次，取平均值，即葡萄糖在测定温度时的旋光度。计算葡萄糖的比旋光度。

4. 测定未知浓度葡萄糖溶液的旋光度 将盛液管用纯化水洗净后，再用少量待测溶液润洗2~3次，按上述方法测定该葡萄糖溶液的旋光度。然后利用步骤3中求出的比旋光度计算该葡萄糖溶液的浓度。

五、实训结果

测定项目	读数				葡萄糖的比旋光度	葡萄糖溶液的浓度
	第一次	第二次	第三次	平均值		
纯化水旋光度						
已知浓度葡萄糖溶液旋光度						
未知浓度葡萄糖溶液旋光度						

六、实训提示

（1）读数方法：根据0刻度线所指数值，读出整数；小刻度盘中，与大刻度盘完全对齐的线的数值为小数点后的数值；记录数值时为整数加小数；记录过程中，顺时针旋转旋钮的记录为"＋"，逆时针旋转旋钮的记录为"－"。

（2）样品管中若有极小气泡，需将气泡移至样品管的凸颈位置。

七、实训思考

（1）影响旋光度的因素有哪些？
（2）旋光度和比旋光度有何区别？

（张景正）

实训十三　胺的性质

一、实训目的

（1）验证胺类的主要化学性质。
（2）学会伯胺、仲胺和叔胺的鉴别方法。
（3）培养观察问题、分析问题和解决问题的能力。

二、实训原理

（1）苯胺有弱碱性，能与强酸作用生成盐而溶解，其水溶液与氢氧化钠等强碱作用，可游离出原来的胺。

（2）伯胺和仲胺的氮原子上都有氢原子，能发生酰化反应，而叔胺的氮原子上没有氢原子，故不能发生酰化反应。在碱性溶液中，伯胺、仲胺也可与苯磺酰氯发生苯磺酰化反应，叔胺的氮原子上没有氢原子，不能发生反应。

（3）亚硝酸与芳香伯胺反应，生成较稳定的重氮盐。亚硝酸与芳香仲胺反应生成的 N–亚硝基胺为黄色油状液体或固体，与芳香叔胺反应，在对位引入亚硝基生成对亚硝基芳香叔胺。对亚硝基化合物在酸性条件下反应的产物呈橘红色，在碱性条件下产物为翠绿色。

（4）苯胺与溴水反应，立即生成2,4,6-三溴苯胺白色沉淀。此反应可用于苯胺的定性鉴别和定量分析。

三、实训用品

1. 器材　烧杯、试管、试管夹、酒精灯、水浴锅、滴管、温度计等。

2. 药品　苯胺、N-甲基苯胺、N,N-二甲基苯胺、乙酐、苯磺酰氯、浓盐酸、$NaNO_2$晶体、浓硝酸、2mol/L NaOH 溶液、饱和溴水、纯化水、冰水等。

四、实训内容

1. 胺的碱性　取试管1支加入1ml纯化水和3滴苯胺，振摇，观察是否溶解。然后滴加浓盐酸2～3滴，振摇，观察是否溶解，再滴加2mol/L NaOH 溶液。观察并解释发生的变化。

2. 胺的酰化反应

（1）取干燥试管1支，加入10滴苯胺，逐滴加入乙酐10滴，边加边振摇，并将试管放入冷水中冷却，然后加入 5ml 纯化水，振摇。观察并解释发生的现象。

（2）取试管 3 支，分别加入苯胺、N-甲基苯胺、N，N-二甲基苯胺各 3 滴，各加入 2mol/L NaOH 溶液 5ml，苯磺酰氯 3 滴。塞住管口，用力振摇，并在水浴中加热，直到苯磺酰氯气味消失，冷却，观察并解释发生的变化。然后各滴加浓盐酸酸化，观察并解释现象。

3. 胺与亚硝酸的反应　取大试管 3 支并编号，分别加入苯胺、N-甲基苯胺、N，N-二甲基苯胺各 5 滴，然后各加入浓盐酸 1ml 和纯化水 2ml，另取试管 3 支，各加入 0.4g $NaNO_2$ 晶体和纯化水 2ml，振摇使其溶解。把所有试管放在冰水浴中冷却到 0~5℃。

在 1 号试管中慢慢滴加亚硝酸钠溶液，不断振摇，从试管中取出反应液滴加在碘化钾淀粉试纸上，直到出现蓝色，停止加亚硝酸钠。加热，观察是否有气体产生。

在 2 号试管中慢慢滴加亚硝酸钠溶液，观察现象，滴加 2mol/L NaOH 溶液，观察是否有变化。

在 3 号试管中慢慢滴加亚硝酸钠溶液，观察现象，滴加 2mol/L NaOH 溶液，观察是否有变化。

4. 苯胺与溴水的反应　取试管 1 支，加入 2ml 纯化水和苯胺 1 滴，振摇使溶解，然后逐滴加入饱和溴水。观察并解释发生的现象。

五、实训提示

（1）重氮化反应一定要在低温下进行，一般是 0~5℃，为避免芳香胺与生成的重氮盐发生偶合反应，必须加入过量强酸（盐酸或硫酸），一般酸与芳香胺物质的量比为 2.25：1 到 2.5：1。另外，为避免生成的重氮盐发生分解，亚硝酸盐也不能过量。

（2）苯胺与溴水反应立即生成三溴苯胺的白色沉淀，反应定量完成，可用于苯胺的定量和定性分析。

六、实训思考

（1）怎样鉴别伯胺、仲胺和叔胺？

（2）如何区别苯胺和苯酚？

（肖立军）

实训十四　糖的化学性质

一、实训目的

（1）验证糖类物质的主要化学性质。

（2）学会糖类物质的鉴别方法。

（3）培养学生耐心细致、一丝不苟的工作态度。

二、实训原理

1. 糖的还原性　单糖中除丙酮糖为非还原糖外，其余的单糖均为还原糖；麦芽糖和乳糖等具有半缩醛羟基的双糖都是还原糖，能还原托伦试剂、斐林试剂和班氏试剂。无半缩醛羟基的双糖和多糖无还原性，不能还原上述试剂。

2. 糖的颜色反应　酮糖与塞利凡诺夫试剂作用，加热很快呈现鲜红色。所有的糖都能与莫立许试剂反应，在糖溶液与浓硫酸的交界面出现美丽的紫色环，此反应为阴性，说明无糖类化合物存在；某些有机物也能发生此反应，因此该反应可用于有无糖类化合物的初步鉴定。

3. 糖脎的生成 还原糖与盐酸苯肼所生成的糖脎是结晶，难溶于水。

4. 糖的水解反应 蔗糖无还原性，但蔗糖在强酸性条件下水解，生成的葡萄糖和果糖能与班氏试剂作用。

淀粉为多糖，本身无还原性，遇碘呈蓝色；它在强酸性条件下水解生成麦芽糖、葡萄糖时，则具有还原性。

三、实训用品

1. 器材 烧杯、试管、试管夹、试管架、温度计、白色点滴板、滴管、玻璃棒、酒精灯（或水浴箱）、打火机、铁架台（或三角架）、石棉网、量筒等。

2. 药品 0.5mol/L 葡萄糖溶液、0.5mol/L 果糖溶液、0.5mol/L 麦芽糖溶液、0.5mol/L 蔗糖溶液、20g/L 淀粉溶液、10g/L $AgNO_3$ 溶液、50g/L NaOH 溶液、0.2mol/L $NH_3 \cdot H_2O$ 溶液、斐林试剂 A 和斐林试剂 B、班氏试剂、莫立许试剂（α-萘酚的乙醇溶液）、浓硫酸、塞利凡诺夫试剂（间苯二酚的浓盐酸溶液）、浓盐酸、苯肼试剂、碘试剂、红色石蕊试纸等。

四、实训内容

1. 糖的还原性

（1）与托伦试剂的反应 托论试剂的设备：取大试管 1 支，加入 10g/L $AgNO_3$ 溶液 5ml、50g/L NaOH 溶液 1 滴，逐滴加入 0.2mol/L $NH_3 \cdot H_2O$ 溶液使沉淀恰好消失为止，即得托伦试剂。

另取洁净的试管 5 支，编号，各加托伦试剂 10 滴，分别加入 5 滴 0.5mol/L 葡萄糖溶液、0.5mol/L 果糖溶液、0.5mol/L 麦芽糖溶液、0.5mol/L 蔗糖溶液和 20g/L 淀粉溶液，振荡混匀，置于 60℃ 的热水浴中加热数分钟，观察发生的变化，记录并解释。

（2）与斐林试剂的反应 斐林试剂的制备：取斐林试剂 A 和斐林试剂 B 各 2.5ml 混合均匀制成深蓝色的斐林试剂，分装于 5 支试管中，编号，再分别滴入 0.5mol/L 葡萄糖溶液、0.5mol/L 果糖溶液、0.5mol/L 麦芽糖溶液、0.5mol/L 蔗糖溶液和 20g/L 淀粉溶液各 10 滴，振荡混匀，放入水浴中加热数分钟，观察发生的变化，记录并解释。

（3）与班氏试剂的反应 取 5 支试管，编号。各加入班氏试剂 1ml，再分别滴加 0.5mol/L 葡萄糖溶液、0.5mol/L 果糖溶液、0.5mol/L 麦芽糖溶液、0.5mol/L 蔗糖溶液和 20g/L 淀粉溶液各 10 滴，振荡混匀，放在 60℃ 的热水浴中加热数分钟，观察发生的变化，记录并解释（提示：此反应可用于尿糖的检验）。

2. 糖的颜色反应

（1）莫立许反应 取 5 支试管，编号，分别加入 10 滴 0.5mol/L 葡萄糖溶液、0.5mol/L 果糖溶液、0.5mol/L 麦芽糖溶液、0.5mol/L 蔗糖溶液和 20g/L 淀粉溶液，再各加 2 滴新配制的莫立许试剂，摇匀，将试管倾斜成 45°角，沿试管壁慢慢加入 10 滴浓硫酸（不要振动试管）。慢慢竖起试管，硫酸在下层，试液在上层，观察液面交界处出现什么颜色变化。如果数分钟内没有颜色变化，可在水浴上温热，观察发生的变化，记录并解释。

（2）塞利凡诺夫反应 取试管 5 支，编号，各加入 10 滴塞利凡诺夫试剂，再分别加入 0.5mol/L 葡萄糖溶液、0.5mol/L 果糖溶液、0.5mol/L 麦芽糖溶液、0.5mol/L 蔗糖溶液和 20g/L 淀粉溶液各 5 滴，摇匀，将试管放入沸水浴中加热，观察发生的变化，记录并解释。

（3）淀粉与碘的反应 向试管里加 20g/L 淀粉溶液 1ml，再滴入 1 滴碘试剂，振摇，观察颜色变化；再将此溶液稀释到淡蓝色，加热，再冷却，观察发生的一系列变化，记录并解释。

3. 生成糖脎的反应 取 4 支试管，编号，分别滴入 10 滴 0.5mol/L 葡萄糖溶液、0.5mol/L 果糖溶

218

液、0.5mol/L 麦芽糖溶液、0.5mol/L 蔗糖溶液，再各加水 10 滴、苯肼试剂 10 滴，振荡混匀，放入沸水浴中加热，观察并记录成脎时间。若 20 分钟后仍未有结晶析出，取出试管，放冷后再观察（双糖的脎溶于热水，放冷后才能析出结晶）。将糖脎分别倒于载玻片上，显微镜下观察各种糖脎的晶形。

4. 水解反应

（1）蔗糖的水解　取 1 支大试管，加入 0.5mol/L 蔗糖溶液 1ml，再加浓盐酸 1 滴，摇匀，放在沸水浴中加热 5~10 分钟，取出冷却后，滴入 50g/L NaOH 溶液至溶液呈碱性（提示：用红色石蕊试纸检验溶液是否呈碱性，红色石蕊纸应变蓝），再加入 10 滴班氏试剂，摇匀，放在水浴中加热，观察发生的变化，记录并解释蔗糖在水解前和水解后对氧化剂（班氏试剂）反应的差别。

（2）淀粉的水解　取 1 支大试管，加入 20g/L 的淀粉溶液约 5ml，再加 5 滴浓盐酸，振摇，置沸水浴中加热。每隔 2 分钟用滴管吸取溶液 1 滴，滴入点滴板的凹穴里，再滴入 1 滴碘试剂，观察水解液颜色，由深蓝色逐渐变为紫红色、红色，直至颜色不变。继续加热 2 分钟至水解完全，停止加热。然后取出试管，滴加 50g/L NaOH 溶液，中和至溶液呈现碱性为止（提示：用红色石蕊试纸检验溶液是否呈碱性，红色石蕊纸应变蓝色）。取此溶液 2ml 于另一试管中，加入班氏试剂 1ml，振荡混匀后放入沸水浴中加热，观察有何现象发生。说明原因并写出有关的化学反应方程式。

五、实训提示

（1）进行银镜反应的实训时，要求试管必须洗刷干净；配制托伦试剂时氨水不能过量；水浴加热时不能沸腾；加热时不能振荡试管。

（2）银镜实训完毕后，应立即加入少量硝酸洗去银镜，以免反应液久置后产生雷酸银，造成危险。

（3）葡萄糖也能与塞利凡诺夫试剂作用，但速度明显比酮糖慢。

（4）莫立许反应很灵敏，但不专一，不少非糖类物质也能得阳性结果，因此反应阳性的不一定是糖类，但反应阴性的肯定不是糖类。

（5）苯肼的毒性大，实训时应小心，如果不慎弄到皮肤上，应尽快先用稀醋酸冲洗，之后再用水冲洗。

六、实训思考

（1）进行银镜反应实训时，银镜反应成败的关键是什么？

（2）蔗糖与班氏试剂长时间加热时，有时也能得到阳性结果，怎样解释此现象？

（3）为什么可以利用碘试剂定性了解淀粉水解进行的程度？

（石宝珏）

实训十五　从茶叶中提取咖啡因

一、实训目的

（1）学习从茶叶中提取咖啡因的实验原理和方法。

（2）了解用索氏提取器提取有机物的原理和方法。

二、实训原理

咖啡因（咖啡碱）是嘌呤的衍生物，化学名称是 1,3,7-三甲基-2,6-二氧嘌呤，含结晶水的咖啡因为白色针状粉末，味苦，能溶于水、乙醇、丙酮、三氯甲烷等有机溶剂。100℃ 时咖啡因失去结晶水，开始升华，120℃时升华相当显著。无水咖啡因的熔点为238℃。

咖啡因具有刺激心脏、兴奋大脑神经和利尿等作用，因此可用作中枢神经兴奋药。它是复方阿斯匹林等药物的组分之一。

茶叶中含有多种生物碱，其中咖啡因的含量为1%～5%，还含有11%～12%的丹宁（鞣酸）以及色素、蛋白质等。

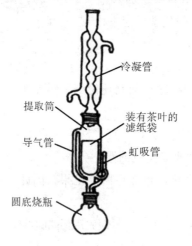
咖啡因

三、实训用品

1. 器材 电热套、索氏提取器（整套装置）、蒸馏装置（整套装置）、升华装置（整套装置）、铁架台、蒸发皿、玻璃漏斗、滤纸、玻璃棒、铁圈、恒温水浴锅等，如实训图3-1、15-1、15-2所示。

实训图 15-1　索氏提取器

实训图 15-2　升华装置

2. 药品 茶叶、95%乙醇、生石灰等。

四、实训内容

1. 流程

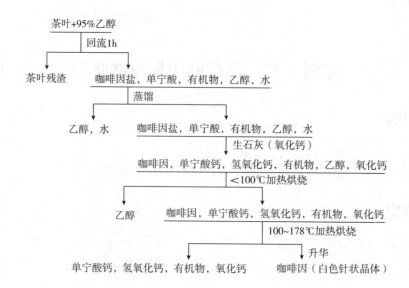

2. 实训操作

（1）准备　称取茶叶 8g，用研钵研成茶叶末，将茶叶末装入滤纸筒中，再将滤纸筒装入索氏提取器的提取筒内。

（2）安装、回流　在蒸馏烧瓶中加入 95% 乙醇 120ml 和 2～3 块沸石，组装索氏提取器（组装原则：由下往上，夹稳即可），接通冷凝水，90～95℃恒温水浴加热连续萃取 1 小时。停止加热，冷却。

（3）蒸馏浓缩　将回流液加入蒸馏装置蒸馏，回收蒸馏出的乙醇，蒸馏瓶内残留乙醇体积约为 15ml 为宜。

（4）加碱中和　趁热将残余物倾入蒸发皿中，拌入 4g 生石灰（作用为中和丹宁酸、吸收水分、避免结块），使成糊状。

（5）焙炒除水　将蒸发皿放在铁圈上，用电热套空气浴加热，不断搅拌下蒸干成松散状（压碎块状物，小火焙炒，除尽水分，并不断用玻璃棒搅拌，以免提取液干燥后结硬块，不利于下一步咖啡因的升华）。

（6）升华结晶　安装升华装置。在蒸发皿上放一张扎有许多小孔的圆形滤纸，再罩上口径合适的玻璃漏斗。用电热套空气浴缓慢加热进行升华，禁忌高温，当出现黄色烟雾时，暂停加热，刮下滤纸上的咖啡因。冷却至室温，揭开漏斗和滤纸，仔细地把粘在滤纸上的咖啡因晶体用小刀刮下。残渣经拌和后，重新放好漏斗和带孔的滤纸，可以进行二次升华，合并两次升华所收集的咖啡因。

（7）称量得到的咖啡因并计算产率

$$产率 = \frac{m_{咖啡因}}{m_{茶叶}} \times 100\%$$

五、实训提示

（1）当索氏提取器内乙醇提取液的颜色很浅，近乎无色时，即可停止加热。

（2）蒸馏浓缩萃取液时不可蒸得太干或剩余太少，避免因残液很黏，而难于转移或不易倒出而造成损失。

六、实训思考

（1）本实训中使用生石灰的作用有哪些？
（2）使用索氏提取器时对包装茶叶末有哪些要求？

（谢永芳）

参考文献

[1] 邢其毅，裴伟伟，徐瑞秋. 有机化学 [M].4 版. 北京：北京大学出版社，2016.

[2] 赵俊，杨武德. 有机化学 [M].2 版. 北京：中国医药科技出版社，2018.

[3] 王志江. 有机化学 [M].2 版. 北京：中国中医药出版社，2018.

[4] 刘斌，卫月琴. 有机化学 [M].3 版. 北京：人民卫生出版社，2018.

[5] 唐伟方，芦金荣. 有机化学 [M]. 南京：东南大学出版社，2010.

[6] 李军，张培宇，张勇. 有机化学 [M]. 武汉：华中科技大学出版社，2017.

[7] 张雪昀，宋海南. 有机化学 [M].3 版. 北京：中国医药科技出版社，2017.

[8] 石宝珏，刘俊萍. 医用化学基础 [M].2 版. 北京：高等教育出版社，2020.

[9] 王志江，陈东林. 有机化学 [M].4 版. 北京：人民卫生出版社，2018.

[10] 刘斌. 有机化学 [M].2 版. 北京：高等教育出版社，2012.

[11] 张金海，杨立军. 有机化学 [M]. 北京：航空工业出版社，2012.

[12] 陆涛. 有机化学 [M].8 版. 北京：人民卫生出版社，2016.

[13] 陈瑛，刘志红. 基础化学 [M]. 北京：中国医药科技出版社，2019.

[14] 陆阳，李勤耕. 有机化学 [M]. 北京：科学出版社，2010.